浙江省普通本科高校"十四五"重点立项建设教材
浙江省一流本科课程配套教材

DISCRETE
MATHEMATICS

# 离散数学

李 曲 杨 曦 杨海平 叶 阳 ◎编著

ZHEJIANG UNIVERSITY PRESS
浙江大学出版社
·杭州·

**图书在版编目（CIP）数据**

离散数学 / 李曲等编著. -- 杭州：浙江大学出版
社，2025. 6. -- ISBN 978-7-308-26283-5

Ⅰ. O158

中国国家版本馆 CIP 数据核字第 202504BC46 号

**离散数学**

李 曲 杨 曦 杨海平 叶 阳 编著

| | | |
|---|---|---|
| 策划编辑 | 徐 霞（xuxia@zju.edu.cn） | |
| 责任编辑 | 徐 霞 | |
| 责任校对 | 秦 瑕 | |
| 封面设计 | 春天书装 | |
| 出版发行 | 浙江大学出版社 | |
| | （杭州市天目山路 148 号 邮政编码 310007） | |
| | （网址：http://www.zjupress.com） | |
| 排 版 | 杭州星云光电图文制作有限公司 | |
| 印 刷 | 杭州宏雅印刷有限公司 | |
| 开 本 | 787mm×1092mm 1/16 | |
| 印 张 | 15.25 | |
| 字 数 | 343 千 | |
| 版 印 次 | 2025 年 6 月第 1 版 2025 年 6 月第 1 次印刷 | |
| 书 号 | ISBN 978-7-308-26283-5 | |
| 定 价 | 49.00 元 | |

**版权所有 侵权必究 印装差错 负责调换**

浙江大学出版社市场运营中心联系方式：0571-88925591；http://zjdxcbs.tmall.com

# 前　言

随着人工智能日益成为国家战略的重要组成部分,离散数学作为计算机科学的重要基础和人工智能的重要支撑,越来越受到重视。离散数学在计算机学科系列课程中是重要的数学基础和描述工具。学好离散数学,不仅能为计算机相关专业的学生后续课程的学习打下坚实的基础,也能培养学生的逻辑推理和抽象思维能力,为学生今后从事相关专业的学习和工作打下坚实的数学基础。近年来,越来越多的大学在计算机相关专业的研究生入学考试初试或复试中增加了对离散数学的考查,这也说明了离散数学在计算机相关领域的研究中是非常重要的基础。

本书是作者多年来在浙江工业大学计算机学院"离散数学"课程教学过程中的经验总结。随着近年来教师教学方式和学生学习方式的变化,我们认为离散数学的教学也应该与时俱进。在本书的编写过程中,我们主要考虑到以下两个方面:

其一,重视基础方法,讲清基本理论。考虑到本书的主要应用对象是计算机相关专业的学生,因此本书在编写的过程中在一定程度上略去了复杂的数学证明。本书侧重介绍基本理论,尽可能讲清楚基本概念和基本方法,同时在讲解完方法之后给出相应的例题,方便读者结合实例理解相关内容。

其二,重视"互联网+"教学,合理安排教学内容。随着近年来学生学习习惯的改变,在线学习也越来越受到学生的欢迎。我们也在视频网站上发布了大量的课程讲解和习题讲解的相关视频。视频网站上的教学内容更新能够更快地响应学生的需求,同时对课堂教学内容形成很好的补充。同时,我们还在线发布了很多相关学习资料。所以本书的内容和在线教学内容是一种相互补充、相互促进的关系。我们也鼓励读者在阅读本书的基础上参考我们的在线视频和学习资料辅助学习。

本书的出版受到浙江省普通本科高校"十四五"重点教材建设项目支持。感谢浙江工业大学计算机学院相关领导特别是陈朋教授的大力支持。感谢离散数学课程组老师多年来的辛勤付出和宝贵建议！同时也感谢作者的家人们在本书撰写过程中给予的理解和支持！

　　本书虽然是我们多年来教学经验的总结，但是由于作者水平有限，书中难免有不妥或错误之处，恳请读者指正。

课程配套视频链接

作　者

2025 年 1 月

# 目　录

# 第1章　命题逻辑

数理逻辑是一个研究推理逻辑规律的数学分支,它为事物推理提供了一套强大的工具,使其成为计算机科学中的利器。数理逻辑用数学方法(即通过引入表意符号)研究推理,因此,数理逻辑又名符号逻辑。它广泛应用于人工智能、编程语言等计算机相关领域。本书将介绍其中最基本的内容:命题逻辑(第1章)和谓词逻辑(第2章)。

## 导图

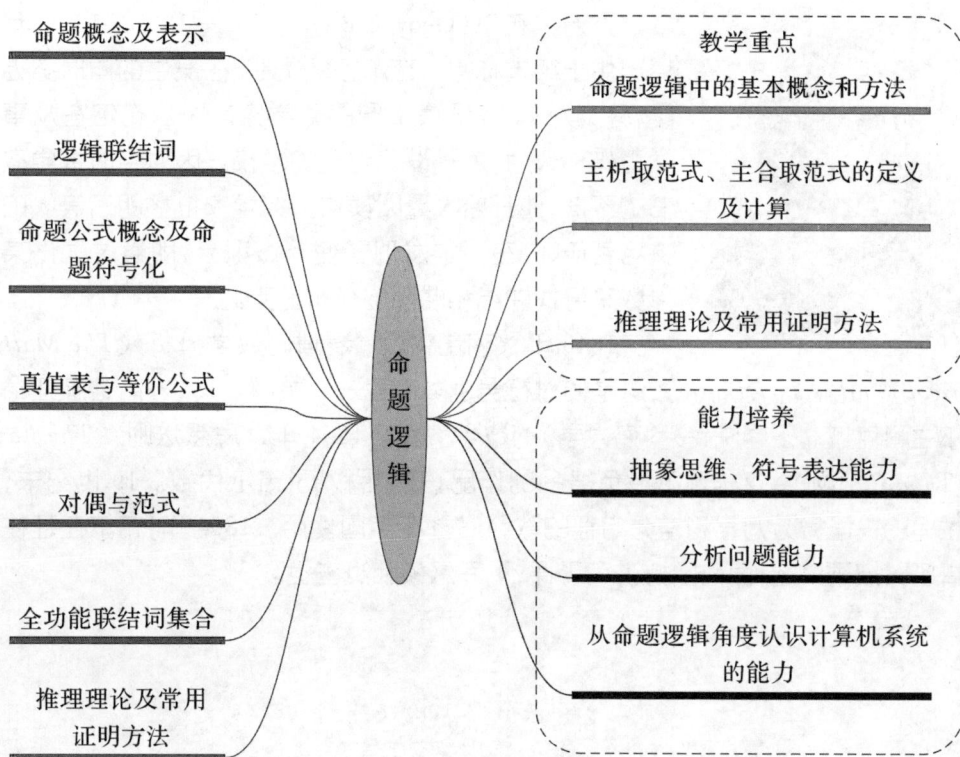

- 命题概念及表示
- 逻辑联结词
- 命题公式概念及命题符号化
- 真值表与等价公式
- 对偶与范式
- 全功能联结词集合
- 推理理论及常用证明方法

命题逻辑

**教学重点**
命题逻辑中的基本概念和方法
主析取范式、主合取范式的定义及计算
推理理论及常用证明方法

**能力培养**
抽象思维、符号表达能力
分析问题能力
从命题逻辑角度认识计算机系统的能力

### 历史人物

亚里士多德(Aristotle,前384—前322),出生于希腊北部的斯塔吉鲁斯(Stagirus)。他的父亲是马其顿国王的私人医生。亚里士多德年少时,其父母相继离世。在17岁那年,亚里士多德被送到雅典,进入柏拉图学园学习。他听了柏拉图长达20年的讲课。公元前347年,柏拉图去世。由于亚里士多德与柏拉图的观点相差太大,因此,并没有被选为柏拉图的继任者。后来,应马其顿国王菲利普的邀请,亚里士多德辅导了其儿子亚历山大(即后来的亚历山大大帝)5年。在菲利普国王死后,他回到雅典建立了吕克昂学园(Lyceum),并执教了13年。亚里士多德撰写了逻辑学、哲学、心理学、物理学和自然历史等方面的诸多论著。这些著作后来被带到了罗马,才能流传至今。亚里士多德的哲学思想、逻辑学理论和科学研究对西方文化产生了深远的影响,他也成为许多后来哲学家和科学家的启蒙导师。

乔治·布尔(George Boole,1815—1864),1815年11月出生于英国林肯。布尔家境贫寒,在谋生的同时努力自学,并成为19世纪最重要的数学家之一。布尔在从事教学工作不久后,就开设了自己的学校。因对当时数学教科书的不满,他开始大量阅读法国数学家拉格朗日等人的论文与著作,并在当中发现了变分微积分,即通过优化某些参数来寻找曲线和曲面的分析分支。

1848年,布尔出版了《逻辑的数学分析》(*The Mathematical Analysis of Logic*),这是他对符号逻辑的第一个贡献。1849年,他被任命为爱尔兰科克城女王学院(今科克大学)的数学教授。1854年,《思想法则》(*The Laws of Thought*)问世,这是布尔最负盛名的作品,书中引入了布尔代数。19世纪末,布尔撰写的关于微分方程和差分方程的教科书才在英国使用。1864年,布尔在赶往一场讲座时被雨淋湿,而他坚持讲完了课,不幸感染肺炎去世。

## 1.1　命题与联结词

数理逻辑通过引入表意符号来研究推理。为了构建推理的形式结构,最基础的问题就是如何精确地表达概念、陈述理论和规则。日常使用的自然语言虽然能够对概念、陈述、规则等进行描述,但是其表达具有多义性、模糊性等特点。因此,我们首先要解决的是如何用数学方法把自然语言转换为具有精确含义的陈述,即实现自然语言到形式化语言的转化。下面从形式化语言的基本构建单元——命题开始介绍。

### 1.1.1　命　题

**1. 命题的概念与判断**

命题不包含变量,因此,命题要么总是真,要么总是假。简而言之,命题是指具有唯一真值的陈述句(要么是真的,要么是假的,但不能同时两者兼有)。陈述句是对某个具体的或抽象的事物进行适当的描述(特征、依赖关系等),与祈使句、疑问句等不同。

【例 1.1.1】　以下陈述句均为命题。

(1)宁波市是浙江省的省会。

(2)北京是中国的首都。

(3)两个十进制数 8 和 9 之和等于 17。

(4)26+12=30。

**解**:命题(2)和(3)为真,命题(1)和(4)为假。

【例 1.1.2】　请思考以下句子是否为命题。

(1)你喜欢滑雪吗?

(2)全体立正!

(3)两个自然数 $x$ 与 $y$ 的和大于 15。

(4)$x+1=y$。

(5)地球以外的星球上也有生物。

(6)我正在说谎。

**解**　句子(1)和(2)不是命题,因为它们都不是陈述句。句子(3)和(4)也不是命题,因为它们的真值不唯一,它们的真值会随着 $x$ 和 $y$ 的变化而发生改变;但是,如果给 $x$ 和 $y$ 赋值,比如令 $x=3$, $y=4$,那么句子(3)和(4)就可以成为命题了。句子(5)中,由于某些客观条件的限制,我们现在无法判定它的真值,但是它的真值本身却是唯一的,所以句子(5)也是命题。句子(6)是悖论,如果承认它是真的(即我正在说谎),可得出它是假的(即我说了真话,没说谎);如果承认它是假的(即我在说真话),却又得出它是真的(即我正在说谎话);悖论不是命题。

### 2. 命题常量与命题变元

表示命题的符号称为**命题标识符**。在本书中,**命题标识符**使用大写字母来表示,常用的符号包括 $A$、$B$、$C$、$P$、$Q$、$R$ 等。一个命题标识符如果表示确定的命题,就称为**命题常元**(或**命题常量**);如果命题标识符只表示任意命题的位置,就称为**命题变元**(或**命题变量**)。由于命题变元可以表示任意命题,其真值不能确定,因此命题变元不是命题。当一个命题变元 $P$ 被一个特定命题指代时,其真值就可以确定,这也称为对 $P$ 进行指派。

我们称真值为真的命题为真命题,真值"真"用 T(True)表示;真值为假的命题称为假命题,真值"假"用 F(False)来表示。

### 3. 原子命题和复合命题

处理命题的逻辑领域称为命题演算或命题逻辑,最初由希腊哲学家亚里士多德在 2300 多年前系统地发展起来。那么,如何采用已有命题(称为原子命题)去构建新的命题?1854 年,英国数学家乔治·布尔在《思维法则》(*The Laws of Thought*)一书中讨论了这些方法。许多数学陈述由一个或多个命题组合构成,这些新命题被称为复合命题。

自然语言有时会表现出模糊性,为了精确表达,可以将自然语言中的句子翻译为逻辑表达式,即**命题符号化**。对复合命题进行符号化时,需要结合原子命题和逻辑联结词进行表达。

## 1.1.2  逻辑联结词

在数理逻辑中,逻辑联结词是复合命题的重要组成部分。为了便于书写和推理,下面介绍否定、合取、析取、条件、双条件等五个基本逻辑联结词。

【定义 1.1.1】  假设 $P$ 表示一个命题,称 $\neg P$ 为 $P$ 的否定式复合命题(也可表示为 $\overline{P}$)。$\neg P$ 读作"非 $P$"。$\neg P$ 为真,当且仅当 $P$ 为假;$\neg P$ 为假,当且仅当 $P$ 为真。

【例 1.1.3】  用自然语言写出下列命题的否定表述。

(1)小明的电脑装了 Linux Ubuntu 操作系统。

(2)张三手机的存储空间至少有 128G。

**解**  上述命题的否定为:

(1)小明的电脑没有装 Linux Ubuntu 操作系统。

(2)张三手机的存储空间没有 128G。也可以表述成,张三手机的存储空间小于 128G。

$P$ 的否定式复合命题 $\neg P$ 的真值表如表 1.1.1 所示,表中列举了 $P$ 的所有真值可能(即 T 或 F);每一行展示了 $P$ 和 $\neg P$ 的真值对应关系。

表 1.1.1　否定式复合命题的真值表

| $P$ | $\neg P$ |
|-----|-----|
| T | F |
| F | T |

命题的否定也可以看作否定运算符对命题操作的结果。否定运算符采用单个命题构造一个新命题。因此,它被称为一元运算符。命题的否定运算可称为**一元逻辑运算**。

下面将介绍采用两个或多个命题构造新命题的逻辑运算符,这些逻辑运算符也被称为**联结词**。在本书中,我们把否定运算符(一元运算符)也一起称为逻辑联结词。

**【定义 1.1.2】**　设 $P$ 和 $Q$ 为两个命题,由合取联结词 $\wedge$ 将 $P$ 和 $Q$ 连接成 $P \wedge Q$,称 $P \wedge Q$ 为命题 $P$ 和 $Q$ 的合取式复合命题,$P \wedge Q$ 读作"$P$ 合取 $Q$",或"$P$ 与 $Q$",或"$P$ 且 $Q$"。当且仅当 $P$ 和 $Q$ 的真值同为真时,$P \wedge Q$ 的真值才为真;否则,$P \wedge Q$ 的真值为假。

$P \wedge Q$ 的真值表如表 1.1.2 所示,表中列举了 $P$ 和 $Q$ 所有可能的真值组合(TT、TF、FT、FF)及其对应的 $P \wedge Q$ 的真值。

表 1.1.2　合取式复合命题的真值表

| $P$ | $Q$ | $P \wedge Q$ |
|-----|-----|-----|
| T | T | T |
| T | F | F |
| F | T | F |
| F | F | F |

请注意,自然语言中的"但是"有时在数理逻辑中须用合取联结词表示。例如,"太阳高照,但是正在下雨"这句话是"太阳高照,而且正在下雨"的另一种说法。

**【例 1.1.4】**　假设 $P$ 表示"4 是偶数",$Q$ 表示"3 是素数",那么 $P$ 和 $Q$ 的合取式表示什么?

**解**　$P$ 和 $Q$ 的合取式,$P \wedge Q$,表示"4 是偶数且 3 是素数"。因为 $P$ 为真,且 $Q$ 为真,所以 $P \wedge Q$ 为真。

需要注意的是,合取的概念与自然语言中的"和"或者"与"的意思相似,但并不完全相同。

**【例 1.1.5】**　假设 $P$ 表示"张三的电脑配置了一块内存大于 11G 的显卡",$Q$ 表示"3 是素数",那么 $P$ 和 $Q$ 的合取式表示什么?

**解**　$P$ 和 $Q$ 的合取式,$P \wedge Q$,表示"张三的电脑配置了一块内存大于 11G 的显卡且 3 是素数"。这句话在自然语言中没有意义,因为 $P$ 和 $Q$ 两者之间没有实质联系;但是在数理逻辑中,$P \wedge Q$ 仍然可以作为一个新的命题。

**【例 1.1.6】** 请问命题"李一和李二是兄弟关系"中的"和"是否可以用合取表示？

**解** 命题"李一和李二是兄弟关系"中的"和"不能用合取表示,该命题是一个原子命题,不能进一步拆分。

**【定义 1.1.3】** 设 $P$ 和 $Q$ 为两个命题,由析取联结词 $\vee$ 把 $P$ 和 $Q$ 连接成 $P \vee Q$,称 $P \vee Q$ 为命题 $P$ 和 $Q$ 的析取式复合命题,$P \vee Q$ 读作"$P$ 析取 $Q$",或"$P$ 或 $Q$"。当且仅当 $P$ 和 $Q$ 的真值同为假时,$P \vee Q$ 为假;否则,$P \vee Q$ 为真。

$P \vee Q$ 的真值表如表 1.1.3 所示。

表 1.1.3　析取式复合命题的真值表

| $P$ | $Q$ | $P \vee Q$ |
| --- | --- | --- |
| T | T | T |
| T | F | T |
| F | T | T |
| F | F | F |

析取联结词 $\vee$ 对应自然语言中的"可兼或",即联结词所联结的两个命题可以同时成立。析取式复合命题中至少有一个为真时,复合命题为真。

**【例 1.1.7】** 修过了概率论或线性代数的同学可以选修人工智能导论这门课。

**解** 例中的"或"是"可兼或",这句话的意思是"同时修过概率论和线性代数的同学可以选修人工智能导论这门课",这句话也可以表示"概率论和线性代数这两门课,修过其中一门的同学可以选修人工智能导论这门课"。

自然语言中的"或"除了"可兼或",还有一种表示"不可兼或"。如果把例 1.1.7 中的"或"改为"不可兼或"的意思,那么可以写成"只修过概率论或线性代数中一门课的同学可以选修人工智能导论这门课"。改写后的意思是同时修过概率论和线性代数的同学不可以选修人工智能导论这门课,只修了其中一门课的同学才可以选修人工智能导论。"不可兼或"又称为"异或"。

**【例 1.1.8】** 今晚 7 点张三在教室自习或者在宿舍看书。

**解** 因为张三今晚 7 点只能出现在一个位置,不可能同时出现在两个位置。所以,这里的"或"表示"不可兼或"。

**【例 1.1.9】** 例 1.1.4 中 $P$ 和 $Q$ 的析取式表示什么？

**解** $P$ 和 $Q$ 的析取式,$P \vee Q$,表示"4 是偶数或 3 是素数"。因为 $P$ 为真,且 $Q$ 为真,所以 $P \vee Q$ 为真。

Tips：在"可兼或"中，当析取的两个命题中至少有一个为真时，析取为真。假设 $P$ 和 $Q$ 表示两个命题，用"不可兼或"连接它们，可构建新命题"$P$ 或 $Q$（两者不能同时为真）"。当 $P$ 和 $Q$ 的真值不同时（即 $P$ 为真而 $Q$ 为假，或 $P$ 为假而 $Q$ 为真），该新命题为真。当 $P$ 和 $Q$ 的真值相同时（即 $P$ 和 $Q$ 都为假，或者 $P$ 和 $Q$ 都为真时），该新命题为假。因此，新命题"$P$ 或 $Q$（两者不能同时为真）"可以进一步表示为 $(\neg P \wedge Q) \vee (P \wedge \neg Q)$，其真值表如表1.1.4所示。

表1.1.4　"可兼或"与"不可兼或"复合命题的真值表比较

| $P$ | $Q$ | $\neg P$ | $\neg Q$ | $\neg P \wedge Q$ | $P \wedge \neg Q$ | $P \vee Q$ | $(\neg P \wedge Q) \vee (P \wedge \neg Q)$ |
|---|---|---|---|---|---|---|---|
| T | T | F | F | F | F | T | F |
| T | F | F | T | F | T | T | T |
| F | T | T | F | T | F | T | T |
| F | F | T | T | F | F | F | F |

**【定义 1.1.4】**　设 $P$ 和 $Q$ 为两个命题，由条件联结词 → 把 $P$ 和 $Q$ 连接成 $P \rightarrow Q$，称 $P \rightarrow Q$ 为命题 $P$ 和 $Q$ 的条件式复合命题，简称条件命题。$P \rightarrow Q$ 读作"$P$ 条件 $Q$"或者"若 $P$ 则 $Q$"。当 $P$ 的真值为真而 $Q$ 的真值为假时，命题 $P \rightarrow Q$ 的真值为假；否则，$P \rightarrow Q$ 的真值为真。称 $P$ 是命题的**前件**，$Q$ 是命题的**后件**。

$P \rightarrow Q$ 的真值表如表1.1.5所示，可以看出，当 $P$ 为 F 时，$Q$ 的真值无论是 T 或 F，$P \rightarrow Q$ 均为 T。在命题逻辑中，这种前件为假的情况称为"善意的推定"。

表1.1.5　条件命题的真值表

| $P$ | $Q$ | $P \rightarrow Q$ |
|---|---|---|
| T | T | T |
| T | F | F |
| F | T | T |
| F | F | T |

下面通过一个例子进一步理解条件命题的真值。

**【例 1.1.10】**　在学期初的课堂上，老师对同学们说："如果某位同学本学期课堂上回答问题的次数大于等于 10 次，那么他的平时成绩计 100 分（以百分制计）"。请以此例理解条件命题的真值表。

**解**　在这个例子中，如果张三同学本学期课堂回答问题共计 10 次，那么他的平时成绩自然是 100 分。如果张三同学本学期课堂回答问题少于 10 次，那么他的平时成绩可能没有 100 分，也可能因为其他平时表现（例如课堂作业）优秀得了 100 分。但是，如果张三同学本学期课堂回答问题大于等于10次,他的平时成绩却没得100分,那么他会感到被欺骗了。这种情况就对应了表1.1.5中前件为T,后件为F,整个条件命题为F的情形。

条件命题在逻辑推理中至关重要,因此采用自然语言表述$P \to Q$的方式丰富多样,例如以下陈述:

"如果$P$,则$Q$"          "$Q$每当$P$"

"如果$P$,$Q$"           "$Q$除非$\neg P$"

"如果$P$,那么$Q$"        "$P$仅当$Q$"

"只要$P$,就$Q$"          "只有$Q$,才$P$"

在上述众多表达$P \to Q$的方式中,"$P$仅当$Q$"和"$Q$除非$\neg P$"两种表达方式容易混淆。

"$P$仅当$Q$"与"如果$P$,则$Q$"表达相同。"$P$仅当$Q$"表示当$Q$不为真时$P$不能为真;即如果$Q$为假,$P$为真时,语句为假。当$P$为假时,$Q$可真可假,因为"$P$仅当$Q$"中没有说明$Q$的真值。注意不要使用"$Q$仅当$P$"来表示$P \to Q$,因为在$P$和$Q$不同的真值组合中,"$Q$仅当$P$"和"$P \to Q$"的真值不同(例如,$P$为假、$Q$为真时,"$Q$仅当$P$"为假,而"$P \to Q$"为真)。

"$Q$除非$\neg P$"也与"如果$P$,则$Q$"表达了相同的条件语句。"$Q$除非$\neg P$"意味着如果$\neg P$为假,则$Q$必为真;也就是说,当$P$为真、$Q$为假时,语句"$Q$除非$\neg P$"为假,否则为真。因此,"$Q$除非$\neg P$"和$P \to Q$始终具有相同的真值。

注意,在有些离散数学或逻辑学的书中,$P \to Q$也称为"$P$蕴含$Q$",由于"蕴含"一词在本书后面有另外的定义,因此,此处避免使用。

【例1.1.11】 假设$P$表示"张三学习人工智能专业",$Q$表示"张三能找到一份好工作",请用自然语言描述$P \to Q$。

**解** 如果$P$表示"张三学习人工智能专业",$Q$表示"张三能找到一份好工作",那么$P \to Q$表示"如果张三学习人工智能专业,那么他能找到一份好工作";也可以表述为"张三能找到一份好工作,除非他不学习人工智能专业"。

【例1.1.12】 如果张三有一台电脑,那么$21+3=24$。

**解** 该命题为真,因为后件($21+3=24$)为真。

【例1.1.13】 如果张三有一台电脑,那么$21+3=26$。

**解** 如果张三没有电脑,那么条件命题为真。

例1.1.12和例1.1.13通常不会出现在自然语言的表达中,因为这两个例子中的前件和后件没有联系。但是,在逻辑推理中,条件表达式不是基于语言用法来定义的,其前件和后件之间不必受限于因果关系。对于条件表达式$P \to Q$来说,只要$P$、$Q$分别确定了真值,$P \to Q$即成为命题。

下面介绍另一种构建复合命题的逻辑联结词——双条件联结词。

【定义1.1.5】 假设$P$、$Q$是两个命题,双条件联结词$\leftrightarrow$把$P$和$Q$连接成$P \leftrightarrow Q$,称$P \leftrightarrow Q$为命题$P$和$Q$的双条件式复合命题,简称双条件命题,$P \leftrightarrow Q$读作"$P$当且仅当

$Q$"，称↔为双条件联结词。当 $P$ 和 $Q$ 的真值相同时，$P \leftrightarrow Q$ 的真值为真；否则，$P \leftrightarrow Q$ 的真值为假。

$P \leftrightarrow Q$ 的真值表如表 1.1.6 所示。

表 1.1.6　双条件命题的真值表

| $P$ | $Q$ | $P \leftrightarrow Q$ |
|---|---|---|
| T | T | T |
| T | F | F |
| F | T | F |
| F | F | T |

从表 1.1.6 中可以看出，$P \leftrightarrow Q$ 为真时，$P \rightarrow Q$ 和 $Q \rightarrow P$ 均为真。因此，↔被称为"当且仅当"；这也是符号"↔"由"→"和"←"组成的由来。$P \leftrightarrow Q$ 还可以表述为：

$P$ iff $Q$。

这里，符号 iff 表示"当且仅当"。

【例 1.1.14】　假设 $P$ 表示"张三乘坐高铁"，$Q$ 表示"张三购买了一张高铁票"，请用自然语言描述 $P \leftrightarrow Q$。

**解**　如果 $P$ 表示"张三乘坐高铁"，$Q$ 表示"张三购买了一张高铁票"，那么 $P \leftrightarrow Q$ 表示"张三乘坐高铁，当且仅当他购买了一张高铁票"。如果 $P$ 和 $Q$ 同真或同假，那么例 1.1.14 为真，即"张三买了一张高铁票且他乘坐了高铁"或"张三没买高铁票且他没有乘坐高铁"。如果 $P$ 和 $Q$ 真值不同，那么例 1.1.14 为假，即"张三买了一张高铁票但他没有乘坐高铁"或"张三没买高铁票却乘坐了高铁"。

与条件联结词类似，组成双条件命题的两个命题也不必有内在联系。

合取、析取、条件、双条件运算符采用两个命题构造新命题，因此，这些运算符被称为二元运算符。两个命题的合取、析取、条件、双条件运算亦称为**二元逻辑运算**。

## 1.2　命题公式与翻译

### 1.2.1　命题公式的概念

前面已经介绍了否定、合取、析取、条件、双条件等五个基本逻辑联结词。采用这些联结词，我们可以构建新的复合命题。

假设 $P$、$Q$ 是两个命题，那么 $\neg P$、$P \vee Q$、$P \rightarrow Q$、$P \leftrightarrow Q$、$(\neg P \wedge Q) \vee (P \wedge \neg Q)$ 等都是复合命题。

如果 $P$、$Q$ 是两个命题变元，那么上述式子称为**命题公式**。$P$ 和 $Q$ 被称为命题公式的分量。

由命题变元、逻辑联结词和圆括号所组成的字符串可构成命题公式,但是并不是由这三类符号所组成的任何符号串都能成为命题公式。

**【例 1.2.1】** 假设 $P$ 是一个命题变元,判断以下式子是否为命题公式。

(1)$(\neg P)$。

(2)$(\wedge P)$。

**解** 式(1)是命题公式;式(2)不是命题公式,式(2)中合取联结词作为一个二元运算符,左边加入一个命题变元(如 $P$),那么 $(P \wedge P)$ 即可构成一个命题公式。

那么,命题变元、逻辑联结词和圆括号如何组合才能构成命题公式呢?

**【定义 1.2.1】** 命题演算的合式公式规定为:

(1)单个命题变元本身是一个合式公式;

(2)如果 $A$ 是合式公式,那么 $\neg A$ 是合式公式;

(3)如果 $A$ 和 $B$ 是合式公式,那么 $(A \wedge B)$、$(A \vee B)$、$(A \rightarrow B)$ 和 $(A \leftrightarrow B)$ 都是合式公式;

(4)当且仅当有限次地应用(1)、(2)、(3)所得到的包含命题变元、联结词和圆括号的符号串是合式公式。

上述合式公式的定义以递归形式给出。其中(1)是基础,规定了最基本的命题公式,即单个命题变元;(2)、(3)是归纳,约定了构成命题公式的基本规则,即五种基本命题逻辑联结词的演算;(4)是界限,规定合式公式只能通过有限次地应用(1)、(2)、(3)才能得到。

我们把命题演算的合式公式称为命题公式,简称公式。

> **Tips**:命题公式不能确定真假,因此命题公式不是命题;只有当公式中的命题变元被指定为具体的命题时,命题公式才能成为命题。

**【例 1.2.2】** 假设 $P$ 和 $Q$ 是两个命题变元,请问以下式子是命题公式吗?

(1)$((P \vee Q) \wedge Q)$。

(2)$((\neg P) \wedge (Q \wedge Q))$。

(3)$((P \rightarrow Q) \wedge (Q \vee Q)) \rightarrow ((\neg P) \rightarrow Q)$。

(4)$((P \vee Q) \wedge Q$。

(5)$((\neg PQ \wedge Q))$。

(6)$(P \rightarrow \wedge Q) \rightarrow ((\neg P) \leftrightarrow Q)$。

**解** 根据合式公式的定义,可以看出式(1)、(2)和(3)可以构成命题公式,其余式子均不是命题公式。

式(4)中,最外层括号不完整,可以在最右侧添加"右括号",即 $((P \vee Q) \wedge Q)$,此时,可以构成命题公式。

式(5)中,$P$ 和 $Q$ 之间缺少一个联结词,在两者间添加一个二元逻辑联结词,即可构成命题公式。

式(6)中,二元逻辑联结词"→"和"∧"都缺少一个命题变元,可以删去其中一个联结词,也可以在"→"和"∧"之间添加一个命题变元来构成命题公式。

当公式比较复杂时,往往会用到很多圆括号,为了简便表示,可作以下约定:

(1)规定联结词的优先级由高到低依次为￢、∧、∨、→、↔;

(2)相同的联结词按从左至右次序计算时,圆括号可省略;

(3)最外层圆括号可以省略。

按照上述约定,例 1.2.2 中的式(1)可简化为$(P \lor Q) \land Q$。

## 1.2.2　命题符号化

为了消除自然语言可能出现的模糊性,实现概念、陈述和规则的精确表达,可以将自然语言中的句子翻译成逻辑表达式,即**命题符号化**。完成符号化后,可以使用推理规则(将在第 1.6 节中讨论)对实际的问题进行推理。

下面看一个从自然语言转换为逻辑表达式的例子。

【例 1.2.3】　试以符号形式写出命题:你可以携带电脑进学校,仅当你是计算机科学与技术专业的学生或你不是大一新生。

**解**　将这句话翻译成逻辑表达式的方法有多种。最简单的方法是将这句话直接用单个命题变元(例如 $P$)表示,但这种表示对后续的推理并无益处。因此,我们把这句话拆分,用单个命题变元表示句子中的原子命题,并选择合适的逻辑联结词表示命题之间的关系。假设 $P$、$Q$、$R$ 分别表示"你可以携带电脑进学校"、"你是计算机科学与技术专业的学生"、"你是大一新生",这句话中"仅当"可以用条件联结词表示,因此,这句话表示为:

$$P \rightarrow (Q \lor \neg R)$$

这种符号化的方法符合后续逻辑推理的需求,下面对符号化的步骤进行总结:

(1)分析出句子中的原子命题,并将它们符号化;

(2)寻找合适的逻辑联结词;

(3)使用联结词将原子命题组合起来,完成对复合命题的符号化表示。

【例 1.2.4】　将下列命题符号化:

(1)如果今天不下雨且不刮风,我就去书店。

(2)除非 8 能被 2 整除,否则 8 不能被 4 整除。

(3)如果今天不下雨,我们去打篮球,除非班上有会。

**解**　(1)假设 $P$ 表示"今天下雨",$Q$ 表示"今天刮风",$R$ 分别表示"我去书店",句子可以表示为$(\neg P \land \neg Q) \rightarrow R$。

(2)假设 $P$ 表示"8 能被 2 整除",$Q$ 表示"8 能被 4 整除",句子可以表示为$\neg P \rightarrow \neg Q$,也可以表示为 $Q \rightarrow P$。后面我们将会看到,这两种表示方法其实是等价的。

(3)假设 $P$ 表示"今天下雨",$Q$ 表示"我们去打篮球",$R$ 分别表示"班上有会",句子可以表示为$\neg R \rightarrow (\neg P \rightarrow Q)$,也可以表示为$(\neg P \land \neg R) \rightarrow Q$。

## 1.3 真值表与等价公式

### 1.3.1 复合命题的真值表

前面已经介绍了命题公式,命题公式的真值可以用真值表来表示。

**【定义 1.3.1】** 在命题公式中,对于分量指派真值的各种可能组合确定了该命题公式的各种真值情况,汇列成表就是命题公式的**真值表**。

**【例 1.3.1】** 构造 $\neg P \vee Q$ 的真值表。

**解** $\neg P \vee Q$ 的真值表如表 1.3.1 所示。

**表 1.3.1 $\neg P \vee Q$ 的真值表**

| $P$ | $Q$ | $\neg P$ | $\neg P \vee Q$ |
|-----|-----|----------|------------------|
| T | T | F | T |
| T | F | F | F |
| F | T | T | T |
| F | F | T | T |

真值表中(如表 1.3.1)使用单独的列来表示每个基本复合表达式的真值,所求公式的真值放在表的最后一列。

怎样才能快速而且准确地写出一个公式的真值表?我们可以按照这样的原则来构造:

(1)按照英文字母顺序写出全体命题变元,然后按优先级写出公式的层次;

(2)命题变元的真值包括 T 和 F 两种情况,分别列出公式在对应真值指派下的情况,要求真值表的每一列对应一次逻辑运算;

(3)遵循从简单到复杂、由括号内到括号外的原则,计算公式在不同真值指派下的真值。

**【例 1.3.2】** 构造 $(P \vee \neg R) \wedge (P \rightarrow Q)$ 的真值表。

**解** $(P \vee \neg R) \wedge (P \rightarrow Q)$ 的真值表如表 1.3.2 所示。

**表 1.3.2 $(P \vee \neg R) \wedge (P \rightarrow Q)$ 的真值表**

| $P$ | $Q$ | $R$ | $\neg R$ | $P \vee \neg R$ | $P \rightarrow Q$ | $(P \vee \neg R) \wedge (P \rightarrow Q)$ |
|-----|-----|-----|----------|------------------|--------------------|---------------------------------------------|
| T | T | T | F | T | T | T |
| T | T | F | T | T | T | T |
| T | F | T | F | T | F | F |

| $P$ | $Q$ | $R$ | $\neg R$ | $P \vee \neg R$ | $P \rightarrow Q$ | $(P \vee \neg R) \wedge (P \rightarrow Q)$ |
|---|---|---|---|---|---|---|
| T | F | F | T | T | F | F |
| F | T | T | F | F | T | F |
| F | T | F | T | T | T | T |
| F | F | T | F | F | T | F |
| F | F | F | T | T | T | T |

真值表反映了命题公式在命题变元的不同指派下所取得的不同真值情况。一个命题公式真值的取值数目(即除去表头外真值表的行数),取决于命题中所含命题变元的个数。因为每个命题变元可能有真或假两种取值,所以,一般而言,含有 $n$ 个命题变元的命题公式所对应的真值共有 $2 \times 2 \times \cdots \times 2 \times 2 = 2^n$ 种情况。

【定义 1.3.2】　如果给定命题公式 $A$ 的一组真值指派使得 $A$ 的真值为真,则称该组真值为公式 $A$ 的**成真指派**;反之,称为 $A$ 的**成假指派**。

例 1.3.2 中,TTT 为公式 $(P \vee \neg R) \wedge (P \rightarrow Q)$ 的一组成真指派,TFT 为公式 $(P \vee \neg R) \wedge (P \rightarrow Q)$ 的一组成假指派。

【例 1.3.3】　构造 $P \vee \neg P$ 的真值表。

**解**　$P \vee \neg P$ 的真值表如表 1.3.3 所示。

表 1.3.3　$P \vee \neg P$ 的真值表

| $P$ | $\neg P$ | $\neg P \vee P$ |
|---|---|---|
| T | F | T |
| F | T | T |

表 1.3.3 中,$P$ 的不同真值指派均对应 $P \vee \neg P$ 的真值为 T。

【定义 1.3.3】　给定的命题公式,无论分量做怎样的指派,其对应的真值永为 T,称为**永真式**(或重言式)。

【例 1.3.4】　构造 $P \wedge \neg P$ 的真值表。

**解**　$P \wedge \neg P$ 的真值表如表 1.3.4 所示。

表 1.3.4　$P \wedge \neg P$ 的真值表

| $P$ | $\neg P$ | $\neg P \wedge P$ |
|---|---|---|
| T | F | F |
| F | T | F |

和 $P \lor \neg P$（见表 1.3.3）相反，无论 $P$ 为何种真值指派，$P \land \neg P$ 的真值均为 F（见表 1.3.4）。

**【定义 1.3.4】** 给定的命题公式，无论分量做怎样的指派，其对应的真值永为 F，称为**永假式**（或矛盾式）。

**【定义 1.3.5】** 设 $A$ 为任一命题公式，若 $A$ 不是矛盾式，则称 $A$ 为**可满足式**。

可以看出，例 1.3.1 和例 1.3.2 中的公式均为可满足式。

## 1.3.2 等价公式

通过真值表，可以方便地查看分量的不同真值指派对应复合命题的真值。有些公式在分量的不同指派下，其真值均相同，例如 $\neg P \lor Q$ 和 $P \to Q$（见表 1.3.5）。

**表 1.3.5 $\neg P \lor Q$ 和 $P \to Q$ 的真值表对比**

| $P$ | $Q$ | $\neg P$ | $\neg P \lor Q$ | $P \to Q$ |
| --- | --- | --- | --- | --- |
| T | T | F | T | T |
| T | F | F | F | F |
| F | T | T | T | T |
| F | F | T | T | T |

**【定义 1.3.6】** 给定两个命题公式 $A$ 和 $B$，如果对于任意一组真值指派，$A$ 和 $B$ 的真值都相同，则称 $A$ 和 $B$ 是**等价的**（或称逻辑相等的），记为 $A \Leftrightarrow B$。

> **Tips**：等价符号"$\Leftrightarrow$"不是逻辑联结词，$A \Leftrightarrow B$ 也不是复合命题，请正确区别等价符号 $\Leftrightarrow$ 和双条件连接词符号 $\leftrightarrow$。

**【例 1.3.5】** 证明 $P \leftrightarrow Q \Leftrightarrow (P \to Q) \land (Q \to P)$。

**证明** 根据定义 1.3.6，可以采用构建真值表的方法证明两个公式等价。从表 1.3.6 中可以看出，对于 $P$ 和 $Q$ 的任意一组真值指派，$P \leftrightarrow Q$ 和 $(P \to Q) \land (Q \to P)$ 的真值均相同，所以，$P \leftrightarrow Q \Leftrightarrow (P \to Q) \land (Q \to P)$。这个式子称为**双条件转化律**。

**表 1.3.6 $P \leftrightarrow Q$ 和 $(P \to Q) \land (Q \to P)$ 的真值表**

| $P$ | $Q$ | $P \to Q$ | $Q \to P$ | $P \leftrightarrow Q$ | $(P \to Q) \land (Q \to P)$ |
| --- | --- | --- | --- | --- | --- |
| T | T | T | T | T | T |
| T | F | F | T | F | F |
| F | T | T | F | F | F |
| F | F | T | T | T | T |

关于等价的定义,除了定义 1.3.6 的方式,我们还可以给出以下表述。

**【定义 1.3.7】** 给定两个命题公式 $A$ 和 $B$,如果对于任意一组真值指派,$A \leftrightarrow B$ 为**永真式**,则称 $A$ 和 $B$ 是**等价的**,记为 $A \Leftrightarrow B$。

按照定义 1.3.7,如果要证明例 1.3.5 中 $P \leftrightarrow Q \Leftrightarrow (P \to Q) \wedge (Q \to P)$,只需证明 $(P \leftrightarrow Q) \leftrightarrow ((P \to Q) \wedge (Q \to P))$ 是永真式。

**【例 1.3.6】** 证明 $\neg(P \vee Q)$ 和 $\neg P \wedge \neg Q$ 是等价的。

**证明** 构建 $\neg(P \vee Q)$ 和 $\neg P \wedge \neg Q$ 的真值表如表 1.3.7 所示,从表中可以看出,对于 $P$ 和 $Q$ 的任意一组真值指派,$\neg(P \vee Q)$ 和 $\neg P \wedge \neg Q$ 的真值均相等,因此有
$$\neg(P \vee Q) \Leftrightarrow \neg P \wedge \neg Q$$

**表 1.3.7　$\neg(P \vee Q)$ 和 $\neg P \wedge \neg Q$ 的真值表**

| $P$ | $Q$ | $\neg P$ | $\neg Q$ | $\neg P \wedge \neg Q$ | $P \vee Q$ | $\neg(P \vee Q)$ |
|---|---|---|---|---|---|---|
| T | T | F | F | F | T | F |
| T | F | F | T | F | T | F |
| F | T | T | F | F | T | F |
| F | F | T | T | T | F | T |

**【例 1.3.7】** 证明 $\neg(P \wedge Q)$ 和 $\neg P \vee \neg Q$ 是等价的。

**证明** 构建 $\neg(P \wedge Q)$ 和 $\neg P \vee \neg Q$ 的真值表如表 1.3.8 所示,从表中可以看出,对于 $P$ 和 $Q$ 的任意一组真值指派,$\neg(P \wedge Q)$ 和 $\neg P \vee \neg Q$ 的真值均相等,因此有
$$\neg(P \wedge Q) \Leftrightarrow \neg P \vee \neg Q$$

**表 1.3.8　$\neg(P \wedge Q)$ 和 $\neg P \vee \neg Q$ 的真值表**

| $P$ | $Q$ | $\neg P$ | $\neg Q$ | $P \wedge Q$ | $\neg(P \wedge Q)$ | $\neg P \vee \neg Q$ |
|---|---|---|---|---|---|---|
| T | T | F | F | T | F | F |
| T | F | F | T | F | T | T |
| F | T | T | F | F | T | T |
| F | F | T | T | F | T | T |

例 1.3.6 和例 1.3.7 中的两个等价式被称为**德·摩根律**,以 19 世纪中叶的英国数学家奥古斯都·德·摩根(Augustus De Morgan)命名。

为了便于我们在等价演算的时候更加方便地使用等价公式,表 1.3.9 列举了一些常用的等价式。

表 1.3.9　基本等价式

| 等价式 | 名称 |
|---|---|
| $P \Leftrightarrow \neg \neg P$ | 双重否定律 |
| $P \Leftrightarrow P \vee P$<br>$P \Leftrightarrow P \wedge P$ | 幂等律 |
| $P \vee Q \Leftrightarrow Q \vee P$<br>$P \wedge Q \Leftrightarrow Q \wedge P$ | 交换律 |
| $(P \vee Q) \vee R \Leftrightarrow P \vee (Q \vee R)$<br>$(P \wedge Q) \wedge R \Leftrightarrow P \wedge (Q \wedge R)$ | 结合律 |
| $P \vee (Q \wedge R) \Leftrightarrow (P \vee Q) \wedge (P \vee R)$<br>$P \wedge (Q \vee R) \Leftrightarrow (P \wedge Q) \vee (P \wedge R)$ | 分配律 |
| $\neg (P \vee Q) \Leftrightarrow \neg P \wedge \neg Q$<br>$\neg (P \wedge Q) \Leftrightarrow \neg P \vee \neg Q$ | 德·摩根律 |
| $P \vee (P \wedge Q) \Leftrightarrow P$<br>$P \wedge (P \vee Q) \Leftrightarrow P$ | 吸收律 |
| $P \vee T \Leftrightarrow T$<br>$P \wedge F \Leftrightarrow F$ | 零律 |
| $P \vee F \Leftrightarrow P$<br>$P \wedge T \Leftrightarrow P$ | 同一律 |
| $P \vee \neg P \Leftrightarrow T$<br>$P \wedge \neg P \Leftrightarrow F$ | 否定律 |

表 1.3.10 和表 1.3.11 分别列举了与条件联结词及双条件联结词相关的等价式。

表 1.3.10　与条件联结词相关的等价式

| 等价式 | 名称 |
|---|---|
| $P \rightarrow Q \Leftrightarrow \neg P \vee Q$ | 条件转化律 |
| $P \rightarrow Q \Leftrightarrow \neg Q \rightarrow \neg P$ | 假言易位 |

表 1.3.11　与双条件联结词相关的等价式

| 等价式 | 名称 |
|---|---|
| $P \leftrightarrow Q \Leftrightarrow (P \rightarrow Q) \wedge (Q \rightarrow P)$ | 双条件转化律 |
| $P \leftrightarrow Q \Leftrightarrow \neg P \leftrightarrow \neg Q$ | 双条件否定等值式 |
| $P \rightarrow (Q \rightarrow R) \Leftrightarrow (P \wedge Q) \rightarrow R$ | 输出律 |
| $(P \rightarrow Q) \wedge (P \rightarrow \neg Q) \Leftrightarrow \neg P$ | 归谬论 |

表 1.3.9 中的等价公式以及其他等价公式(见表 1.3.10 和表 1.3.11)都可用于构造新的等价公式。假设现有一个公式 $A$,采用等价公式替换公式 $A$ 的某个部分,得到一个新的公式 $B$。因为等价公式的真值在任意真值指派下均相同,所以,在任意真值指派下,公式 $A$ 和 $B$ 的真值也相同。通过上述方法,就可以得到与原式不同的新公式。

**【定义 1.3.8】** 如果 $X$ 是合式公式 $A$ 的一部分,且 $X$ 本身也是一个合式公式,则称 $X$ 为合式公式 $A$ 的子公式。

**【定理 1.3.1】** 设 $X$ 是合式公式 $A$ 的子公式,若 $X \Leftrightarrow Y$,如果将 $A$ 中的 $X$ 用 $Y$ 来置换,所得到的公式 $B$ 与公式 $A$ 等价,即 $A \Leftrightarrow B$。

**证明** 由于在相应变元的任意一组真值指派下,$X$ 与 $Y$ 的真值相同,故以 $Y$ 取代 $X$ 后,公式 $B$ 与 $A$ 在相应的指派下,其真值也必定相同,所以有 $A \Leftrightarrow B$。

满足定理 1.3.1 条件的置换称为**等价置换**。

**【例 1.3.8】** 证明 $(P \rightarrow Q) \rightarrow R \Leftrightarrow (\neg Q \wedge P) \vee R$。

**证明** 可以采用构造真值表的方法证明 $(P \rightarrow Q) \rightarrow R$ 和 $(\neg Q \wedge P) \vee R$ 是等价的。这里我们介绍一种新的等价证明的方法,即根据等价公式和等价置换定理(定理 1.3.1),通过已知等价式推演出其他的一些等价式进行证明。

$$(P \rightarrow Q) \rightarrow R$$
$$\Leftrightarrow (\neg P \vee Q) \rightarrow R \qquad (条件转化律)$$
$$\Leftrightarrow \neg(\neg P \vee Q) \vee R \qquad (条件转化律)$$
$$\Leftrightarrow (P \wedge \neg Q) \vee R \qquad (德·摩根律)$$
$$\Leftrightarrow (\neg Q \wedge P) \vee R \qquad (交换律)$$

所以,$(P \rightarrow Q) \rightarrow R \Leftrightarrow (\neg Q \wedge P) \vee R$。

**【定义 1.3.9】** 根据已知的等价公式,推演出另外一些等价公式的过程称为**等值演算**。

> **Tips:** 真值表是验证等价公式的基本方法,但是,当复合命题中具有大量命题变元时,采用等值演算方法证明等价公式更加简便与高效。

**【例 1.3.9】** 证明 $(P \vee Q) \rightarrow R \Leftrightarrow (P \rightarrow R) \wedge (Q \rightarrow R)$。

**证明** $(P \vee Q) \rightarrow R$
$$\Leftrightarrow \neg(P \vee Q) \vee R \qquad (条件转化律)$$
$$\Leftrightarrow (\neg P \wedge \neg Q) \vee R \qquad (德·摩根律)$$
$$\Leftrightarrow (\neg P \vee R) \wedge (\neg Q \vee R) \qquad (分配律)$$
$$\Leftrightarrow (P \rightarrow R) \wedge (Q \rightarrow R) \qquad (条件转化律)$$

所以,$(P \vee Q) \rightarrow R \Leftrightarrow (P \rightarrow R) \wedge (Q \rightarrow R)$。

**【例 1.3.10】** 证明 $(P \rightarrow Q) \wedge \neg Q \rightarrow \neg P \Leftrightarrow T$。

**证明** $(P \rightarrow Q) \wedge \neg Q \rightarrow \neg P$
$$\Leftrightarrow (\neg P \vee Q) \wedge \neg Q \rightarrow \neg P \qquad (条件转化律)$$

$$\Leftrightarrow \neg ((\neg P \lor Q) \land \neg Q) \lor \neg P \qquad (条件转化律)$$

$$\Leftrightarrow \neg (\neg P \lor Q) \lor \neg \neg Q \lor \neg P \qquad (德·摩根律)$$

$$\Leftrightarrow (\neg \neg P \land \neg Q) \lor \neg \neg Q \lor \neg P \qquad (德·摩根律)$$

$$\Leftrightarrow (P \land \neg Q) \lor Q \lor \neg P \qquad (双重否定律)$$

$$\Leftrightarrow (P \lor Q) \land (\neg Q \lor Q) \lor \neg P \qquad (分配律)$$

$$\Leftrightarrow (P \lor Q) \land T \lor \neg P \qquad (否定律)$$

$$\Leftrightarrow (P \lor Q) \lor \neg P \qquad (同一律)$$

$$\Leftrightarrow (Q \lor P) \lor \neg P \qquad (交换律)$$

$$\Leftrightarrow Q \lor (P \lor \neg P) \qquad (结合律)$$

$$\Leftrightarrow Q \lor T \qquad (否定律)$$

$$\Leftrightarrow T \qquad (零律)$$

所以，$(P \to Q) \land \neg Q \to \neg P \Leftrightarrow T$，即 $(P \to Q) \land \neg Q \to \neg P$ 为永真式。

可以看出，通过等值演算可以判断公式的类型。如果某公式 $A$ 和 $T$ 等价，则它是永真式；若 $A$ 和 $F$ 等价，则它是矛盾式。

# 1.4 其他联结词

第1.1.2节已经介绍了否定、合取、析取、条件、双条件等五个基本逻辑联结词，据此，我们可以定义更多的联结词。下面再介绍四种常用的联结词。

【定义1.4.1】 设 $P$ 和 $Q$ 为两个命题，由双条件否定联结词 $\oplus$ 把 $P$ 和 $Q$ 连接成 $P \oplus Q$，称为 $P$ 和 $Q$ 的双条件否定式复合命题，读作"$P$ 双条件否定 $Q$"；"双条件否定"又称为"异或"。当 $P$ 和 $Q$ 的真值不同时，$P \oplus Q$ 的真值为真；否则，$P \oplus Q$ 的真值为假。

$P \oplus Q$ 的真值表如表1.4.1所示。

表 1.4.1　双条件否定式命题的真值表

| $P$ | $Q$ | $P \oplus Q$ |
| --- | --- | --- |
| T | T | F |
| T | F | T |
| F | T | T |
| F | F | F |

根据定义1.4.1可知，$P \oplus Q \Leftrightarrow \neg (P \leftrightarrow Q)$。

又根据表1.1.4和表1.4.1，可以看出，$P \oplus Q \Leftrightarrow (\neg P \land Q) \lor (P \land \neg Q)$。

通过等值演算，还可以得到 $P \oplus Q \Leftrightarrow (\neg P \lor \neg Q) \land (P \lor Q)$。

【定义1.4.2】 设 $P$ 和 $Q$ 为两个命题，由同或联结词 $\odot$ 把 $P$ 和 $Q$ 连接成 $P \odot Q$，称

为 $P$ 和 $Q$ 的同或式复合命题,读作"$P$ 同或 $Q$"。当 $P$ 和 $Q$ 的真值相同时,$P \odot Q$ 的真值为真;否则,$P \odot Q$ 的真值为假。

$P \odot Q$ 的真值表如表 1.4.2 所示。

表 1.4.2　同或式复合命题的真值表

| $P$ | $Q$ | $P \odot Q$ |
| --- | --- | --- |
| T | T | T |
| T | F | F |
| F | T | F |
| F | F | T |

根据定义 1.4.2 可知,$P \odot Q \Leftrightarrow \neg(P \oplus Q)$。

**【定义 1.4.3】**　设 $P$ 和 $Q$ 为两个命题,由与非联结词 $\uparrow$ 把 $P$ 和 $Q$ 连接成 $P \uparrow Q$,称为 $P$ 和 $Q$ 的与非式复合命题,读作"$P$ 与非 $Q$","与非"又称为"合取非"。当且仅当 $P$ 和 $Q$ 均为真时,$P \uparrow Q$ 的真值为假;否则,$P \uparrow Q$ 的真值为真。

$P \uparrow Q$ 的真值表如表 1.4.3 所示。

表 1.4.3　与非式命题的真值表

| $P$ | $Q$ | $P \uparrow Q$ |
| --- | --- | --- |
| T | T | F |
| T | F | T |
| F | T | T |
| F | F | T |

由定义 1.4.3 可知,$P \uparrow Q \Leftrightarrow \neg(P \wedge Q)$。

**【定义 1.4.4】**　由或非联结词 $\downarrow$ 把 $P$ 和 $Q$ 连接成 $P \downarrow Q$,称为 $P$ 和 $Q$ 的或非式复合命题,读作"$P$ 或非 $Q$","或非"又称为"析取非"。当且仅当 $P$ 和 $Q$ 均为假时,$P \downarrow Q$ 的真值为真;否则,$P \downarrow Q$ 的真值为假。

$P \downarrow Q$ 的真值表如表 1.4.4 所示。

表 1.4.4　或非式命题的真值表

| $P$ | $Q$ | $P \downarrow Q$ |
| --- | --- | --- |
| T | T | F |
| T | F | F |
| F | T | F |
| F | F | T |

由定义 1.4.4 可知,$P \downarrow Q \Leftrightarrow \neg(P \vee Q)$。

## 1.5 对偶与范式

### 1.5.1 对 偶

从表 1.3.9 中可以看出,除了双重否定律以外,等价公式均成对出现,只是 $\wedge$ 和 $\vee$,T 和 F 进行了互换。我们把这样的公式称作具有**对偶规律**。

**【定义 1.5.1】** 在给定的命题公式 $A$ 中,将联结词 $\vee$ 换成 $\wedge$,$\wedge$ 换成 $\vee$,若有 F 和 T,亦相互替换,所得公式 $A^*$ 称为 $A$ 的对偶式。

显然,$A$ 也是 $A^*$ 的对偶式。

**【例 1.5.1】** 写出下列表达式的对偶式:

(1) $(P \wedge Q) \vee R$;

(2) $(P \wedge Q) \vee T$;

(3) $(P \vee \neg R) \vee (Q \wedge \neg (R \vee \neg Q))$。

**解** 上面这些表达式的对偶式为:

(1) $(P \vee Q) \wedge R$;

(2) $(P \vee Q) \wedge F$;

(3) $(P \wedge \neg R) \wedge (Q \vee \neg (R \wedge \neg Q))$。

**【例 1.5.2】** 求 $P \uparrow Q$ 的对偶式。

**解** 因为 $P \uparrow Q \Leftrightarrow \neg (P \wedge Q)$,故 $P \uparrow Q$ 的对偶式为 $\neg (P \vee Q)$,即 $P \downarrow Q$。

**【定理 1.5.1】** 设 $A$ 和 $A^*$ 是对偶式,$P_1, P_2, \cdots, P_n$ 是出现在 $A$ 和 $A^*$ 中的原子变元,则

$$\neg A(P_1, P_2, \cdots, P_n) \Leftrightarrow A^*(\neg P_1, \neg P_2, \cdots, \neg P_n)$$

$$A(\neg P_1, \neg P_2, \cdots, \neg P_n) \Leftrightarrow \neg A^*(P_1, P_2, \cdots, P_n)$$

**证明** 由德·摩根律可知

$$P \wedge Q \Leftrightarrow \neg (\neg P \vee \neg Q), \quad P \vee Q \Leftrightarrow \neg (\neg P \wedge \neg Q)$$

所以 $\qquad \neg A(P_1, P_2, \cdots, P_n) \Leftrightarrow A^*(\neg P_1, \neg P_2, \cdots, \neg P_n)$

同理可得

$$\neg A^*(P_1, P_2, \cdots, P_n) \Leftrightarrow A(\neg P_1, \neg P_2, \cdots, \neg P_n)$$

**【定理 1.5.2】** 设 $P_1, P_2, \cdots, P_n$ 是出现在公式 $A$ 和 $B$ 中的所有原子变元,如果 $A \Leftrightarrow B$,则 $A^* \Leftrightarrow B^*$。

**证明** 因为 $A \Leftrightarrow B$,即 $A(P_1, P_2, \cdots, P_n) \leftrightarrow B(P_1, P_2, \cdots, P_n)$ 是一个永真式,可得

$$A(\neg P_1, \neg P_2, \cdots, \neg P_n) \leftrightarrow B(\neg P_1, \neg P_2, \cdots, \neg P_n)$$

也是一个永真式,即

$$A(\neg P_1, \neg P_2, \cdots, \neg P_n) \Leftrightarrow B(\neg P_1, \neg P_2, \cdots, \neg P_n)$$

由定理 1.5.1 得

$$\neg A^*(P_1,P_2,\cdots,P_n) \Leftrightarrow \neg B^*(P_1,P_2,\cdots,P_n)$$

所以 $\qquad\qquad\qquad\qquad A^* \Leftrightarrow B^*$

**【例 1.5.3】** 设 $A^*(S,W,R)$ 是 $\neg S \wedge (\neg W \vee R)$，试证：

$$A^*(\neg S, \neg W, \neg R) \Leftrightarrow \neg A(S,W,R)$$

**证明** 由于 $A^*(S,W,R)$ 是 $\neg S \wedge (\neg W \vee R)$，则

$A^*(\neg S, \neg W, \neg R)$ 是 $S \wedge (W \vee \neg R)$，　$A(S,W,R)$ 是 $\neg S \vee (\neg W \wedge R)$

于是

$$\neg A(S,W,R)$$
$$\Leftrightarrow \neg(\neg S \vee (\neg W \wedge R))$$
$$\Leftrightarrow \neg\neg S \wedge \neg(\neg W \wedge R)$$
$$\Leftrightarrow S \wedge (W \vee \neg R)$$
$$\Leftrightarrow A^*(\neg S, \neg W, \neg R)$$

所以 $\qquad\qquad A^*(\neg S, \neg W, \neg R) \Leftrightarrow \neg A(S,W,R)$

### 1.5.2 析取范式与合取范式

从等价公式和对偶律可以看出，一个公式可以有多种不同等价的表示，为了把命题公式规范化，下面讨论公式的范式。

**【定义 1.5.2】** 一个命题公式称为**合取范式**，当且仅当它具有形式：

$$A_1 \wedge A_2 \wedge \cdots \wedge A_n \quad (n \geqslant 1)$$

其中，$A_1, A_2, \cdots, A_n$ 都是由命题变元或其否定所组成的析取式。

例如，$(\neg P \vee Q \vee \neg R) \wedge (P \vee \neg Q \vee R) \wedge Q$ 就是一个合取范式。

**【定义 1.5.3】** 一个命题公式称为**析取范式**，当且仅当它具有形式：

$$A_1 \vee A_2 \vee \cdots \vee A_n \quad (n \geqslant 1)$$

其中，$A_1, A_2, \cdots, A_n$ 都是由命题变元或其否定所组成的合取式。

例如，$(\neg P \wedge Q \wedge \neg R) \vee (P \wedge \neg Q \wedge R) \vee Q$ 就是一个析取范式。

**【例 1.5.4】** 下列各式是析取范式还是合取范式？

(1) $\neg P \vee Q$。

(2) $P \wedge Q \wedge \neg R$。

(3) $P \vee (Q \wedge \neg R) \vee \neg R$。

(4) $\neg P \wedge (P \vee \neg Q) \wedge (P \vee Q \vee R) \wedge \neg Q$。

**解** 式(1)可以看成由 $\neg P$ 和 $Q$ 组成的析取范式，也可以看成由一个析取式（$\neg P \vee Q$）构成的合取范式。

式(2)可以看成由 $P$、$Q$ 和 $\neg R$ 组成的合取范式，也可以看成由一个合取式（$P \wedge Q \wedge \neg R$）构成的析取范式。

式(3)是一个析取范式。

式(4)是一个合取范式。

【**定理 1.5.3**】**(范式存在定理)** 任意命题公式都存在与其等价的析取范式和合取范式。

**证明** 对于任意公式,可用下面的方法构造出与其等价的范式:

(1)利用条件转化律和双条件转化律

$$P \rightarrow Q \Leftrightarrow \neg P \vee Q$$
$$P \leftrightarrow Q \Leftrightarrow (P \rightarrow Q) \wedge (Q \rightarrow P)$$

使公式中仅含联结词 $\neg$、$\wedge$、$\vee$。

(2)利用德·摩根律和双重否定律

$$\neg(P \vee Q) \Leftrightarrow \neg P \wedge \neg Q$$
$$\neg(P \wedge Q) \Leftrightarrow \neg P \vee \neg Q$$
$$P \Leftrightarrow \neg \neg P$$

将否定联结词移至命题变元前,并去掉多余的否定联结词。

(3)利用分配律

$$P \vee (Q \wedge R) \Leftrightarrow (P \vee Q) \wedge (P \vee R)$$
$$P \wedge (Q \vee R) \Leftrightarrow (P \wedge Q) \vee (P \wedge R)$$

将公式化成析取范式或合取范式,即可得与原公式等价的范式。

由上述证明过程可以总结出命题公式的合取范式或者析取范式的求解步骤:

(1)将公式里面的联结词都转化成 $\wedge$、$\vee$ 及 $\neg$;

(2)利用德·摩根律将否定联结词 $\neg$ 移到每个命题变元之前,并利用双重否定律去掉多余的否定联结词;

(3)利用分配律和结合律等将公式归约为析取范式或者合取范式。

【**例 1.5.5**】 求 $(P \rightarrow Q) \leftrightarrow R$ 的合取范式。

**解** $(P \rightarrow Q) \leftrightarrow R$

$\Leftrightarrow (\neg P \vee Q) \leftrightarrow R$ （条件转化律）

$\Leftrightarrow ((\neg P \vee Q) \rightarrow R) \wedge (R \rightarrow (\neg P \vee Q))$ （双条件转化律）

$\Leftrightarrow (\neg(\neg P \vee Q) \vee R) \wedge (\neg R \vee (\neg P \vee Q))$ （条件转化律）

$\Leftrightarrow ((\neg \neg P \wedge \neg Q) \vee R) \wedge (\neg R \vee (\neg P \vee Q))$ （德·摩根律）

$\Leftrightarrow ((P \wedge \neg Q) \vee R) \wedge (\neg R \vee (\neg P \vee Q))$ （双重否定律）

$\Leftrightarrow ((P \wedge \neg Q) \vee R) \wedge (\neg P \vee Q \vee \neg R)$ （交换律）

$\Leftrightarrow (P \vee R) \wedge (\neg Q \vee R) \wedge (\neg P \vee Q \vee \neg R)$ （分配律）

【**例 1.5.6**】 求 $(P \rightarrow Q) \leftrightarrow R$ 的析取范式。

**解** $(P \rightarrow Q) \leftrightarrow R$

$\Leftrightarrow ((P \wedge \neg Q) \vee R) \wedge (\neg P \vee Q \vee \neg R)$ （前六步与例 1.5.5 一样）

$\Leftrightarrow (P \wedge \neg Q \wedge \neg P) \vee (P \wedge \neg Q \wedge Q) \vee (P \wedge \neg Q \wedge \neg R) \vee$

$\qquad (R \wedge \neg P) \vee (R \wedge Q) \vee (R \wedge \neg R)$ （分配律）

$\Leftrightarrow (P \wedge \neg P \wedge \neg Q) \vee (P \wedge \neg Q \wedge Q) \vee (P \wedge \neg Q \wedge \neg R) \vee$

$$(\neg P \wedge R) \vee (Q \wedge R) \vee (R \wedge \neg R) \qquad (交换律)$$
$$\Leftrightarrow (F \wedge \neg Q) \vee (P \wedge F) \vee (P \wedge \neg Q \wedge \neg R) \vee$$
$$(\neg P \wedge R) \vee (Q \wedge R) \vee F \qquad (否定律)$$
$$\Leftrightarrow F \vee F \vee (P \wedge \neg Q \wedge \neg R) \vee$$
$$(\neg P \wedge R) \vee (Q \wedge R) \vee F \qquad (零律)$$
$$\Leftrightarrow (P \wedge \neg Q \wedge \neg R) \vee (\neg P \wedge R) \vee (Q \wedge R) \qquad (同一律)$$

一个命题公式的合取范式和析取范式不唯一。

**【例 1.5.7】** $P \vee (Q \wedge R)$ 是析取范式,请写出其另一种析取范式。

**解** $P \vee (Q \wedge R)$
$$\Leftrightarrow (P \vee Q) \wedge (P \vee R) \qquad (分配律)$$
$$\Leftrightarrow (P \wedge (P \vee R)) \vee (Q \wedge (P \vee R)) \qquad (分配律)$$
$$\Leftrightarrow (P \wedge P) \vee (P \wedge R) \vee (Q \wedge P) \vee (Q \wedge R) \qquad (分配律)$$
$$\Leftrightarrow P \vee (P \wedge R) \vee (Q \wedge P) \vee (Q \wedge R) \qquad (幂等律)$$
$$\Leftrightarrow P \vee (P \wedge R) \vee (P \wedge Q) \vee (Q \wedge R) \qquad (交换律)$$

为了把一个命题公式转化为与其等价的唯一的标准形式,下面讨论主范式。

**【定义 1.5.4】** $n$ 个命题变元的合取式,其中每个变元与它的否定不能同时存在,但两者必须出现且仅出现一次,称作**布尔合取**或**小项**。

从上述定义可以看出,$n$ 个命题变元共可产生 $2^n$ 个不同的小项。

例如,两个命题变元 $P$ 和 $Q$,其小项为 $\neg P \wedge \neg Q$、$\neg P \wedge Q$、$P \wedge \neg Q$、$P \wedge Q$。

上述小项的真值表如表 1.5.1 所示。

**表 1.5.1 两个命题变元组成小项的真值表**

| $P$ | $Q$ | $\neg P$ | $\neg Q$ | $\neg P \wedge \neg Q$ | $\neg P \wedge Q$ | $P \wedge \neg Q$ | $P \wedge Q$ |
|---|---|---|---|---|---|---|---|
| T | T | F | F | F | F | F | T |
| T | F | F | T | F | F | T | F |
| F | T | T | F | F | T | F | F |
| F | F | T | T | T | F | F | F |

从表 1.5.1 中可以看出:

(1)任意两个小项均不等价;

(2)从真值表行方向看,任意一组真值指派只能使一个小项为 T,其余均为 F;

(3)从真值表列方向看,任意一个小项为 T 的情况只对应一组真值指派,其余指派均为 F。

上述观察可以推广至三个及以上变元的情况。由此,可以形成一种编码规则:假设有 $n$ 个命题变元的小项,将命题变元的原形对应 1,否定形对应 0,则每个小项对应一个二进制数,这个二进制数对应小项的唯一成真赋值。我们把这个长度为 $n$ 的二进制数 $a_1a_2\cdots a_n$ 作为小项的编号,记作 $m_k$,下标 $k$ 可以直接用二进制数 $a_1a_2\cdots a_n$ 表示,也可以用其对应的十进制数表示。按此规则,$n$ 个命题变元产生的 $2^n$ 个小项,分别可记作 $m_0$,$m_1,\cdots,m_i,\cdots,m_{2^n-1}(0\leqslant i\leqslant 2^n-1)$。

假设有两个命题变元 $P$ 和 $Q$,其对应的小项编码如表 1.5.2 所示。

**表 1.5.2  两个命题变元 $P$ 和 $Q$ 形成小项的编码**

| 小项 | 成真赋值 | 名称 |
|:---:|:---:|:---:|
| $\neg P \wedge \neg Q$ | 0  0 | $m_0$ |
| $\neg P \wedge Q$ | 0  1 | $m_1$ |
| $P \wedge \neg Q$ | 1  0 | $m_2$ |
| $P \wedge Q$ | 1  1 | $m_3$ |

假设有三个命题变元 $P$、$Q$ 和 $R$,其对应的小项编码如表 1.5.3 所示。

**表 1.5.3  三个命题变元 $P$、$Q$ 和 $R$ 形成小项的编码**

| 小项 | 成真赋值 | 名称 |
|:---:|:---:|:---:|
| $\neg P \wedge \neg Q \wedge \neg R$ | 0  0  0 | $m_0$ |
| $\neg P \wedge \neg Q \wedge R$ | 0  0  1 | $m_1$ |
| $\neg P \wedge Q \wedge \neg R$ | 0  1  0 | $m_2$ |
| $\neg P \wedge Q \wedge R$ | 0  1  1 | $m_3$ |
| $P \wedge \neg Q \wedge \neg R$ | 1  0  0 | $m_4$ |
| $P \wedge \neg Q \wedge R$ | 1  0  1 | $m_5$ |
| $P \wedge Q \wedge \neg R$ | 1  1  0 | $m_6$ |
| $P \wedge Q \wedge R$ | 1  1  1 | $m_7$ |

小项有如下几个性质:

(1)当每一个小项的真值指派与编码相同时,真值为 T,其余的 $2^n-1$ 种指派下均为 F;

(2)任意两个不同小项的合取式永假:

$$m_i \wedge m_j \Leftrightarrow \mathrm{F}\ (i \neq j)$$

(3)全体小项的析取永真,记为:

$$\sum_{i=0}^{2^n-1} m_i = m_0 \vee m_1 \vee \cdots \vee m_{2^n-1} \Leftrightarrow \mathrm{T}$$

这里,我们约定采用 $\sum$ 来表示小项的析取,例如,$\sum_{i,j,k}$ 表示 $m_i \vee m_j \vee m_k$。

【定义 1.5.5】 对于给定的命题,如果有一个等价公式,它仅由小项的析取所组成,则该等式称作原式的**主析取范式**。

一个公式的主析取范式可以由真值表或等值演算的方法推出。

那么,如何利用真值表求主析取范式呢?

【定理 1.5.4】 在真值表中,一个公式真值为 T 的指派所对应的小项的析取,即为此公式的主析取范式。

**证明** 假设公式 $A$ 中真值为 T 的指派所对应的小项为 $m_1, m_2, \cdots, m_k$,令 $B = m_1 \vee m_2 \vee \cdots \vee m_k$,即须证明 $A \Leftrightarrow B$。

若 $A$ 为真,则其指派所对应的小项一定是 $m_1, m_2, \cdots, m_k$ 中的某一项,不妨设为 $m_i$,因为 $m_i$ 为真,而 $m_1, \cdots, m_{i-1}, m_{i+1}, \cdots, m_k$ 都为假,故 $B$ 也为真。

若 $A$ 为假,则其指派所对应的小项一定不是 $m_1, m_2, \cdots, m_k$ 中的某一项,此时 $m_1, m_2, \cdots, m_k$ 均为假,故 $B$ 也为假。

因此,$A \Leftrightarrow B$。

【例 1.5.8】 设公式 $A$ 的真值表如表 1.5.4 所示,求 $A$ 的主析取范式。

**表 1.5.4　公式 A 的真值表**

| $P$ | $Q$ | $R$ | $A$ |
|-----|-----|-----|-----|
| T | T | T | T |
| T | T | F | F |
| T | F | T | F |
| T | F | F | T |
| F | T | T | F |
| F | T | F | F |
| F | F | T | F |
| F | F | F | T |

**解** 根据定理 1.5.4,求 $A$ 的主析取范式首先需找出表 1.5.4 中的成真指派,然后写出其对应的小项,最后用析取联结词连接这些小项。

所以,$A$ 的主析取范式为 $(P \wedge Q \wedge R) \vee (P \wedge \neg Q \wedge \neg R) \vee (\neg P \wedge \neg Q \wedge \neg R)$。

除了真值表的方法,还可以由基本等价公式推演主析取范式,其步骤可以归纳为:

(1)化归为析取范式;

(2)除去析取范式中所有的永假析取项;

(3)将析取式中重复出现的合取项和相同的变元合并;

(4)对合取项补入没有出现的命题变元,即添加类似于 $(P \vee \neg P)$ 的公式,然后用分配律展开公式。

**【例 1.5.9】** 求 $(P \lor Q) \land (P \to R)$ 的主析取范式，并用编码表示。

**解** $(P \lor Q) \land (P \to R)$

$\Leftrightarrow (P \lor Q) \land (\neg P \lor R)$ （条件转化律）

$\Leftrightarrow (P \land \neg P) \lor (P \land R) \lor (Q \land \neg P) \lor (Q \land R)$ （分配律）

$\Leftrightarrow (P \land \neg P) \lor (P \land R) \lor (\neg P \land Q) \lor (Q \land R)$ （交换律）

$\Leftrightarrow F \lor (P \land R) \lor (\neg P \land Q) \lor (Q \land R)$ （否定律）

$\Leftrightarrow (P \land R) \lor (\neg P \land Q) \lor (Q \land R)$ （同一律）

$\Leftrightarrow (P \land (Q \lor \neg Q) \land R) \lor (\neg P \land Q \land (R \lor \neg R)) \lor ((P \lor \neg P) \land Q \land R)$

（补项）

$\Leftrightarrow (P \land Q \land R) \lor (P \land \neg Q \land R) \lor (\neg P \land Q \land R) \lor (\neg P \land Q \land \neg R) \lor$
$(P \land Q \land R) \lor (\neg P \land Q \land R)$ （分配律）

$\Leftrightarrow (P \land Q \land R) \lor (P \land \neg Q \land R) \lor (\neg P \land Q \land R) \lor (\neg P \land Q \land \neg R)$ （幂等律）

$\Leftrightarrow m_{111} \lor m_{101} \lor m_{011} \lor m_{010}$

$\Leftrightarrow m_7 \lor m_5 \lor m_3 \lor m_2$

$\Leftrightarrow \sum_{2,3,5,7}$

对于一个命题公式的主析取范式，如果将命题变元的个数及出现次序（本书约定按照字母表顺序）固定之后，则此公式的主析取范式是唯一的。所以，对于任意给定的两个公式，根据其主析取范式可以方便地判定这两个公式是否等价。

与主析取范式类似，下面讨论主合取范式。

**【定义 1.5.6】** $n$ 个命题变元的析取式，其中每个变元与它的否定不能同时存在，但两者必须出现且仅出现一次，称作**布尔析取**或**大项**。

和小项类似，$n$ 个命题变元也可产生 $2^n$ 个不同的大项。

例如，两个命题变元 $P$ 和 $Q$，其大项为：$\neg P \lor \neg Q$、$\neg P \lor Q$、$P \lor \neg Q$、$P \lor Q$。

表 1.5.5 列出了上述大项的真值表，从表中可以看出：

(1) 任意两个大项均不等价；

(2) 从真值表行方向看，任意一组真值指派只能使一个大项为 F，其余均为 T；

(3) 从真值表列方向看，任意一个大项为 F 的情况只对应一组真值指派，其余指派均为 T。

表 1.5.5  两个命题变元组成大项的真值表

| $P$ | $Q$ | $\neg P$ | $\neg Q$ | $\neg P \lor \neg Q$ | $\neg P \lor Q$ | $P \lor \neg Q$ | $P \lor Q$ |
|---|---|---|---|---|---|---|---|
| T | T | F | F | F | T | T | T |
| T | F | F | T | T | F | T | T |
| F | T | T | F | T | T | F | T |
| F | F | T | T | T | T | T | F |

和小项类似,大项也有其编码规则:假设有 $n$ 个命题变元的大项,将命题变元的原形记为 0,否定形记为 1,则每个大项对应一个二进制数,这个二进制数对应大项的唯一成假赋值。我们把这个长度为 $n$ 的二进制数 $a_1 a_2 \cdots a_n$ 作为大项的编号,记作 $M_k$,下标 $k$ 可以直接用二进制数 $a_1 a_2 \cdots a_n$ 表示,也可以用其对应的十进制数表示。按此规则,$n$ 个命题变元产生的 $2^n$ 个大项,分别可记作 $M_0, M_1, \cdots, M_i, \cdots, M_{2^n-1}(0 \leqslant i \leqslant 2^n-1)$。

假设有两个命题变元 $P$ 和 $Q$,其对应的大项编码如表 1.5.6 所示。

表 1.5.6　两个命题变元 $P$ 和 $Q$ 形成大项的编码

| 大项 | 成假赋值 | 名称 |
|---|---|---|
| $P \vee Q$ | 0　0 | $M_0$ |
| $P \vee \neg Q$ | 0　1 | $M_1$ |
| $\neg P \vee Q$ | 1　0 | $M_2$ |
| $\neg P \vee \neg Q$ | 1　1 | $M_3$ |

假设有三个命题变元 $P$、$Q$ 和 $R$,其对应的大项编码如表 1.5.7 所示。

表 1.5.7　三个命题变元 $P$、$Q$ 和 $R$ 形成大项的编码

| 公式 | 成假赋值 | 名称 |
|---|---|---|
| $P \vee Q \vee R$ | 0　0　0 | $M_0$ |
| $P \vee Q \vee \neg R$ | 0　0　1 | $M_1$ |
| $P \vee \neg Q \vee R$ | 0　1　0 | $M_2$ |
| $P \vee \neg Q \vee \neg R$ | 0　1　1 | $M_3$ |
| $\neg P \vee Q \vee R$ | 1　0　0 | $M_4$ |
| $\neg P \vee Q \vee \neg R$ | 1　0　1 | $M_5$ |
| $\neg P \vee \neg Q \vee R$ | 1　1　0 | $M_6$ |
| $\neg P \vee \neg Q \vee \neg R$ | 1　1　1 | $M_7$ |

与小项相似,大项有如下几个性质:

(1)任一大项的真值指派与其编码相同时,真值为 F,其余的 $2^n-1$ 种指派下均为 T;

(2)任意两个不同大项的析取式永真,即
$$M_i \vee M_j \Leftrightarrow T \ (i \neq j)$$

(3)全体大项的合取永为假,记为
$$\prod_{i=0}^{2^n-1} M_i = M_0 \wedge M_1 \wedge \cdots \wedge M_{2^n-1} \Leftrightarrow F.$$

这里,我们约定采用 $\prod$ 来表示大项的合取,例如,$\prod_{i,j,k}$ 表示 $M_i \wedge M_j \wedge M_k$。

**【定义 1.5.7】** 对于给定的命题,如果有一个等价公式,它仅由大项的合取组成,则该等式称作原式的**主合取范式**。

和主析取范式求解方式类似,主合取范式也可以由真值表或等值演算的方法推出。

**【定理 1.5.5】** 在真值表中,一个公式真值为 F 的指派所对应的大项的合取,即为此公式的**主合取范式**。

证明方法与定理 1.5.4 类似,此处不再赘述。

**【例 1.5.10】** 求例 1.5.8 中 $A$ 的主合取范式。

**解** 根据定理 1.5.5,求 $A$ 的主合取范式首先需找出表 1.5.4 中的成假指派,然后写出其对应的大项,最后用合取联结词连接这些大项。

所以,$A$ 的主合取范式为 $(\neg P \vee \neg Q \vee R) \wedge (\neg P \vee Q \vee \neg R) \wedge (P \vee \neg Q \vee \neg R) \wedge (P \vee \neg Q \vee R) \wedge (P \vee Q \vee \neg R)$。

**【例 1.5.11】** 请利用真值表求 $(P \wedge Q) \vee (\neg P \wedge R)$ 的主合取范式和主析取范式。

**解** $(P \wedge Q) \vee (\neg P \wedge R)$ 的真值表如表 1.5.8 所示。

表 1.5.8 $(P \wedge Q) \vee (\neg P \wedge R)$ 的真值表

| $P$ | $Q$ | $R$ | $\neg P$ | $P \wedge Q$ | $\neg P \wedge R$ | $(P \wedge Q) \vee (\neg P \wedge R)$ |
|---|---|---|---|---|---|---|
| T | T | T | F | T | F | T |
| T | F | T | F | F | F | F |
| F | T | T | T | F | T | T |
| F | F | T | T | F | T | T |
| T | T | F | F | T | F | T |
| T | F | F | F | F | F | F |
| F | T | F | T | F | F | F |
| F | F | F | T | F | F | F |

$(P \wedge Q) \vee (\neg P \wedge R)$ 有 4 组成假指派,所以,$(P \wedge Q) \vee (\neg P \wedge R)$ 的主合取范式为 $(\neg P \vee Q \vee \neg R) \wedge (\neg P \vee Q \vee R) \wedge (P \vee \neg Q \vee R) \wedge (P \vee Q \vee R)$。

$(P \wedge Q) \vee (\neg P \wedge R)$ 有 4 组成真指派,所以,$(P \wedge Q) \vee (\neg P \wedge R)$ 的主析取范式为 $(P \wedge Q \wedge R) \vee (\neg P \wedge Q \wedge R) \vee (\neg P \wedge \neg Q \wedge R) \vee (P \wedge Q \wedge \neg R)$。

同样地,主合取范式也可由基本等价公式推演得到,其步骤可以归纳为:

(1)化归为合取范式;

(2)除去合取范式中所有永真的合取项;

(3)将合取式中重复出现的析取项和相同的变元合并;

(4)对析取项补入没有出现的命题变元,即添加类似于 $(P \wedge \neg P)$ 的公式,然后用分配律展开公式。

【例 1.5.12】　求 $(P \vee Q) \wedge (P \rightarrow R)$ 的主合取范式，并用编码表示。

**解**　$(P \vee Q) \wedge (P \rightarrow R)$

$\Leftrightarrow (P \vee Q) \wedge (\neg P \vee R)$　　　　　　　　　　　　　　　　　（条件转化律）

$\Leftrightarrow (P \vee Q \vee (R \wedge \neg R)) \wedge (\neg P \vee (Q \wedge \neg Q) \vee R)$　　　　　　　（补项）

$\Leftrightarrow (P \vee Q \vee R) \wedge (P \vee Q \vee \neg R) \wedge (\neg P \vee Q \vee R) \wedge (\neg P \vee \neg Q \vee R)$（分配律）

$\Leftrightarrow M_{000} \wedge M_{001} \wedge M_{100} \wedge M_{110}$

$\Leftrightarrow M_0 \wedge M_1 \wedge M_4 \wedge M_6$

$\Leftrightarrow \prod_{0,1,4,6}$

对于任一含有 $n$ 个命题变元的公式，其 $2^n$ 个真值非 T 即 F。由定理 1.5.4 和定理 1.5.5 可知，该公式主析取范式中的小项和主合取范式中的大项的个数之和恰为 $2^n$，且其下标不会相同；即当知道了该公式的主合取范式，可以容易地推出对应的主析取范式，反之亦然。

【定理 1.5.6】　含有 $n$ 个命题变元的公式 $A$ 的主析取范式为 $\sum_{i_1,i_2,\cdots,i_k}$，其主合取范式为 $\prod_{j_1,j_2,\cdots,j_k}$，则有

$$\{i_1,i_2,\cdots,i_k\} \bigcup \{j_1,j_2,\cdots,j_k\} = \{0,1,2,\cdots,2^n-1\}$$
$$\{i_1,i_2,\cdots,i_k\} \bigcap \{j_1,j_2,\cdots,j_k\} = \varnothing$$

例如，由例 1.5.9 中的主析取范式 $\sum_{2,3,5,7}$，可以快速得到其主合取范式为 $\prod_{0,1,4,6}$（和例 1.5.12 的计算结果一致）。

【例 1.5.13】　现有命题公式 $(\neg P \rightarrow Q) \wedge (R \vee Q)$：

(1)求上式的真值表；

(2)用演算法求上式的主析取范式和主合取范式，并表示为 $\sum$ 和 $\prod$ 的形式。

**解**　(1) $(\neg P \rightarrow Q) \wedge (R \vee Q)$ 的真值表如表 1.5.9 所示。

**表 1.5.9　$(\neg P \rightarrow Q) \wedge (R \vee Q)$ 的真值表**

| $P$ | $Q$ | $R$ | $\neg P$ | $R \vee Q$ | $\neg P \rightarrow Q$ | $(\neg P \rightarrow Q) \wedge (R \vee Q)$ |
|---|---|---|---|---|---|---|
| T | T | T | F | T | T | T |
| T | F | T | F | T | T | T |
| F | T | T | T | T | T | T |
| F | F | T | T | T | F | F |
| T | T | F | F | T | T | T |
| T | F | F | F | F | T | F |
| F | T | F | T | T | T | T |
| F | F | F | T | F | F | F |

(2) 主析取范式(表达为小项 $m$ 的析取):

$(\neg P \rightarrow Q) \wedge (R \vee Q)$

$\Leftrightarrow (\neg \neg P \vee Q) \wedge (R \vee Q)$       (条件转化律)

$\Leftrightarrow (P \vee Q) \wedge (R \vee Q)$       (双重否定律)

$\Leftrightarrow (P \wedge R) \vee (P \wedge Q) \vee (Q \wedge R) \vee (Q \wedge Q)$       (分配律)

$\Leftrightarrow (P \wedge R) \vee (P \wedge Q) \vee (Q \wedge R) \vee Q$       (幂等律)

$\Leftrightarrow (P \wedge (Q \vee \neg Q) \wedge R) \vee (P \wedge Q \wedge (R \vee \neg R)) \vee$
$\quad ((P \vee \neg P) \wedge Q \wedge R) \vee ((P \vee \neg P) \wedge Q \wedge (R \vee \neg R))$       (补项)

$\Leftrightarrow (P \wedge Q \wedge R) \vee (P \wedge \neg Q \wedge R) \vee (P \wedge Q \wedge R) \vee (P \wedge Q \wedge \neg R) \vee$
$\quad (P \wedge Q \wedge R) \vee (\neg P \wedge Q \wedge R) \vee (P \wedge Q \wedge R) \vee (\neg P \wedge Q \wedge R) \vee$
$\quad (P \wedge Q \wedge \neg R) \vee (\neg P \wedge Q \wedge \neg R)$       (分配律)

$\Leftrightarrow (P \wedge Q \wedge R) \vee (P \wedge \neg Q \wedge R) \vee (P \wedge Q \wedge \neg R) \vee$
$\quad (\neg P \wedge Q \wedge R) \vee (\neg P \wedge Q \wedge \neg R)$       (幂等律)

$\Leftrightarrow m_{111} \vee m_{101} \vee m_{110} \vee m_{011} \vee m_{010}$

$\Leftrightarrow m_7 \vee m_5 \vee m_6 \vee m_3 \vee m_2$

$\Leftrightarrow \sum_{2,3,5,6,7}$

主合取范式(表达为大项 $M$ 的合取):

$(\neg P \rightarrow Q) \wedge (R \vee Q)$

$\Leftrightarrow (\neg \neg P \vee Q) \wedge (R \vee Q)$       (条件转化律)

$\Leftrightarrow (P \vee Q) \wedge (R \vee Q)$       (双重否定律)

$\Leftrightarrow (P \vee Q) \wedge (Q \vee R)$       (交换律)

$\Leftrightarrow (P \vee Q \vee (R \wedge \neg R)) \wedge ((P \wedge \neg P) \vee Q \vee R)$       (补项)

$\Leftrightarrow (P \vee Q \vee R) \wedge (P \vee Q \vee \neg R) \wedge (P \vee Q \vee R) \wedge (\neg P \vee Q \vee R)$       (分配律)

$\Leftrightarrow (P \vee Q \vee R) \wedge (P \vee Q \vee \neg R) \wedge (\neg P \vee Q \vee R)$       (幂等律)

$\Leftrightarrow M_{000} \wedge M_{001} \wedge M_{100}$

$\Leftrightarrow M_0 \wedge M_1 \wedge M_4$

$\Leftrightarrow \prod_{0,1,4}$

### 1.5.3 全功能联结词集

第 1.1.2 节中介绍了五个基本逻辑联结词,第 1.4 节中我们又补充了四个在应用中常见的联结词,那么,这些联结词是不是够用了? 它们是不是可以表达其他所有的联结词? 它们中是不是有多余的联结词?

在回答这些问题之前,我们需要理清其中一些概念。首先,什么是任一逻辑联结词? 从逻辑联结词的定义来看,它把原子命题组合成了复合命题,并且每个联结词唯一确定了从原子命题真值到复合命题真值的计算规则,这个就是我们前面介绍的真值表。在这里,称之为"真值函数"或"布尔函数"。

**【定义 1.5.8】** $\{F,T\}^n$ 到 $\{F,T\}$ 的 $n$ 元函数称为 $n$ 元真值函数。

假设公式 $A$ 包含 $A_1,A_2,\cdots,A_n$ 等 $n$ 个命题变元,那么,$A$ 就定义了一个 $n$ 元真值函数 $B(X_1,X_2,\cdots,X_n)$:

$B(X_1,X_2,\cdots,X_n)=A_1,A_2,\cdots,A_n$ 等被赋予 T 或 F 即 $X_1,X_2,\cdots,X_n$ 时公式 $A$ 的真值。

这样,每个公式 $A$ 都表达了一个 $n$ 元联结词,或是 $n$ 元真值函数。

例如,当 $n$ 为 1 时,即一元联结词有 4 个(见表 1.5.10),从表中可以看出:$B_1$ 列表示永真;$B_2$ 列对应 $A_1$;$B_3$ 列表示 $A_1$ 的否定 $\neg A_1$;$B_4$ 列表示永假。

**表 1.5.10 一元真值函数**

| $A_1$ | $B_1$ | $B_2$ | $B_3$ | $B_4$ |
|---|---|---|---|---|
| T | T | T | F | F |
| F | T | F | T | F |

当 $n$ 为 2 时,即二元联结词有 16 个(见表 1.5.11),从表中可以看出:

(1)$B_1$ 和 $B_{16}$ 分别表示永真和永假;

(2)$B_4$ 和 $B_6$ 分别表示命题变元 $A_1$ 和 $A_2$;

(3)$B_{13}$ 和 $B_{11}$ 分别表示命题变元 $A_1$ 和 $A_2$ 的否定:$\neg A_1$ 和 $\neg A_2$;

(4)$B_8$ 表示命题变元 $A_1$ 和 $A_2$ 的合取:$A_1 \wedge A_2$;

(5)$B_2$ 表示命题变元 $A_1$ 和 $A_2$ 的析取:$A_1 \vee A_2$;

(6)$B_5$ 和 $B_3$ 分别表示条件式复合命题:$A_1 \rightarrow A_2,A_2 \rightarrow A_1$;

(7)$B_7$ 表示双条件式复合命题:$A_1 \leftrightarrow A_2$;

(8)$B_{10}$ 表示双条件否定式复合命题:$A_1 \oplus A_2$;

(9)$B_9$ 表示与非式复合命题:$A_1 \uparrow A_2$;

(10)$B_{15}$ 表示与非式复合命题:$A_1 \downarrow A_2$;

(11)$B_{12}$ 和 $B_{14}$ 分别表示条件式否定复合命题:$\neg(A_1 \rightarrow A_2),\neg(A_2 \rightarrow A_1)$。

**表 1.5.11 二元真值函数**

| $A_1$ | $A_2$ | $B_1$ | $B_2$ | $B_3$ | $B_4$ | $B_5$ | $B_6$ | $B_7$ | $B_8$ | $B_9$ | $B_{10}$ | $B_{11}$ | $B_{12}$ | $B_{13}$ | $B_{14}$ | $B_{15}$ | $B_{16}$ |
|---|---|---|---|---|---|---|---|---|---|---|---|---|---|---|---|---|---|
| T | T | T | T | T | T | T | T | T | T | F | F | F | F | F | F | F | F |
| T | F | T | T | T | T | F | F | F | F | T | T | T | T | F | F | F | F |
| F | T | T | T | F | F | T | T | F | F | T | T | F | F | T | T | F | F |
| F | F | T | F | T | F | T | F | T | F | T | F | T | F | T | F | T | F |

**【定义 1.5.9】** 设 $S$ 是一个联结词集合,如果任何 $n$ $(n \geqslant 1)$ 元真值函数都可以由仅

含 $S$ 中的联结词构成的公式表示,则称 $S$ 是**全功能联结词集合**。如果在 $S$ 中去掉任何一个联结词,就不再具有这种特性,就称其为**最小全功能联结词集合**。

**【定理 1.5.7】** $\{\neg, \vee, \wedge\}$ 是一个全功能联结词集合。

**证明** 从主范式的求解过程可以看出,$\{\neg, \vee, \wedge\}$ 是一个全功能联结词集合。

$\{\neg, \vee, \wedge\}$ 不是最小全功能联结词集合,因为由德·摩根律知"$\vee$"和"$\wedge$"可相互替换,所以 $\{\neg, \vee\}$ 或者 $\{\neg, \wedge\}$ 都是全功能联结词集合。又由于去掉 $\{\neg, \vee\}$ 或 $\{\neg, \wedge\}$ 中的任何一个联结词就不具备全功能联结词集合的性质,因此,$\{\neg, \vee\}$ 和 $\{\neg, \wedge\}$ 都是最小全功能联结词集合。

**【例 1.5.14】** $\{\uparrow\}$ 是最小全功能联结词集合吗?

**解** 由 $\uparrow$ 定义可知

$$P \uparrow Q \Leftrightarrow \neg(P \wedge Q)。$$

又因为

$$\neg P \Leftrightarrow \neg(P \wedge P) \Leftrightarrow P \uparrow P$$

$$P \wedge Q \Leftrightarrow \neg\neg(P \wedge Q) \Leftrightarrow \neg(P \uparrow Q) \Leftrightarrow (P \uparrow Q) \uparrow (P \uparrow Q)$$

而且 $\{\neg, \wedge\}$ 是全功能联结词集合,所以 $\{\uparrow\}$ 是最小全功能联结词集合。

## 1.6 命题逻辑的推理理论

### 1.6.1 推理形式结构

本节将讨论命题逻辑中的证明。在数学中,一个语句的证明是构建该语句为真的有效论证。那么,什么是有效论证?

先看下面的例子。

如果你有学校网络的账号,那么你可以登录校园网。

你有学校网络的账号,

所以,

你可以登录校园网。

看上述语句是否为有效论证,实际是需要确定当前提"如果你有学校网络的账号,那么你可以登录校园网"和"你有学校网络的账号"同时为真时,结论"你可以登录校园网"是否肯定为真。

假设 $P$ 表示"你有学校网络的账号",$Q$ 表示"你可以登录校园网",那么,上述例子可以符号化为:

$P \rightarrow Q$。

$P$,

所以,

$Q$。

通过构建 $(P \rightarrow Q) \wedge P \rightarrow Q$ 的真值表,可以容易地看出 $(P \rightarrow Q) \wedge P \rightarrow Q$ 是一个永真

式。换言之,当 $P \to Q$ 和 $P$ 同时为真时,$Q$ 肯定为真。我们把这样的论证形式称为**有效的**。

**【定义 1.6.1】** 称命题公式 $(H_1 \wedge H_2 \wedge \cdots \wedge H_n) \to C$ 为推理的形式结构,$H_1$,$H_2$,$\cdots$,$H_n$ 为推理的**前提**,$C$ 为推理的**结论**。若 $(H_1 \wedge H_2 \wedge \cdots \wedge H_n) \to C$ 为**永真式**,则称从前提 $H_1$,$H_2$,$\cdots$,$H_n$ 推出结论 $C$ 的**推理正确**,记作:$(H_1 \wedge H_2 \wedge \cdots \wedge H_n) \Rightarrow C$,其中 $C$ 是 $H_1$,$H_2$,$\cdots$,$H_n$ 的逻辑结论或有效结论。

判别有效结论的过程就是论证过程。有效结论的论证方法有多种,最直接的方法就是构建真值表,通过真值表判断前提都为真时,结论是否为真。真值表虽然简单,但是当命题数量不断增长时,工作量将急剧增加。因此,后面将讨论另一类方法,即利用一些**推理规则**(包括常用的等价式和蕴含式),推演得到有效结论。下面先介绍蕴含式的概念。

**【定义 1.6.2】** 当且仅当 $P \to Q$ 是永真式时,称"$P$ 蕴含 $Q$",并记作 $P \Rightarrow Q$。

**【例 1.6.1】** 证明:$\neg Q \wedge (P \to Q) \Rightarrow \neg P$。

**证明** 要想证明 $\neg Q \wedge (P \to Q) \Rightarrow \neg P$,即证明 $\neg Q \wedge (P \to Q) \to \neg P$ 永真,下面介绍两类证明方法。

**第一类方法**:通过列真值表或等值演算,验证 $\neg Q \wedge (P \to Q) \to \neg P$ 是永真式。

(1)从表 1.6.1 中可以看出,$\neg Q \wedge (P \to Q) \to \neg P$ 为永真式,所以 $\neg Q \wedge (P \to Q) \Rightarrow \neg P$。

表 1.6.1 $\neg Q \wedge (P \to Q) \to \neg P$ 的真值表

| $P$ | $Q$ | $\neg P$ | $\neg Q$ | $P \to Q$ | $\neg Q \wedge (P \to Q)$ | $\neg Q \wedge (P \to Q) \to \neg P$ |
|---|---|---|---|---|---|---|
| T | T | F | F | T | F | T |
| T | F | F | T | F | F | T |
| F | T | T | F | T | F | T |
| F | F | T | T | T | T | T |
| T | T | F | F | T | F | T |
| T | F | F | T | F | F | T |
| F | T | T | F | T | F | T |
| F | F | T | T | T | T | T |

(2)等值演算的方法:

$$\neg Q \wedge (P \to Q) \to \neg P$$
$$\Leftrightarrow \neg Q \wedge (\neg P \vee Q) \to \neg P \qquad (条件转化律)$$
$$\Leftrightarrow (\neg Q \wedge \neg P) \vee (\neg Q \wedge Q) \to \neg P \qquad (分配律)$$
$$\Leftrightarrow (\neg Q \wedge \neg P) \vee F \to \neg P \qquad (否定律)$$

$$\Leftrightarrow (\neg Q \wedge \neg P) \to \neg P \qquad\qquad (同一律)$$

$$\Leftrightarrow \neg (\neg Q \wedge \neg P) \vee \neg P \qquad\qquad (条件转化律)$$

$$\Leftrightarrow \neg\neg Q \vee \neg\neg P \vee \neg P \qquad\qquad (德 \cdot 摩根律)$$

$$\Leftrightarrow Q \vee P \vee \neg P \qquad\qquad\quad (双重否定律)$$

$$\Leftrightarrow Q \vee (P \vee \neg P) \qquad\qquad\quad (结合律)$$

$$\Leftrightarrow Q \vee T \qquad\qquad\qquad\quad (否定律)$$

$$\Leftrightarrow T \qquad\qquad\qquad\qquad (同一律)$$

由此可得, $\neg Q \wedge (P \to Q) \to \neg P$ 为永真式,所以 $\neg Q \wedge (P \to Q) \Rightarrow \neg P$。

**第二类方法**:通过非形式化逻辑演算,即结合条件式取值情况,用自然语言表述:(1)假设前件为真,需证明后件为真;或者(2)假设后件为假,则需证明前件为假。

(1)假设 $\neg Q \wedge (P \to Q)$ 为 T,则 $\neg Q$ 为 T,且 $P \to Q$ 为 T。由 $Q$ 为 F, $P \to Q$ 为 T 可知,必有 $P$ 为 F,即 $\neg P$ 为 T。所以, $\neg Q \wedge (P \to Q) \Rightarrow \neg P$。

(2)假设 $\neg P$ 为 F,则 $P$ 为 T。下面分情况讨论:

①若 $Q$ 为 F,则 $P \to Q$ 为 F, $\neg Q \wedge (P \to Q)$ 为 F。

②若 $Q$ 为 T,则 $\neg Q$ 为 F, $\neg Q \wedge (P \to Q)$ 为 F。

综上, $\neg Q \wedge (P \to Q) \Rightarrow \neg P$ 成立。

例 1.6.1 中的 $\neg Q \wedge (P \to Q) \Rightarrow \neg P$ 被称为拒取式。

表 1.6.2 列举了常用的蕴含式,都可用于后续的论证过程。

表 1.6.2　基本蕴含式

| 蕴含式 | 名称 |
|---|---|
| $P \wedge Q \Rightarrow P$ <br> $P \wedge Q \Rightarrow Q$ | 化简律 |
| $P \Rightarrow P \vee Q$ <br> $Q \Rightarrow P \vee Q$ | 附加律 |
| $P, Q \Rightarrow P \wedge Q$ | 合取式 |
| $P \wedge (P \to Q) \Rightarrow Q$ | 假言推理 |
| $\neg Q \wedge (P \to Q) \Rightarrow \neg P$ | 拒取式 |
| $\neg P \wedge (P \vee Q) \Rightarrow Q$ | 析取三段论 |
| $(P \to Q) \wedge (Q \to R) \Rightarrow P \to R$ | 假言三段论 |
| $(P \leftrightarrow Q) \wedge (Q \leftrightarrow R) \Rightarrow P \leftrightarrow R$ | 等价三段论 |

## 1.6.2　证明方法

本节介绍构造证明的方法。

【定义 1.6.3】　假设有前提 $A_1, A_2, \cdots, A_k$,结论 $B$ 及公式序列 $C_1, C_2, \cdots, C_l$,如果每一个 $C_i(1 \leqslant i \leqslant l)$ 是某个 $A_j(1 \leqslant j \leqslant k)$,或可由序列中前面的公式应用推理规则得到,并且 $C_l = B$,则称这个公式序列是由 $A_1, A_2, \cdots, A_k$ 推出 $B$ 的证明。

下面主要介绍两类方法:直接证明法和间接证明法。

◇ **直接证明法**

直接证明法就是通过一组前提,采用一些公认的推理规则,根据已知的等价公式或者蕴含公式,推演得到有效结论的证明过程。

证明中常用的推理规则包括:

(1)P 规则:前提引入规则,前提在推导过程中的任何时候都可以引入使用。

(2)T 规则:在推导中,如果有一个或者多个公式重言蕴含着公式 $S$,则公式 $S$ 可以引入推导之中。常用的等价式和蕴含式可分别参见表 1.3.9 和表 1.6.2。

【例 1.6.2】　证明:$P, R \rightarrow S, \neg Q \rightarrow R, P \rightarrow \neg Q \Rightarrow S$。

证明　①$P$　　　　　　　　　　　　　　P 前提引入

　　　②$P \rightarrow \neg Q$　　　　　　　　　　P 前提引入

　　　③$\neg Q$　　　　　　　　　　　　　T①②假言推理

　　　④$\neg Q \rightarrow R$　　　　　　　　　　P 前提引入

　　　⑤$R$　　　　　　　　　　　　　　T③④假言推理

　　　⑥$R \rightarrow S$　　　　　　　　　　　P 前提引入

　　　⑦$S$　　　　　　　　　　　　　　T⑤⑥假言推理

【例 1.6.3】　证明:$P \lor Q, Q \rightarrow R, P \rightarrow S, \neg S \Rightarrow R$。

证明　①$P \rightarrow S$　　　　　　　　　　P 前提引入

　　　②$\neg S$　　　　　　　　　　　　　P 前提引入

　　　③$\neg P$　　　　　　　　　　　　　T①②拒取式

　　　④$P \lor Q$　　　　　　　　　　　P 前提引入

　　　⑤$Q$　　　　　　　　　　　　　　T③④析取三段论

　　　⑥$Q \rightarrow R$　　　　　　　　　　　P 前提引入

　　　⑦$R$　　　　　　　　　　　　　　T⑤⑥假言推理

◇ **间接证明法**

**1. 反证法**

【定义 1.6.4】　假设公式 $H_1, H_2, \cdots, H_n$ 中的命题变元为 $P_1, P_2, \cdots, P_n$,对于 $P_1, P_2, \cdots, P_n$ 的一些指派,如果能使 $H_1 \land H_2 \land \cdots \land H_n$ 的真值为 T,则称公式 $H_1, H_2, \cdots, H_n$ 是**相容的**。如果对于 $P_1, P_2, \cdots, P_n$ 的每一组真值指派使得 $H_1 \land H_2 \land \cdots \land H_n$ 的真值为 F,则称公式 $H_1, H_2, \cdots, H_n$ 是**不相容的**。

如果引入不相容的概念来证明命题公式,我们可以采用下面的方法。

假设要证明 $H_1 \wedge H_2 \wedge \cdots \wedge H_n \Rightarrow C$,即现有一组前提 $H_1, H_2, \cdots, H_n$,需要推出结论 $C$。把 $H_1 \wedge H_2 \wedge \cdots \wedge H_n$ 记为 $A$,则需证明的式子可简写为 $A \Rightarrow C$,也就是要证明 $A \to C$ 为永真式。由于 $A \to C \Leftrightarrow \neg A \vee C$(条件转化律),要证明 $A \to C$ 为永真式,即需证明 $\neg A \vee C$ 永真,也就是 $A \wedge \neg C$ 为永假。所以,要证明 $H_1 \wedge H_2 \wedge \cdots \wedge H_n \Rightarrow C$,只要证明 $H_1 \wedge H_2 \wedge \cdots \wedge H_n$ 与 $\neg C$ 是不相容的。证明时,将 $\neg C$ 作为附加前提引入,最后推出矛盾(即 F),这就是**反证法**。

【例 1.6.4】 证明:$P \vee Q, P \to R, Q \to R \Rightarrow R$。

**证明**
① $\neg R$        P(附加前提)
② $P \to R$        P 前提引入
③ $\neg P$        T①②拒取式
④ $P \vee Q$        P 前提引入
⑤ $Q$        T③④析取三段论
⑥ $Q \to R$        P 前提引入
⑦ $R$        T⑤⑥假言推理
⑧ $\neg R \wedge R$(矛盾)        T①⑦合取式

例 1.6.4 被称为二难推论。

【例 1.6.5】 采用反证法证明构造性二难 $(P \vee Q) \wedge (P \to R) \wedge (Q \to S) \Rightarrow (R \vee S)$。

**证明**
① $\neg(R \vee S)$        P(附加前提)
② $\neg R \wedge \neg S$        T①德·摩根律
③ $\neg R$        T②化简律
④ $P \to R$        P 前提引入
⑤ $\neg P$        T③④拒取式
⑥ $Q \to S$        P 前提引入
⑦ $\neg S$        T②化简律
⑧ $\neg Q$        T⑥⑦拒取式
⑨ $\neg P \wedge \neg Q$        T⑤⑧合取式
⑩ $\neg(P \vee Q)$        T⑨德·摩根律
⑪ $P \vee Q$        P 前提引入
⑫ $\neg(P \vee Q) \wedge (P \vee Q)$(矛盾)        T①⑦合取式

### 2. CP 规则法

如果要证明形如 $H_1 \wedge H_2 \wedge \cdots \wedge H_n \Rightarrow (R \to C)$,即结论中是条件式复合命题,可以采用 CP 规则法。下面介绍什么是 CP 规则法。

把 $H_1 \wedge H_2 \wedge \cdots \wedge H_n$ 记为 $A$,则 $H_1 \wedge H_2 \wedge \cdots \wedge H_n \Rightarrow (R \to C)$ 可简记为 $A \Rightarrow (R \to C)$,要证明 $H_1 \wedge H_2 \wedge \cdots \wedge H_n \Rightarrow (R \to C)$,也就是需要证明 $A \to (R \to C)$ 为永真式。

$$A \rightarrow (R \rightarrow C)$$
$$\Leftrightarrow A \rightarrow (\neg R \lor C) \qquad (条件转化律)$$
$$\Leftrightarrow \neg A \lor (\neg R \lor C) \qquad (条件转化律)$$
$$\Leftrightarrow (\neg A \lor \neg R) \lor C \qquad (结合律)$$
$$\Leftrightarrow \neg (A \land R) \lor C \qquad (德·摩根律)$$
$$\Leftrightarrow (A \land R) \rightarrow C \qquad (条件转化律)$$

因此,证明 $A \rightarrow (R \rightarrow C)$ 为永真式,即需要证明 $(A \land R) \rightarrow C$ 为永真式。将 $R$ 作为附加条件,如有 $(A \land R) \Rightarrow C$,即证得 $A \Rightarrow (R \rightarrow C)$,称之为 CP 规则。

【例1.6.6】 证明 $(P \land Q) \rightarrow R, \neg S \lor P, Q \Rightarrow S \rightarrow R$。

**证明** ① $S$       P(附加前提)
   ② $\neg S \lor P$      P 前提引入
   ③ $P$        T①②析取三段论
   ④ $(P \land Q) \rightarrow R$    P 前提引入
   ⑤ $Q$        P 前提引入
   ⑥ $P \land Q$      T③⑤合取式
   ⑦ $R$        T④⑥假言推理
   ⑧ $S \rightarrow R$      CP 规则

【例1.6.7】 采用 CP 规则法证明例1.6.5中的构造性二难 $(P \lor Q) \land (P \rightarrow R) \land (Q \rightarrow S) \Rightarrow (R \lor S)$。

**证明** 采用 CP 规则法证明,结论中需要条件式复合命题的形式,于是把 $R \lor S$ 转化为其等价公式 $\neg S \rightarrow R$;此时,可将 $\neg S$ 作为附加前提加入到前提集合中,具体过程如下。

    ① $\neg S$       P(附加前提)
    ② $Q \rightarrow S$      P 前提引入
    ③ $\neg Q$       T①②拒取式
    ④ $P \lor Q$      P 前提引入
    ⑤ $P$        T③④析取三段论
    ⑥ $P \rightarrow R$      P 前提引入
    ⑦ $R$        T⑤⑥假言推理
    ⑧ $\neg S \rightarrow R$     T①⑦CP 规则
    ⑨ $S \lor R$      T⑧条件转化律

【例1.6.8】 写出对应下面推理的证明。

如果今天是星期五,则要进行英语或离散数学考试。如果英语老师有会,则不考英语。今天是星期五,英语老师有会。所以进行离散数学考试。

**证明** 解决此类问题的步骤包括:

(1)将命题符号化;

(2)分别写出前提和结论;

（3）选择合适的方法给出证明。

假设 $P$ 表示"今天是星期五"，$Q$ 表示"今天进行英语考试"，$R$ 表示"今天进行离散数学考试"，$S$ 表示"英语老师有会"，那么，

前提：$P \rightarrow (Q \vee R), S \rightarrow \neg Q, P, S$。

结论：$R$。

根据已知前提，采用直接证明法进行推理：

| | |
|---|---|
| ①$S$ | P 前提引入 |
| ②$S \rightarrow \neg Q$ | P 前提引入 |
| ③$\neg Q$ | T①②假言推理 |
| ④$P$ | P 前提引入 |
| ⑤$P \rightarrow (Q \vee R)$ | P 前提引入 |
| ⑥$Q \vee R$ | T④⑤假言推理 |
| ⑦$R$ | T③⑥析取三段论 |

至此，直接证明法和间接证明法已经介绍完毕。下面对本书中"运算"和"演算"这两个名词进行说明。

命题公式中，各种命题联结词连接了命题变元，而命题变元的取值可为 T 或 F；那么，命题公式相当于函数（即定义 1.5.8 的 $n$ 元真值函数），命题联结词也可视为逻辑运算符。因此，命题变元间的运算也可称作逻辑运算（布尔运算）。这样，本书后续章节中的集合、关系，以及函数的交、并、补、对称差、复合、逆，都可视为运算，即对多个对象（元素）进行处理。

逻辑演算则对应了等值演算与推理的过程。逻辑演算可分为形式化（半形式化）逻辑演算与非形式化逻辑演算。形式化逻辑演算采用形式化语言，建立命题或命题公式间的联系，比如数理逻辑中规范的等值演算（如例 1.6.1 第一类方法中的等值演算）和推理过程（如例 1.6.2）。除了数理逻辑以外，该类方法在本书第 3、4 章中也有大量使用。非形式化逻辑演算以自然语言为基础，表述证明"等价或蕴含"的过程。例如，例 1.6.1 中的第二类方法就是非形式化逻辑演算，即借助"$A \Rightarrow B$ 当且仅当 $A \rightarrow B$ 为永真式"这一定义，用自然语言分析、表述 $A \rightarrow B$ 如何为永真式。

## 1.7 命题逻辑的应用

### 1.7.1 网络搜索

逻辑联结词被广泛用于感兴趣信息的搜索，例如，常用的搜索网站 https://cn.bing.com。由于搜索时采用了 AND、OR、NOT 等逻辑联结词，因此，这类方式被称为布尔搜索。其中，AND 用于匹配同时包含两个搜索词的记录，OR 用于匹配两个搜索词中的一个或两个，NOT 用于排除特定的搜索词。

【例 1.7.1】　请在中国知网中搜索文献,要求论文标题中包含"逻辑",并且摘要中包含"离散数学"。

**解**　进入中国知网的"高级检索",按要求分别在"篇名"后输入"逻辑",在"摘要"后输入"离散数学",两者中间用 AND 连接(见图 1.7.1);单击"检索"按钮,可以查看相关搜索结果(见图 1.7.2)。

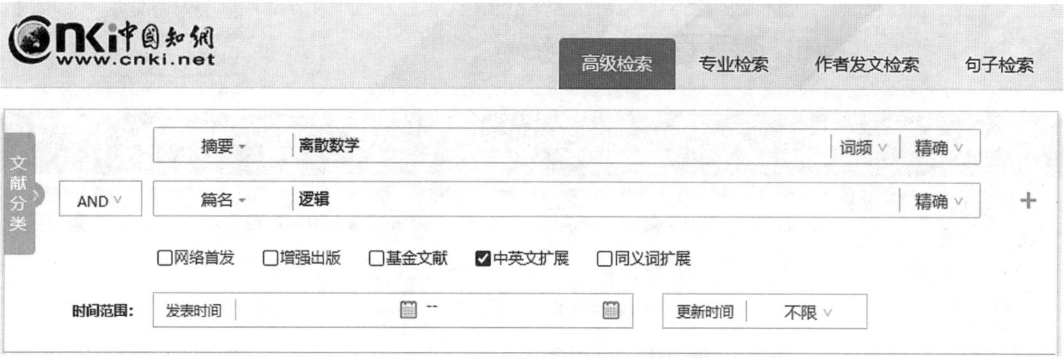

**图 1.7.1　AND 联结词搜索示例**

**图 1.7.2　标题中包含"逻辑"且摘要中包含"离散数学"的搜索结果(2023 年 9 月 10 日)**

【例 1.7.2】　请在中国知网中搜索文献,要求论文标题中包含"逻辑",或者摘要中包含"离散数学"。

**解**　和例 1.7.1 类似,按要求在"篇名"后输入"逻辑",在"摘要"后输入"离散数学";不同的是,两者中间用 OR 连接(见图 1.7.3)。

**图 1.7.3　标题中包含"逻辑"或摘要中包含"离散数学"的搜索结果(2023 年 9 月 10 日)**

　　从中文检索结果来看,例 1.7.2(见图 1.7.3)中检索到的文献(112541 条)远多于例 1.7.1(见图 1.7.2)中的数量(52 条)。这正好体现了两个逻辑联结词的不同,AND 要求摘要匹配"离散数学"同时篇名匹配"逻辑";但是对于 OR 而言,两个条件只要满足一个就能被纳入检索结果,因此,通过 OR 检索的文献数量剧增。

　　从上述例子可以看出,为了获取自己感兴趣的信息,需要结合不同的逻辑联结词来合理设计搜索语句。

## 1.7.2　逻辑电路

　　命题逻辑可以应用于计算机硬件的设计。1938 年,美国数学家克劳德·香农(Claude Shannon)在其硕士论文中提到了这一点。我们在本节作一个简介。

　　逻辑电路(或数字电路)接收输入信号 0(关)或 1(开),并产生输出信号 0(关)或 1(开)。注意,本节只讨论具有单个输出信号的逻辑电路。

　　复杂的数字电路可以由三个基本电路构成,称为门(见图 1.7.4)。非门的输入为 $P$,输出为 $\neg P$。也就是说,如果非门的输入为 0,则输出为 1;输入为 1,则输出为 0(见图 1.7.5)。或门接受两个长度为一位(bit)的输入信号 $P$ 和 $Q$,并产生信号 $P \vee Q$ 作为输出。或门中只要 $P$ 和 $Q$ 中的一个输入信号为 1,那么输出就为 1;只有当 $P$ 和 $Q$ 的输入信号同时为 0 时,输出为 0(见图 1.7.6)。同样地,与门也有两个长度为一位的输入信号

$P$ 和 $Q$,但是,它产生的输出信号为 $P \wedge Q$。与门中如果 $P$ 和 $Q$ 中的一个输入信号为 0,那么输出就为 0;只有当 $P$ 和 $Q$ 的输入信号同为 1 时,输出为 1(见图 1.7.7)。

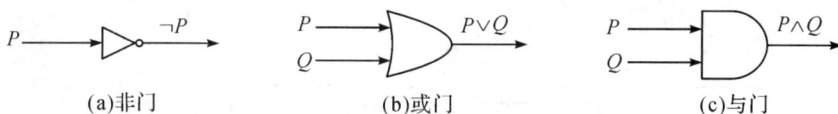

(a)非门　　　　　　　　(b)或门　　　　　　　　(c)与门

图 1.7.4　基本逻辑门

(a)非门:输入为0,输出为1　　　　　　(b)非门:输入为1,输出为0

图 1.7.5　非门的输入输出

(a)或门:输入为0和1,输出为1　　　　　　(b)或门:输入为0和0,输出为0

图 1.7.6　或门的输入输出

(a)与门:输入为0和1,输出为0　　　　　　(b)与门:输入为1和1,输出为1

图 1.7.7　与门的输入输出

使用这三个基本逻辑门的组合,可以构建更复杂的电路。如图 1.7.8 所示,或门的输入为非门的输出 $\neg P$ 和 $Q$,得到的输出信号为 $\neg P \vee Q$。这个输出信号和另一个非门的输出 $\neg R$ 一起作为与门的输入,所以,这个组合电路最终的输出为 $(\neg P \vee Q) \wedge \neg R$。

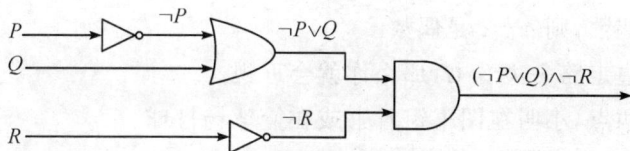

图 1.7.8　组合电路示例

与第 1.4 节中介绍的四个逻辑联结词相对应,这里分别介绍异或门、同或门、与非门和或非门(见图 1.7.9)。异或门接受两个长度为一位的输入信号 $P$ 和 $Q$,并产生信号 $P \oplus Q$ 作为输出。异或门中当 $P$ 和 $Q$ 的输入信号同时为 0 或同时为 1 时,输出为 0;否则,输出为 1。和异或门相反,同或门中当 $P$ 和 $Q$ 的输入信号同时为 0 或同时为 1 时,输出为 1;否则,输出为 0。与非门的输出和与门相反,当 $P$ 和 $Q$ 的输入信号同时为 1 时,输出为 0;否则,输出为 1。或非门的输出和或门相反,当 $P$ 和 $Q$ 的输入信号同时为 0 时,输出为 1;否则,输出为 0。

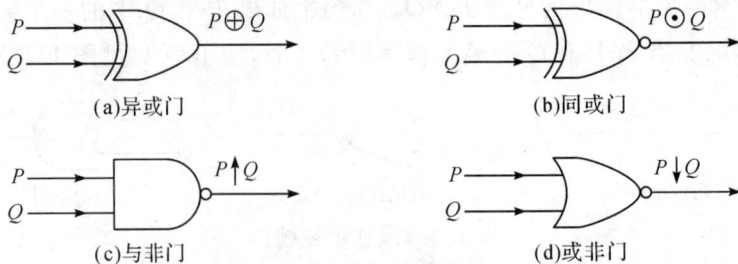

图 1.7.9 异或门、同或门、与非门和或非门

# 习 题

**1.** 判断下列语句哪些是命题,哪些不是命题。对于命题,确定其真值。

(1)明天是晴天吗?

(2)9+52<10。

(3)2 是素数,当且仅当平行四边形有三个内角。

(4)请把门打开!

(5)不存在最小的自然数。

(6)3+$x$=7。

(7)明天下雪。

(8)$X$ 是无理数。

(9)我们能够找到外星生物。

**2.** 将下列命题符号化。

(1)小王不但热爱打羽毛球而且热爱学习。

(2)如果 $a$ 是偶数,则 $a$+2 是偶数。

(3)如果你一边走路一边看书,那么你就会近视。

(4)今天下午两点,小明在图书馆看书或在篮球场打球。

(5)因为天气很冷,所以我没出门。

(6)小张和小李是同学。

(7)除非明天下大雨,否则他不会在家休息。

(8)80 能被 10 整除或能被 40 整除。

**3.** 求下列复合命题的真值表:

(1)$P \rightarrow (Q \lor R)$;                  (2)$(P \lor \neg R) \lor (P \rightarrow Q)$。

**4.** 判断下列各式是否为永真式:

(1)$(P \rightarrow Q) \rightarrow (Q \rightarrow \neg P)$;           (2)$P \rightarrow (P \lor Q \lor R)$;

(3)$((P \lor S) \land R) \lor \neg((P \lor S) \land R)$;      (4)$(P \rightarrow Q) \land (Q \rightarrow R) \rightarrow (P \rightarrow R)$。

**5.** 证明以下公式等价：

(1) $P \rightarrow (Q \rightarrow R) \Leftrightarrow (P \wedge Q) \rightarrow R$；

(2) $P \rightarrow (Q \vee R) \Leftrightarrow (P \wedge \neg Q) \rightarrow R$；

(3) $(P \rightarrow Q) \rightarrow (Q \vee R) \Leftrightarrow P \vee Q \vee R$；

(4) $(P \rightarrow Q) \wedge (P \rightarrow R) \Leftrightarrow P \rightarrow (Q \wedge R)$。

**6.** 把 $(\neg P \wedge Q) \rightarrow R$ 化为析取范式。

**7.** 把 $(P \rightarrow Q) \rightarrow R$ 化为合取范式。

**8.** 将以下公式整理成与其对应的大项或者小项,并说明该项所对应的编码及其大/小项的名称,对于大项或者小项,写出其对应的公式：

(1) $Q \wedge \neg P \wedge R$；

(2) $P \vee R \vee \neg Q$；

(3) $M_3$(三个命题变元,下同)；

(4) $m_2$。

**9.** 求下列公式的主析取范式和主合取范式,并用编号表示：

(1) $(P \vee Q) \wedge R$；

(2) $(P \vee Q) \wedge (P \rightarrow R)$；

(3) $(Q \vee \neg P) \rightarrow R$；

(4) $P \wedge (Q \rightarrow R)$；

(5) $(\neg R \vee (Q \rightarrow P)) \rightarrow (P \rightarrow (Q \vee R))$。

**10.** 证明：$(\neg R \vee \neg S) \wedge (P \rightarrow R) \wedge (Q \rightarrow S) \Rightarrow (\neg P \vee \neg Q)$。

**11.** 用直接证明法和反证法两种形式完成以下证明。

前提：$P \rightarrow Q$,$(\neg Q \vee R) \wedge \neg R$,$\neg(\neg P \wedge S)$。

结论：$\neg S$。

**12.** 用 CP 规则证明以下式子：

(1) $P \rightarrow (Q \vee R)$,$S \rightarrow \neg Q \Rightarrow (P \wedge S) \rightarrow R$；

(2) $P \vee Q \rightarrow R \wedge S$,$S \vee T \rightarrow U \Rightarrow P \rightarrow U$。

**13.** 在命题逻辑中构造下列推理的证明。

(1)如果 $a$ 是实数,则它不是有理数就是无理数。若 $a$ 不能表示成分数,则它不是有理数。$a$ 是实数且它不能表示成分数。所以 $a$ 是无理数。

(2)如果小张和小王去看电影,则小李也去看电影。小赵不去看电影或者小张去看电影。小王去看电影。所以,当小赵去看电影的时候,小李也去。

# 第2章  谓词逻辑

第1章中研究的命题逻辑无法充分表达所有数学和自然语言中的陈述。下面我们可以看两个例子。第一个例子，假设已知"连接上校园网的每台计算机都能正常工作"，"DiscreteMath001 是一台连接上校园网的计算机"，采用命题逻辑的规则，我们无法推出结论"DiscreteMath001 这台计算机能正常工作"。第二个例子，假设已知"连接在校园网中的计算机 DiscreteMath002 受到了网络攻击"，我们同样无法推出结论"校园网中的一台计算机受到了网络攻击"。为了解决类似的问题，本章引入谓词逻辑。

## 导图

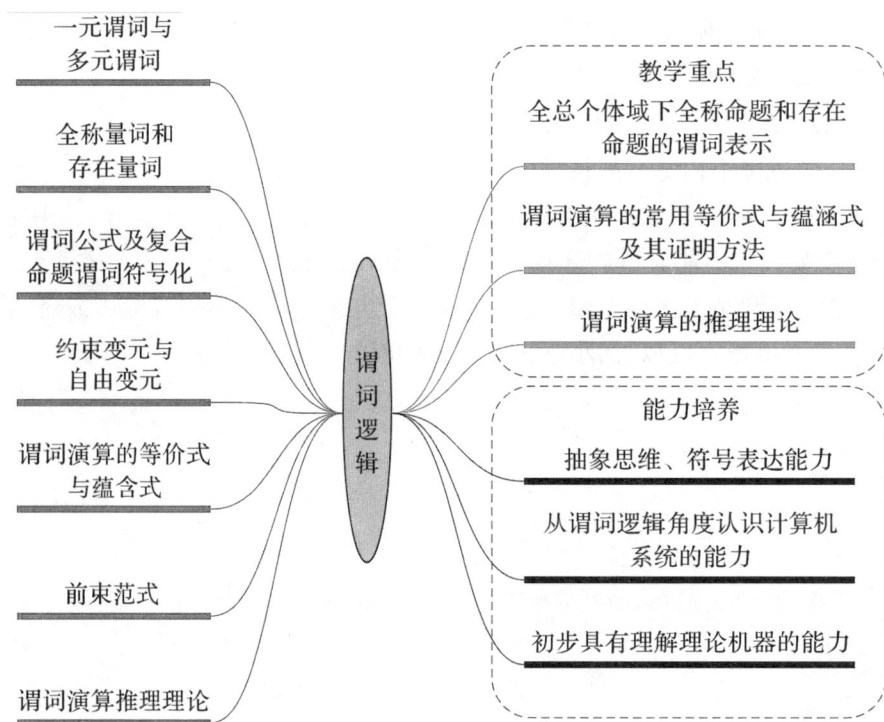

一元谓词与多元谓词

全称量词和存在量词

谓词公式及复合命题谓词符号化

约束变元与自由变元

谓词演算的等价式与蕴含式

前束范式

谓词演算推理理论

谓词逻辑

**教学重点**
全总个体域下全称命题和存在命题的谓词表示

谓词演算的常用等价式与蕴涵式及其证明方法

谓词演算的推理理论

**能力培养**
抽象思维、符号表达能力

从谓词逻辑角度认识计算机系统的能力

初步具有理解理论机器的能力

查尔斯·桑德斯·皮尔斯（Charles Sanders Peirce，1839—1914），出生于马萨诸塞州剑桥，被认为是美国最具原创性和多才多艺的知识分子之一。他为数学、天文学、化学、大地测量学、计量学、工程学、心理学、语言学、科学史和经济学等学科都作出了重要贡献。他还是一位发明家、书评人、短篇小说作家、逻辑学家等。皮尔斯于 1862 年获得哈佛大学文学硕士学位，于 1863 年获得劳伦斯科学学院的化学高级学位。1861—1891 年，皮尔斯在美国海岸调查局工作。在此期间，他发展了一种科学等级制度，还创立了美国实用主义哲学理论。

皮尔斯唯一担任的学术职位是巴尔的摩约翰霍普金斯大学的逻辑学讲师（1879—1884）。在此期间，他对逻辑、集合论、抽象代数和数学哲学等作出了贡献。他的工作对逻辑学应用于人工智能具有重要意义。他留下了超过 10 万页未发表的手稿，对后世影响深远。

查尔斯·卢特维奇·道奇森（Charles Lutwidge Dodgson，1832—1898），笔名刘易斯·卡罗尔（Lewis Carroll）。道奇森的父亲是一名牧师，在家中排行老三（共 11 个孩子）。他与迪恩·利德尔（Dean Liddell）三个女儿的友谊使他写了《爱丽丝漫游奇境》。

道奇森于 1854 年毕业于牛津大学，并于 1857 年获得文学硕士学位。1855 年，他被任命为牛津大学基督教堂学院的数学讲师。他以真名出版了关于几何、行列式等数学著作。在他关于符号逻辑的著作中，包含许多使用量词进行推理的例子。例如，前提："所有的狮子都很凶猛。""有些狮子不喝咖啡。"结论："一些凶猛的生物不喝咖啡。"

## 2.1 谓词与量词

### 2.1.1 谓 词

计算机程序或数学表达中经常出现一些包含变量的语句,如"自然数 $x$ 大于 8","计算机 $x$ 遭到了网络攻击"等。如果这些语句中的变量不确定,那么就无法判断它们的真假,即都不是命题。本节将讨论如何采用这些语句构建命题。

"自然数 $x$ 大于 8"由两部分组成。第一部分是句子的主语"自然数 $x$",第二部分是句子的谓词"大于 8",它表示了主语具有的若干性质。主语一般是客体,它可以独立存在,可以是具体的或抽象的,被称为**个体词**。谓词表示客体的性质或相互之间的关系。

我们可以用 $P(x)$ 表示"自然数 $x$ 大于 8",这里 $P$ 表示谓词"大于 8",自然数 $x$ 表示变量。如果 $x$ 的值确定为 7,那么 $P(x)$ 可以成为一个命题,真值也可确定。这里的 $x$ 称为**个体变项**,它代表了抽象的事物,通常用 $x,y,z,\cdots$ 表示;"7"称为**个体常项**,它代表了具体的事务,通常用 $a,b,c,\cdots$ 表示。

【例 2.1.1】 假设 $P(x)$ 表示" $x>8$ ",那么 $P(4)$ 和 $P(9)$ 的真值是什么?

**解** $P(4)$ 表示" $4>8$ ",所以为假。$P(9)$ 表示" $9>8$ ",所以为真。

我们也可以处理多个变量的情况。

【例 2.1.2】 假设 $Q(x,y)$ 表示" $x+y>10$ ",命题 $Q(1,2)$ 和 $Q(6,17)$ 的真值是什么?

**解** $Q(1,2)$ 表示" $1+2>10$ ",为假。$Q(6,7)$ 表示" $6+17>10$ ",为真。

同样地,我们可以用 $R(x,y,z)$ 表示" $x+y=z$ ",当 $x,y$ 和 $z$ 的值确定后,$R(x,y,z)$ 的真值也就确定了。

【例 2.1.3】 假设 $R(x,y,z)$ 表示" $x+y=z$ ",命题 $R(21,32,53)$ 和 $R(5,6,2)$ 的真值是什么?

**解** $R(21,32,53)$ 表示" $21+32=53$ ",为真。$R(5,6,2)$ 表示" $5+6=2$ ",为假。

【定义 2.1.1】 一般地,如果一个语句中包含 $n(n\geqslant 0)$ 个变量 $x_1,x_2,\cdots,x_n$,则它可以表示为 $P(x_1,x_2,\cdots,x_n)$,$x_i(1\leqslant i\leqslant n)$ 称为个体变项,$P$ 称为(简单)命题函数,$P$ 也被称为 $n$ 元谓词。

根据这个定义可以看到,当 $n=0$ 时,$P$ 为 0 元谓词,它本身就是一个命题。因此,命题是 $n$ 元谓词的一种特殊情况。

与命题逻辑类似,一个或多个命题函数以及逻辑联结词组合而成的表达式称为**复合命题函数**。

命题函数通常出现在计算机程序中,下面举例说明。

【例 2.1.4】 if $x>20$ then $x:=x+50$

**解** 假设 $P(x)$ 表示" $x>20$ ",在执行程序的过程中,当前的 $x$ 值会被代入 $P(x)$ 来确定真值。如果 $P(x)$ 为真,则程序执行语句 $x:=x+50$,即 $x$ 的值增加了 $50$;否则,不执行 $x$ 值的更新语句,即 $x$ 保持不变。

## 2.1.2　量　词

当命题函数中的个体变项被赋予确定值的时候,即可确定命题函数的真值,命题函数变成命题。除了这种方法外,从命题函数构建命题还有一种重要的方式——**量化**。量化表示谓词在一系列元素中为真的范围。在自然语言中,"所有"、"有些"、"很多"、"没有"等通常用于量化。本节将重点介绍全称量化和存在量化两种量化方式。处理谓词和量词的逻辑领域称为**谓词演算**。

### 1. 全称量词

对于某一特定域中的所有变量值,某些陈述句真值都为真。这个特定域是个体变项的取值范围,称作**个体域**或**论域**。个体域可以是有限的,也可以是无限的。有限个体域,如 $\{a,b,c\}$、$\{1,2\}$ 等;无限个体域,如自然数集合 **N**、整数集合 **Z** 等。把各种个体域综合在一起作为论述范围的域称为全总个体域。

像这样"对于某一特定域中的所有变量值,某些陈述句真值都为真"的情况可以用全称量化表达。在某一特定域中,$P(x)$ 的全称量化是表示 $P(x)$ 对于该域中 $x$ 的所有取值都为真的命题。这个特定域确定了 $x$ 的取值范围;如果这个域变了,那么 $P(x)$ 的全称量化意义也随之改变。因此,全称量词使用时需要明确个体域。

【定义 2.1.2】　$\forall x P(x)$ 表示 $P(x)$ 的全称量化,$\forall$ 称为全称量词,$\forall x P(x)$ 读作"对所有的 $x$,$P(x)$"。

表 2.1.1 的第二行总结了全称量词的含义。

表 2.1.1　量词的含义

| 类型 | 为真 | 为假 |
|---|---|---|
| $\forall x P(x)$ | 对于任意的 $x$,$P(x)$ 为真 | 存在 $x$ 使得 $P(x)$ 为假 |
| $\exists x P(x)$ | 存在 $x$ 使得 $P(x)$ 为真 | 对于任意的 $x$,$P(x)$ 为假 |

例 2.1.5～例 2.1.8 分别展示了全称量词的不同用法。

【例 2.1.5】　假设 $P(x)$ 表示"$x+5>x$",$x \in \mathbf{R}$,请判断 $\forall x P(x)$ 的真值。

**解**　对于实数集 **R** 中的所有数 $x$,$P(x)$ 均为真,因此,$\forall x P(x)$ 为真。

> **Tips**:$\forall x P(x)$ 的真值和个体域相关。一个隐含的假设是所有个体域均非空。如果个体域为空,那么对于任意命题函数 $P(x)$,$\forall x P(x)$ 为真,因为个体域中不存在元素 $x$ 使得 $P(x)$ 为假。

假设 $P(x)$ 是一个命题函数,$\forall x P(x)$ 为假当且仅当个体域中的 $x$ 使得 $P(x)$ 不都为真。说明 $P(x)$ 不都为真的一种方法是举反例,一个反例就足够证明 $\forall xP(x)$ 为假。例 2.1.6 展示了反例的用法。

**【例 2.1.6】** 假设 $P(x)$ 表示"$x<13$",$x\in\mathbf{R}$,请判断 $\forall xP(x)$ 的真值。

**解** 因为不是所有实数集 $\mathbf{R}$ 中的数都能使得 $P(x)$ 为真,例如,$P(14)$ 为假,所以, $\forall xP(x)$ 为假。

在数学研究中,寻找全称量化中的反例是一项重要活动。

假设个体域中所有的元素可以表示为 $x_1,x_2,\cdots,x_n$,那么,全称量化 $\forall xP(x)$ 和式子 $P(x_1)\wedge P(x_2)\wedge\cdots\wedge P(x_n)$ 是一样的。因为当且仅当 $P(x_1),P(x_2),\cdots,P(x_n)$ 都为真 时,这个式子为真。

**【例 2.1.7】** 假设 $P(x)$ 表示"$x^2<10$",$x$ 是小于 5 的正整数,请判断 $\forall xP(x)$ 的 真值。

**解** 因为个体域包含 1,2,3,4 这四个元素,所以,$\forall xP(x)$ 和式子 $P(1)\wedge P(2)\wedge$ $P(3)\wedge P(4)$ 一样。因为"$4^2<10$"为假,即 $P(4)$ 为假,所以,$\forall xP(x)$ 为假。

前面提到过在使用量词时必须指定个体域,因为量化语句的真值取决于个体域中 元素的取值,如例 2.1.8 所示。

**【例 2.1.8】** 假设 $P(x)$ 表示"$x^2\geqslant x$",请判断以下不同个体域中 $\forall xP(x)$ 的真值:

(1)个体域为实数集合 $\mathbf{R}$;

(2)个体域为整数集合 $\mathbf{Z}$。

**解** $x^2\geqslant x$ 当且仅当 $x^2-x=x(x-1)\geqslant 0$,即 $x\geqslant 1$ 或 $x\leqslant 0$。

(1) 个体域为实数集合 $\mathbf{R}$ 时,因为存在元素,如 $\frac{1}{3}$,使得 $P\left(\frac{1}{3}\right)$,即"$\left(\frac{1}{3}\right)^2\geqslant\frac{1}{3}$",为 假,所以,$\forall xP(x)$ 为假;

(2) 个体域为整数集合 $\mathbf{Z}$ 时,不存在元素 $0<x<1$ 使得 $P(x)$ 为假,即所有的 $P(x)$ 均为真,所以,$\forall xP(x)$ 为真。

**2. 存在量词**

有时数学语句需要表示有些元素具有某些性质。像这样的语句需要用存在量化来 表达。通过存在量化构建的命题为真,当且仅当在个体域中至少有一个元素 $x$ 使得命 题函数 $P(x)$ 为真。

**【定义 2.1.3】** $\exists xP(x)$ 表示 $P(x)$ 的存在量化,$\exists$ 称为存在量词,$\exists xP(x)$ 读作"存 在 $x,P(x)$"。

类似地,使用 $\exists xP(x)$ 时也需要指定个体域;$\exists xP(x)$ 的含义随着个体域的变化而 发生改变。

表 2.1.1 的第三行总结了存在量词的含义。例 2.1.9～例 2.1.11 分别展示了存在 量词的不同用法。

**【例 2.1.9】** 假设 $P(x)$ 表示"$x>13$",$x\in\mathbf{R}$,请判断 $\exists xP(x)$ 的真值。

**解** 因为 $x$ 是实数,所以"$x>13$"有时为真,例如当 $x=14$ 时,$P(14)$ 为真,所以,$\exists xP(x)$ 为真。

我们可以注意到,当且仅当个体域中的所有元素使得 $P(x)$ 都为假时,$\exists xP(x)$ 为假,如例 2.1.10 所示。

**【例 2.1.10】** 假设 $P(x)$ 表示"$x+15=x$",$x\in\mathbf{R}$,请判断 $\exists xP(x)$ 的真值。

**解** 因为对于实数集合中的任意元素"$x+15=x$"都为假,所以,$\exists xP(x)$ 为假。

> **Tips:** $\exists xP(x)$ 的真值和个体域相关。一个隐含的假设是所有个体域均非空。如果个体域为空,那么对于任意命题函数 $P(x)$,$\exists xP(x)$ 为假,因为个体域中不存在元素 $x$ 使得 $P(x)$ 为真。

假设个体域中所有的元素可以表示为 $x_1,x_2,\cdots,x_n$,那么,存在量化 $\exists xP(x)$ 和式子 $P(x_1)\vee P(x_2)\vee\cdots\vee P(x_n)$ 是一样的。因为当且仅当 $P(x_1),P(x_2),\cdots,P(x_n)$ 至少有一个为真时,这个式子为真。

**【例 2.1.11】** 假设 $P(x)$ 表示"$x^2>10$",$x$ 是小于 5 的正整数,请判断 $\exists xP(x)$ 的真值。

**解** 因为个体域包含 $1,2,3,4$ 这四个元素,所以,$\exists xP(x)$ 和式子 $P(1)\vee P(2)\vee P(3)\vee P(4)$ 一样。因为 $P(4)$,即"$4^2>10$",为真,所以,$\exists xP(x)$ 为真。

### 3. 量词的优先级

量词 $\forall$ 和 $\exists$ 的优先级比所有命题演算中的逻辑联结词高。例如,$\forall xP(x)\vee Q(x)$ 表示 $\forall xP(x)$ 和 $Q(x)$ 的合取,也就是说它表示 $(\forall xP(x))\vee Q(x)$,而不是 $\forall x(P(x)\vee Q(x))$。

## 2.1.3 特性谓词

**【例 2.1.12】** 假设个体域为实数集合 $\mathbf{R}$,那么,$\forall x(x<0\to x^2>0)$ 和 $\exists y(y>0\wedge y^2=4)$ 分别表示什么?

**解** $\forall x(x<0\to x^2>0)$ 表示"对于任意的实数 $x$,如果 $x<0$,那么 $x^2>0$",即"任一小于 0 的实数的平方大于 0"。假设 $M(x)$ 表示"$x<0$",$P(x)$ 表示"$x^2>0$",那么可简化为 $\forall x(M(x)\to P(x))$。

$\exists y(y>0\wedge y^2=4)$ 表示"存在一个实数 $y$,$y>0$,且使得 $y^2=4$",即"4 有大于 0 的实数平方根"。假设 $M(y)$ 表示"$y>0$",$P(y)$ 表示"$y^2=4$",那么可简化为 $\exists y(M(y)\wedge P(y))$。

**【定义 2.1.4】** 用于刻画个体域的谓词称为特性谓词。

根据定义 2.1.4,例 2.1.12 中 $M(x)$ 和 $M(y)$ 就是特性谓词。

> **Tips:** 为了方便,我们把量化时的默认个体域设为全总个体域。使用全总个体域后,须采用特性谓词加以限制。一般地,对全称量词,特性谓词作为蕴含的前件;对存在量词,特性谓词作为合取项。

## 2.2 谓词公式与命题符号化

### 2.2.1 谓词合式公式

与命题公式中的合式公式类似,谓词逻辑演算中也有合式公式的概念。

**【定义 2.2.1】** 由 $n$ 元谓词 $P$ 和 $n$ 个个体变项 $x_1, x_2, \cdots, x_n$ 构成的命题函数 $P(x_1, x_2, \cdots, x_n)$ 称作谓词演算中的**原子谓词公式**(或原子公式)。

根据上述定义可以看到,0 元谓词 $Q$,1 元谓词 $F(x)$,$G(x)$,2 元谓词 $H(x, y)$,$L(x, y)$ 都是原子公式。

**【定义 2.2.2】** 谓词演算的合式公式,可以由下述各条组成:

(1)每个原子谓词公式都是合式公式;

(2)若 $P$ 是合式公式,则 $\neg P$ 也是合式公式;

(3)如果 $P$ 和 $Q$ 都是谓词公式,则 $(P \wedge Q)$,$(P \vee Q)$,$(P \rightarrow Q)$,$(P \leftrightarrow Q)$ 也是合式公式;

(4)如果 $P$ 是合式公式,$x$ 是 $P$ 中的任意变元,则 $\forall x P(x)$ 和 $\exists x P(x)$ 都是合式公式;

(5)只有经过有限次地使用上述四条规则而得到的公式是合式公式。

谓词合式公式,简称谓词公式。

### 2.2.2 命题符号化

下面我们来看一些将自然语言转换成谓词公式的例子。

**【例 2.2.1】** 每个有理数都是实数。

**解** 令 $P(x)$ 表示"$x$ 是有理数",$Q(x)$ 表示"$x$ 是实数",则原命题可以符号化为:
$$\forall x(P(x) \rightarrow Q(x))$$

**【例 2.2.2】** 有的人用左手写字。

**解** 令 $P(x)$ 表示"$x$ 是人",$Q(x)$ 表示"$x$ 用左手写字",则原命题可以符号化为:
$$\exists x(P(x) \wedge Q(x))$$

**【例 2.2.3】** 没有人登上过冥王星。

**解** 令 $P(x)$ 表示"$x$ 是人",$Q(x)$ 表示"$x$ 登上过冥王星",则原命题可以符号化为:
$$\neg \exists x(P(x) \wedge Q(x))$$

"没有人登上过冥王星"也可以表示为"所有人都没有登上过冥王星",所以,原命题也可以符号化为:$\forall x(P(x) \rightarrow \neg Q(x))$。后面我们会看到这两种表示方法是等价的。

除了冥王星,如果我们还对其他星球(如火星)感兴趣,可以用二元谓词 $Q(x, y)$ 表示"$x$ 登上过 $y$",用 $a$ 表示"冥王星";那么,原命题表示成
$$\neg \exists x(P(x) \wedge Q(x, a)) \quad \text{或} \quad \forall x(P(x) \rightarrow \neg Q(x, a))$$

> **Tips**：在命题符号化时，由于对个体性质描述程度的差异以及同一语义的不同表达方式，相同命题可翻译成不同的谓词公式。

**【例 2.2.4】** 所有的大鹅比所有的鸭子游得快。

**解**　令 $P(x)$ 表示"$x$ 是大鹅"，$Q(y)$ 表示"$y$ 是鸭子"，$R(x,y)$ 表示"$x$ 比 $y$ 游得快"，则原命题可以符号化为：

$$\forall x(P(x) \rightarrow \forall y(Q(y) \rightarrow R(x,y)))$$

从上述例题可以看出，在符号化的过程中，一项重要的工作就是判断用什么类型的量化方式。确定量化方式以后，采用特性谓词刻画个体域：对于全称量词，特性谓词作为蕴含的前件；而对于存在量词，特性谓词作为合取项出现。

## 2.2.3　自由变元与约束变元

**【定义 2.2.3】** 给定一个谓词公式，其中有一部分公式形式为 $\forall x P(x)$ 或 $\exists x P(x)$，$\forall$、$\exists$ 后面紧跟的 $x$，称为相应量词的**指导变元**，或称为作用变元，$P(x)$ 称为相应量词的**作用域**（或**辖域**）。在作用域中，$x$ 的一切出现，称为 $x$ 在谓词公式中的约束出现，所有约束出现的变元，叫作**约束变元**。在谓词公式中，除去约束变元以外所出现的变元，称作**自由变元**。

**【例 2.2.5】** 指出下列各公式中的指导变元、各量词的辖域、自由出现以及约束出现的个体变元：

(1) $\forall x(F(x,y) \rightarrow G(x,z))$；

(2) $\forall x(F(x) \rightarrow G(y)) \rightarrow \exists y(H(x) \wedge L(x,y,z))$。

**解**　(1) $x$ 是指导变元。量词 $\forall$ 的辖域为 $(F(x,y) \rightarrow G(x,z))$，在该辖域中，$x$ 约束出现，且约束出现两次。$y$ 和 $z$ 均为自由出现，各自由出现一次。

(2) 公式中含有两个量词，前件中量词 $\forall$ 的指导变元为 $x$，$\forall$ 的辖域为 $(F(x) \rightarrow G(y))$，其中 $x$ 约束出现，$y$ 自由出现。

后件中量词 $\exists$ 的指导变元为 $y$，其辖域为 $(H(x) \wedge L(x,y,z))$，其中 $y$ 约束出现，$x,z$ 均为自由出现。

在整个公式中，$x$ 约束出现一次，自由出现两次，$y$ 自由出现一次，约束出现一次，$z$ 自由出现一次。

如例 2.2.5 中的第 (2) 个公式所示，同一个变量既代表一个约束变量，又代表一个自由变量，这样容易带来混淆。为了避免变元的约束形式和自由形式同时出现而引起混淆，我们可以对约束变元进行换名。

为了不影响换名之后公式的意义，我们必须制定约束变元的换名规则：将量词辖域中的某个约束出现的个体变元及对应的指导变元，改成另一个辖域中没有出现的个体变元符号，公式中的其他部分不变。

**【例 2.2.6】** 对 $\exists x P(x) \wedge R(x,y)$ 的约束变元进行换名。

**解** 量词 $\exists$ 的指导变元为 $x$，其辖域为 $P(x)$。因此，$x$ 约束出现一次，自由出现一次；$y$ 自由出现一次。对约束出现的变元 $x$ 进行换名，须换成与 $y$ 不重名的变元名称，如 $z$，换名后式子可写为 $\exists z P(z) \wedge R(x,y)$。

除了对约束变元进行换名，也可以替换自由变元的符号来避免同一公式的混淆。公式中自由变元的更改，叫作**代入**。自由变元的代入须遵循代入规则：对某自由出现的个体变元用与原公式中所有个体变元符号不同的变元符号去代替，且处处代替。

**【例 2.2.7】** 对 $\forall x \exists y(P(x,y) \vee Q(y,z)) \wedge \exists x R(x,y))$ 的自由变元进行替换。

**解** 公式中含有三个量词，合取的左边有两个量词 $\forall$、$\exists$，$\forall$ 的指导变元为 $x$，$\exists$ 的指导变元为 $y$，这两个量词的辖域均为 $(P(x,y) \vee Q(y,z))$，其中 $x$ 约束出现一次，$y$ 约束出现两次，$z$ 自由出现一次。合取的右边有一个量词 $\exists$，$\exists$ 的指导变元为 $x$，其中 $x$ 约束出现一次，$y$ 自由出现一次。

自由变元 $z$ 与其他变元符号均不同，所以不用改变。但是，$y$ 不仅自由出现，还约束出现，因此，可以对自由出现的 $y$ 进行代入，代入时须用与原公式中所有个体变元符号不同的变元符号，如 $v$，代入后式子可写成 $\forall x \exists y(P(x,y) \vee Q(y,z)) \wedge \exists x R(x,v))$。

## 2.3 谓词演算的等价式与蕴含式

在第 1.3.2 节中，我们介绍了命题逻辑中等价公式的概念，这个概念也可以被拓展到谓词逻辑中。

**【定义 2.3.1】** 给定任何两个谓词公式 $P$ 和 $Q$，假设它们具有共同的个体域 $E$，若对 $P$ 和 $Q$ 的任意一组变元进行赋值，所得命题的真值相同，则称谓词公式 $P$ 和 $Q$ 在个体域 $E$ 上是等价的，并记作 $P \Leftrightarrow Q$。

**【定义 2.3.2】** 给定任意谓词公式 $P$，其个体域为 $E$，对于 $P$ 的所有赋值，$P$ 都为真，则称 $P$ 在 $E$ 上是**永真的**（或有效的）。

**【定义 2.3.3】** 给定任意谓词公式 $P$，其个体域为 $E$，对于 $P$ 的所有赋值，$P$ 都为假，则称 $P$ 为**永假式**（或矛盾式）。

**【定义 2.3.4】** 给定任意谓词公式 $P$，如果至少在一种赋值下为真，则称该公式 $P$ 为**可满足的**。

从上述定义可知，永真式一定是可满足式，但可满足式不一定是永真式。

有了谓词公式的等价和永真等概念，下面开始讨论谓词演算的一些基本等价式和蕴含式。

**1. 命题公式的推广**

命题演算的永真式也是谓词演算的永真式，可以把命题演算中的等价公式（见表 1.3.9）和蕴含公式（见表 1.6.2）都推广到谓词演算中使用。

**【例 2.3.1】**　双重否定律 $P \Leftrightarrow \neg \neg P$ 的推广,令 $P = \forall x F(x)$,可得

$$\forall x F(x) \Leftrightarrow \neg \neg \forall x F(x)$$

**【例 2.3.2】**　条件等值式的推广,即有

$$\forall x (Q(x) \rightarrow R(x)) \Leftrightarrow \forall x (\neg Q(x) \lor R(x))$$

**【例 2.3.3】**　否定律 $P \land \neg P \Leftrightarrow F$ 的推广,

$$\forall x \exists y Q(x,y) \land \neg \forall x \exists y Q(x,y) \Leftrightarrow F$$

### 2. 量词消去等值式(有限个体域)

假设有限个体域内 $E = \{a_1, a_2, \cdots, a_n\}$,则有下列式子成立:

(1) $\forall x P(x) \Leftrightarrow P(a_1) \land P(a_2) \land \cdots \land P(a_n)$;

(2) $\exists x P(x) \Leftrightarrow P(a_1) \lor P(a_2) \lor \cdots \lor P(a_n)$。

**【例 2.3.4】**　设个体域 $D = \{a,b\}$,消去公式 $\forall x \forall y (P(x) \rightarrow Q(y))$ 中的量词。

**解**　根据全称量词消去等值式,可得

$$\forall x \forall y (P(x) \rightarrow Q(y))$$
$$\Leftrightarrow \forall x ((P(x) \rightarrow Q(a)) \land (P(x) \rightarrow Q(b)))$$
$$\Leftrightarrow (P(a) \rightarrow Q(a)) \land (P(a) \rightarrow Q(b)) \land (P(b) \rightarrow Q(a)) \land (P(b) \rightarrow Q(b))$$

### 3. 量词否定等值式

**【例 2.3.5】**　设 $P(x)$ 表示"$x$ 今天来上班",个体域为 A 公司全体员工,则 $\neg \forall x P(x)$ 表示"不是所有 A 公司的员工今天都来上班了"。也就是说"有些 A 公司的员工今天没有来上班",这句话可符号化为 $\exists x \neg P(x)$。从语义上看,这两句话是一样的,于是可得 $\neg \forall x P(x) \Leftrightarrow \exists x \neg P(x)$。

下面在有限个体域内证明 $\neg \forall x P(x) \Leftrightarrow \exists x \neg P(x)$。

假设个体域为 $E = \{a_1, a_2, \cdots, a_n\}$,则

$$\neg \forall x P(x)$$
$$\Leftrightarrow \neg (P(a_1) \land P(a_2) \land \cdots \land P(a_n))$$
$$\Leftrightarrow \neg P(a_1) \lor \neg P(a_2) \lor \cdots \lor \neg P(a_n)$$
$$\Leftrightarrow \exists x \neg P(x)$$

同理可证另一个量词否定等值式 $\neg \exists x P(x) \Leftrightarrow \forall x \neg P(x)$。

在量词否定等值式中,将量词前面的 $\neg$ 移到量词后面去时,存在量词换成全称量词,全称量词换成存在量词;反之,如果将量词后面的 $\neg$ 移到量词的前面,也要作相应改变。

### 4. 量词辖域收缩与扩张

在量词的作用域中,常有合取与析取项,如果其中一个为命题,则可将该命题移到量词作用域之外。例如:

$$\forall x(A(x) \vee B) \Leftrightarrow \forall x A(x) \vee B$$
$$\forall x(A(x) \wedge B) \Leftrightarrow \forall x A(x) \wedge B$$
$$\exists x(A(x) \vee B) \Leftrightarrow \exists x A(x) \vee B$$
$$\exists x(A(x) \wedge B) \Leftrightarrow \exists x A(x) \wedge B$$

其中 $B$ 不含约束变元 $x$。

以第一个等价式 $\forall x(A(x) \vee B) \Leftrightarrow \forall x A(x) \vee B$ 为例说明。

**【例 2.3.6】** 证明 $\forall x(A(x) \vee B) \Leftrightarrow \forall x A(x) \vee B$。

**证明** 如果 $B$ 为真,则等价式左右两侧同为真;如果 $B$ 为假,则等价式左右两侧都等价于 $\forall x A(x)$。所以,第一个等价式成立。

同样地,还可以得到如下式子:

$$\forall x A(x) \to B \Leftrightarrow \exists x(A(x) \to B)$$
$$\exists x A(x) \to B \Leftrightarrow \forall x(A(x) \to B)$$
$$B \to \forall x A(x) \Leftrightarrow \forall x(B \to A(x))$$
$$B \to \exists x A(x) \Leftrightarrow \exists x(B \to A(x))$$

其中,$B$ 不含约束变元 $x$。

**【例 2.3.7】** 证明 $\forall x A(x) \to B \Leftrightarrow \exists x(A(x) \to B)$。

**证明** 
$$\forall x A(x) \to B$$
$$\Leftrightarrow \neg \forall x A(x) \vee B$$
$$\Leftrightarrow \exists x \neg A(x) \vee B$$
$$\Leftrightarrow \exists x(\neg A(x) \vee B)$$
$$\Leftrightarrow \exists x(A(x) \to B)$$

**【例 2.3.8】** 证明 $B \to \exists x A(x) \Leftrightarrow \exists x(B \to A(x))$。

**证明** 
$$B \to \exists x A(x)$$
$$\Leftrightarrow \neg B \vee \exists x A(x)$$
$$\Leftrightarrow \exists x(\neg B \vee A(x))$$
$$\Leftrightarrow \exists x(B \to A(x))$$

### 5. 量词分配等价式与蕴含式

"302 班所有人既能打羽毛球又能打乒乓球"和"302 班所有人能打羽毛球且 302 班所有人能打乒乓球"这两句话的意义一样,故有

$$\forall x(A(x) \wedge B(x)) \Leftrightarrow \forall x A(x) \wedge \forall x B(x)$$

下面说明等价式成立的原因。

任取某一个体域 $E$:

当左边为真时,对一切 $x$,$A(x) \wedge B(x)$ 为真,可得 $A(x)$ 为真且 $B(x)$ 为真;此时,$\forall x A(x)$ 为真且 $\forall x B(x)$ 也为真,所以右边为真。

当左边为假时,至少存在一个元素 $a$,使得 $A(a) \wedge B(a)$ 为假,可得 $A(a)$ 为假或 $B(a)$

为假；此时，$\forall x A(x)$ 为假或 $\forall x B(x)$ 为假，所以右边为假。

由以上分析可知，$\forall x(A(x) \wedge B(x)) \Leftrightarrow \forall x A(x) \wedge \forall x B(x)$ 成立。

如果用 $\neg A(x)$ 和 $\neg B(x)$ 分别替换上述等价式中的 $A(x)$ 和 $B(x)$，可得：

$$\forall x(\neg A(x) \wedge \neg B(x)) \Leftrightarrow \forall x(\neg A(x)) \wedge \forall x(\neg B(x))$$

$$\forall x \neg (A(x) \vee B(x)) \Leftrightarrow \neg \exists x A(x) \wedge \neg \exists x B(x)$$

$$\neg \exists x(A(x) \vee B(x)) \Leftrightarrow \neg(\exists x A(x) \vee \exists x B(x))$$

$$\exists x(A(x) \vee B(x)) \Leftrightarrow \exists x A(x) \vee \exists x B(x)$$

可见，$\forall$ 对 $\wedge$、$\exists$ 对 $\vee$ 满足分配律。

【例 2.3.9】　请证明 $\forall x(A(x) \vee B(x)) \Leftrightarrow \forall x A(x) \vee \forall x B(x)$ 是否成立？

**证明**　不成立。

假设 $A(x)$ 表示"$x$ 是奇数"，$B(x)$ 表示"$x$ 是偶数"，个体域是自然数集合 **N**，等价符号左边为真，右边为假，所以，$\forall x(A(x) \vee B(x)) \Leftrightarrow \forall x A(x) \vee \forall x B(x)$ 不成立；由"前件为真、后件为假"的反例也可以看出，$\forall x(A(x) \vee B(x)) \Rightarrow \forall x A(x) \vee \forall x B(x)$ 不成立。

下面进一步说明 $\forall x A(x) \vee \forall x B(x) \Rightarrow \forall x(A(x) \vee B(x))$ 成立。

任取一个个体域，假设式子左边 $\forall x A(x) \vee \forall x B(x)$ 为真，可得 $\forall x A(x)$ 为真或 $\forall x B(x)$ 为真，所以，对于个体域中的任意元素，$A(x) \vee B(x)$ 都为真，即 $\forall x(A(x) \vee B(x))$ 为真。由此可见，上述蕴含式成立。

【例 2.3.10】　请证明 $\exists x(A(x) \wedge B(x)) \Leftrightarrow \exists x A(x) \wedge \exists x B(x)$ 是否成立？

**证明**　不成立。

假设 $A(x)$ 表示"$x$ 是奇数"，$B(x)$ 表示"$x$ 是偶数"，个体域是自然数集合 **N**，等价符号左边为假，右边为真，所以，$\exists x(A(x) \wedge B(x)) \Leftrightarrow \exists x A(x) \wedge \exists x B(x)$ 不成立；由"前件为真、后件为假"的反例也可以看出，$\exists x A(x) \wedge \exists x B(x) \Rightarrow \exists x(A(x) \wedge B(x))$ 不成立。

下面进一步说明 $\exists x(A(x) \wedge B(x)) \Rightarrow \exists x A(x) \wedge \exists x B(x)$ 成立。

任取一个个体域，假设式子左边 $\exists x(A(x) \wedge B(x))$ 为真，可知，至少存在一个元素 $a$，使得 $A(a) \wedge B(a)$ 为真，即 $A(a)$ 为真且 $B(a)$ 为真；可得 $\exists x A(x)$ 为真且 $\exists x B(x)$ 为真，即 $\exists x A(x) \wedge \exists x B(x)$ 也为真。所以，上述蕴含式成立。

下面我们列出常用的等价式或蕴含式，如表 2.3.1 以及表 2.3.2 所示。

表 2.3.1　谓词演算的等价式

| 等价式 | 名称 |
| --- | --- |
| $\neg \forall x P(x) \Leftrightarrow \exists x \neg P(x)$ | 量词否定等值式 |
| $\neg \exists x P(x) \Leftrightarrow \forall x \neg P(x)$ | |

续表

| 等价式 | 名称 |
|---|---|
| $\forall x(A(x) \vee B) \Leftrightarrow \forall x A(x) \vee B$ | |
| $\forall x(A(x) \wedge B) \Leftrightarrow \forall x A(x) \wedge B$ | |
| $\exists x(A(x) \vee B) \Leftrightarrow \exists x A(x) \vee B$ | |
| $\exists x(A(x) \wedge B) \Leftrightarrow \exists x A(x) \wedge B$ | |
| $\forall x A(x) \rightarrow B \Leftrightarrow \exists x(A(x) \rightarrow B)$ | 量词辖域收缩与扩张 |
| $\exists x A(x) \rightarrow B \Leftrightarrow \forall x(A(x) \rightarrow B)$ | |
| $B \rightarrow \forall x A(x) \Leftrightarrow \forall x(B \rightarrow A(x))$ | |
| $B \rightarrow \exists x A(x) \Leftrightarrow \exists x(B \rightarrow A(x))$ | |
| $\forall x(A(x) \wedge B(x)) \Leftrightarrow \forall x A(x) \wedge \forall x B(x)$ | 量词分配等价式 |
| $\exists x(A(x) \vee B(x)) \Leftrightarrow \exists x A(x) \vee \exists x B(x)$ | |

**表 2.3.2 谓词演算的蕴含式**

| 蕴含式 | $\forall x A(x) \vee \forall x B(x) \Rightarrow \forall x(A(x) \vee B(x))$ |
|---|---|
| | $\exists x(A(x) \wedge B(x)) \Rightarrow \exists x A(x) \wedge \exists x B(x)$ |

## 2.4 前束范式

在命题演算中,常常需要把公式转化为规范形式。在谓词演算中,也有类似情况。一个谓词公式可以转化为与之等价的范式。

**【定义 2.4.1】** 设 $A$ 为一个谓词公式,若 $A$ 具有如下形式

$$(\square x_1)(\square x_2) \cdots (\square x_n) B$$

则称 $A$ 为**前束范式**,其中 $\square$ 为 $\forall$ 或 $\exists$,$B$ 为不含量词的公式。

由上述定义可以看出,一个公式的前束范式,量词均在全式的开头,它们的作用域延伸到整个公式的结尾。例如,$\forall x \forall y \exists z(P(x,y) \rightarrow Q(z))$、$\forall y \exists x(\neg P(x,y) \rightarrow Q(x,z))$ 等都是前束范式,而 $\forall x \forall y P(x,y) \rightarrow \exists z Q(z)$ 则不是前束范式。

**【定理 2.4.1】** 任意一个谓词公式,均和一个前束范式等价。

**证明** 首先,利用量词否定等值式,把否定深入到命题变元和谓词公式的前面;其次,利用 $\forall x(A(x) \vee B) \Leftrightarrow \forall x A(x) \vee B$ 和 $\exists x(A(x) \wedge B) \Leftrightarrow \exists x A(x) \wedge B$ 等一系列等价公式把量词移动到全式的最前面,这样,便可得到前束范式。

下面总结一下前束范式的求解过程:

(1)利用条件等值式和双条件等值式消去谓词公式中的 $\rightarrow$ 和 $\leftrightarrow$ 联结词;

（2）利用双重否定律消去 ¬¬；

（3）利用量词否定等值式，把否定联结词深入到命题变元和谓词公式的前面；

（4）运用换名规则和代入规则，保证各变元约束出现和自由出现的身份和次数不变，且不相互混淆；

（5）量词前移，即利用量词辖域的扩张把量词移到前面。

**【例 2.4.1】** 把公式 $\forall x P(x) \rightarrow \exists x Q(x)$ 转化为前束范式。

**解**　$\forall x P(x) \rightarrow \exists x Q(x)$

$\Leftrightarrow \neg \forall x P(x) \vee \exists x Q(x)$ 　　　　　　　（条件等值式）

$\Leftrightarrow \exists x \neg P(x) \vee \exists x Q(x)$ 　　　　　　　（量词否定等值式）

$\Leftrightarrow \exists x (\neg P(x) \vee Q(x))$ 　　　　　　　（量词分配等值式）

**【例 2.4.2】** 把公式 $\forall x F(x) \wedge \neg \exists x G(x)$ 转化为前束范式。

**解**　方法一：

$\forall x F(x) \wedge \neg \exists x G(x)$

$\Leftrightarrow \forall x F(x) \wedge \neg \exists y G(y)$ 　　　　　　（换名规则）

$\Leftrightarrow \forall x F(x) \wedge \forall y \neg G(y)$ 　　　　　　（量词否定等值式）

$\Leftrightarrow \forall x (F(x) \wedge \forall y \neg G(y))$ 　　　　　（量词辖域扩张等值式）

$\Leftrightarrow \forall x \forall y (F(x) \wedge \neg G(y))$ 　　　　　（量词辖域扩张等值式）

方法二：

$\forall x F(x) \wedge \neg \exists x G(x)$

$\Leftrightarrow \forall x F(x) \wedge \forall x \neg G(x)$ 　　　　　　（量词否定等值式）

$\Leftrightarrow \forall x (F(x) \wedge \neg G(x))$ 　　　　　　（量词分配等值式）

由此可知，该例中公式的前束范式不唯一。

## 2.5　谓词演算的推理理论

第 1.6 节介绍了命题逻辑的推理理论，谓词演算的推理方法可以看作命题演算推理方法的扩展。在谓词演算中，要进行正确的推理，也必须构造一个结构严谨的形式证明，因此要求给出一些相应的推理规则。命题演算中所使用的推理规则，都可以应用于谓词演算的推理中。除此以外，由于谓词逻辑中引进了个体、谓词和量词等，因此必须增加一些能消去和添加量词的规则以便使谓词公式能在推理时像命题演算一样。下面首先介绍这些推理规则。

### 2.5.1　推理规则

#### 1. 全称指定规则(Universal Specification, US)

全称指定规则又称为全称量词消去规则，表示为

$$\forall x P(x) \Rightarrow P(c)$$

其中,$P$ 是谓词,$c$ 是个体域中的任意元素。也就是说,如果个体域中所有元素有 $P(x)$,那么,根据全称指定规则有结论 $P(c)$。

**【例 2.5.1】** 假设 $P(x)$ 表示"$x$ 是整数",个体域为偶数集合。已知 $\forall x P(x)$ 成立,因为 6 是个体域中的一个元素,所以可得 $P(6)$ 成立。

**2. 全称推广规则(Universal Generalization,UG)**

全称推广规则又称为全称量词引入规则,表示为

$$P(y) \Rightarrow \forall x P(x)$$

该式成立的条件是:$P(y)$ 中自由出现的个体变元 $y$ 取个体域中任意元素,$P(y)$ 均为真。也就是如果能够证明对个体域中每一元素都具有某性质,则个体域中的全体元素都具有此性质。

**【例 2.5.2】** 假设 $P(x)$ 表示"$x$ 是要死的",个体域为人类集合。对于任意一个人 $a$ 都有 $P(a)$,根据全称推广规则可以得到 $\forall x P(x)$。

**3. 存在指定规则(Existential Specification,ES)**

存在指定规则又称为存在量词消去规则,表示为

$$\exists x P(x) \Rightarrow P(c)$$

这里的 $c$ 是个体域中某个确定的元素,而不是任意元素。这个规则的意思为,如果个体域中存在具有性质 $P$ 的个体,则个体域中必有某一元素具有此性质。

**【例 2.5.3】** 假设 $P(x)$ 表示"$x$ 是偶数",个体域为整数集合,可知 $P(8)$ 取值为真,而 $P(7)$ 取值为假。由此也可以看出,这里的指定元素非任意。

**4. 存在推广规则(Existential Generalization,EG)**

存在推广规则又称为存在量词引入规则,表示为

$$P(c) \Rightarrow \exists x P(x)$$

此规则表示,如果个体域中有某个个体具有性质 $P$,则可以说个体域中存在具有性质 $P$ 的个体。

**【例 2.5.4】** 假设 $P(x)$ 表示"$x$ 通过了英语六级",个体域为 302 班全体学生。如果 302 班的张三同学通过了英语六级,根据存在推广规则,则可以得到结论"该班有人通过了英语六级"。

### 2.5.2 推理的一般过程

谓词演算中推理的一般过程可总结为:

(1)利用 US 或 ES 规则,把前提条件中的量词消去;

(2)使用命题逻辑中的方法进行推理;

(3)推出结论后,再利用 UG 或 EG 规则把量词引入进来,得出谓词逻辑的结论。

谓词逻辑中进行推理需注意的问题：

(1)要弄清消去量词后，个体是特定的还是任意的；

(2)如果既有全称量词的前提也有存在量词的前提，必须先指定存在量词的前提，后指定全称量词的前提。

【例 2.5.5】　证明 $\exists x(P(x) \wedge Q(x)) \Rightarrow \exists x P(x) \wedge \exists x Q(x)$。

**证明**
|  |  |  |
|---|---|---|
| ① $\exists x(P(x) \wedge Q(x))$ | | P 前提引入 |
| ② $P(c) \wedge Q(c)$ | | ES① |
| ③ $P(c)$ | | T② 化简律 |
| ④ $Q(c)$ | | T② 化简律 |
| ⑤ $\exists x P(x)$ | | EG③ |
| ⑥ $\exists x Q(x)$ | | EG④ |
| ⑦ $\exists x P(x) \wedge \exists x Q(x)$ | | T⑤⑥ 合取式 |

【例 2.5.6】　证明苏格拉底三段论：所有的人都是要死的。苏格拉底是人。所以苏格拉底是要死的。

**证明**　先将原子命题符号化。

假设 $F(x)$：$x$ 是人；$G(x)$：$x$ 是要死的；$a$：苏格拉底。

前提：$\forall x(F(x) \rightarrow G(x))$，$F(a)$。

结论：$G(a)$。

|  |  |
|---|---|
| ① $\forall x(F(x) \rightarrow G(x))$ | P 前提引入 |
| ② $F(a) \rightarrow G(a)$ | US① |
| ③ $F(a)$ | P 前提引入 |
| ④ $G(a)$ | T②③ 假言推理 |

例 2.5.6 中前提出现了个体常项 $a$，由于 US 规则针对个体域中的任意元素，因此，在使用 US 规则时引入 $a$ 是可以的。但是，如果需要使用 ES 规则，那么应该避免使用前提中已经出现的个体常项。例如，前提有：$\exists x(Q(x) \wedge P(x))$，$R(c)$，直接使用 ES 规则从前提 $\exists x(Q(x) \wedge P(x))$ 得到 $Q(c) \wedge P(c)$ 是不严谨的。

【例 2.5.7】　任何自然数都是整数，存在着自然数。所以，存在着整数。个体域为实数集合。

**证明**　先将原子命题符号化。

假设 $F(x)$：$x$ 为自然数；$G(x)$：$x$ 为整数。

前提：$\forall x(F(x) \rightarrow G(x))$，$\exists x F(x)$。

结论：$\exists x G(x)$。

|  |  |
|---|---|
| ① $\exists x F(x)$ | P 前提引入 |
| ② $F(c)$ | ES① |
| ③ $\forall x(F(x) \rightarrow G(x))$ | P 前提引入 |

$$④F(c)\rightarrow G(c) \qquad\qquad US③$$
$$⑤G(c) \qquad\qquad T②④假言推理$$
$$⑥\exists x\,G(x) \qquad\qquad EG⑤$$

**Tips:** 如果既有全称量词的前提也有存在量词的前提,必须先指定存在量词的前提,后指定全称量词的前提。

【例 2.5.8】 有的计算机科学与技术专业的学生选修算法分析课。没有计算机科学与技术专业的学生选修机械设计课。因此,有的计算机科学与技术专业的学生选修算法分析课且不选修机械设计课。

**证明** 先将原子命题符号化。

假设 $F(x):x$ 是计算机科学与技术专业的学生;$P(x):x$ 选修算法分析课;$G(x):x$ 选修机械设计课。

前提:$\exists x(F(x)\land P(x))$,$\neg\,\exists x(F(x)\land G(x))$。

结论:$\exists x(F(x)\land P(x)\land\neg G(x))$。

$$①\exists x(F(x)\land P(x)) \qquad\qquad P\ 前提引入$$
$$②F(c)\land P(c) \qquad\qquad ES①$$
$$③\neg\,\exists x(F(x)\land G(x)) \qquad\qquad P\ 前提引入$$
$$④\forall x\,\neg(F(x)\land G(x)) \qquad\qquad T③量词否定等值式$$
$$⑤\neg(F(c)\land G(c)) \qquad\qquad US④$$
$$⑥\neg F(c)\lor\neg G(c) \qquad\qquad T⑤德·摩根律$$
$$⑦F(c) \qquad\qquad T②化简律$$
$$⑧\neg G(c) \qquad\qquad T⑥⑧析取三段论$$
$$⑨F(c)\land P(c)\land\neg G(c) \qquad\qquad T②⑧合取式$$
$$⑩\exists x(F(x)\land P(x)\land\neg G(x)) \qquad\qquad EG⑨$$

例 2.5.8 需要注意两点:第一点,在使用量词消去规则时,可尽量针对前束范式进行;第二点,存在量词和全称量词一起出现在前提中时,先使用 ES 规则,再使用 US 规则。

【例 2.5.9】 用反证法证明 $\forall x(P(x)\lor Q(x))\Rightarrow\forall x\,P(x)\lor\exists x\,Q(x)$。

**证明**
$$①\neg(\forall x\,P(x)\lor\exists x\,Q(x)) \qquad\qquad P(附加前提)$$
$$②\neg\,\forall x\,P(x)\land\neg\,\exists x\,Q(x) \qquad\qquad T①德·摩根律$$
$$③\neg\,\forall x\,P(x) \qquad\qquad T②化简律$$
$$④\neg\,\exists x\,Q(x) \qquad\qquad T②化简律$$
$$⑤\exists x\,\neg P(x) \qquad\qquad T③量词否定等值式$$
$$⑥\neg P(c) \qquad\qquad ES⑤$$
$$⑦\forall x(P(x)\lor Q(x)) \qquad\qquad P\ 前提引入$$

⑧ $P(c) \vee Q(c)$        US⑦

⑨ $Q(c)$        T⑥⑧析取三段论

⑩ $\exists x\, Q(x)$        EG⑨

⑪ $\neg\, \exists x\, Q(x) \wedge \exists x\, Q(x)$（矛盾）        T④⑩合取式

**【例 2.5.10】** 用 CP 规则法构造下列证明。

前提：$\forall x(P(x) \vee Q(x))$。

结论：$\neg\, \forall x\, P(x) \rightarrow \exists x\, Q(x)$。

**证明** ① $\neg\, \forall x\, P(x)$        P（附加前提）

② $\exists x\, \neg P(x)$        T①量词否定等值式

③ $\neg P(c)$        ES②

④ $\forall x(P(x) \vee Q(x))$        P 前提引入

⑤ $P(c) \vee Q(c)$        US④

⑥ $Q(c)$        T③⑤析取三段论

⑦ $\exists x\, Q(x)$        EG⑥

⑧ $\neg\, \forall x\, P(x) \rightarrow \exists x\, Q(x)$        CP 规则

### 2.5.3 综合实例

**【例 2.5.11】** 试证明下面推理的有效性。

有些病人喜欢所有医生，但是没有一个病人喜欢庸医。所以，医生都不是庸医。

**证明** 先将原子命题符号化。

假设 $P(x)$：$x$ 是病人；$D(x)$：$x$ 是医生；$Q(x)$：$x$ 是庸医；$L(x,y)$：$x$ 喜欢 $y$。

前提：$\exists x(P(x) \wedge \forall y(D(y) \rightarrow L(x,y)))$，$\forall x(P(x) \rightarrow \forall y(Q(y) \rightarrow \neg L(x,y)))$。

结论：$\forall x(D(x) \rightarrow \neg Q(x))$。

① $\exists x(P(x) \wedge \forall y(D(y) \rightarrow L(x,y)))$        P 前提引入

② $P(a) \wedge \forall y(D(y) \rightarrow L(a,y))$        ES①

③ $\forall x(P(x) \rightarrow \forall y(Q(y) \rightarrow \neg L(x,y)))$        P 前提引入

④ $P(a) \rightarrow \forall y(Q(y) \rightarrow \neg L(a,y))$        US③

⑤ $P(a)$        T②化简律

⑥ $\forall y(Q(y) \rightarrow \neg L(a,y))$        T④⑤假言推理

⑦ $Q(c) \rightarrow \neg L(a,c)$        US⑥

⑧ $\forall y(D(y) \rightarrow L(a,y))$        T②化简律

⑨ $D(c) \rightarrow L(a,c)$        US⑧

⑩ $L(a,c) \rightarrow \neg Q(c)$        T⑦假言易位

⑪ $D(c) \rightarrow \neg Q(c)$        T⑨⑩假言三段论

⑫ $\forall x(D(x) \rightarrow \neg Q(x))$        UG⑪

## 2.6 谓词逻辑的应用

谓词逻辑是人工智能中知识表示的一种常用方法。

**【例 2.6.1】** 用谓词逻辑符号化：张三是理发师。李四是一个人。所有理发师都是人。

**解** 假设 $P(x)$：$x$ 是人；$Q(x)$：$x$ 是理发师；$a$：张三；$b$：李四。那么，上述句子可以符号化为：

$$Q(a)$$
$$P(b)$$
$$\forall x(Q(x) \rightarrow P(x))$$

上述三个用谓词逻辑表达的命题可以一起构成知识库（Knowledge Base，KB）。知识库中有两个标准操作 TELL 和 ASK，TELL 表示给知识库新增命题，ASK 表示向知识库提问，这两个操作中可能都包含推理过程。

以例 2.6.1 为例，如果新建知识库 KB，那么可以通过 TELL 操作来添加这三个命题：

$$\text{TELL}(KB, Q(a))$$
$$\text{TELL}(KB, P(b))$$
$$\text{TELL}(KB, \forall x(Q(x) \rightarrow P(x)))$$

知识库初步构建后，就可以向其提问，比如：

$$\text{ASK}(KB, P(a))$$

也就是问 KB"张三是一个人吗"，若 KB 回答返回 true，则表示"张三是一个人"。这个问答的过程，就是谓词逻辑推理的简单应用过程。

# 习 题

**1.** 用谓词表达式符号化下列命题：

(1)他是教练或者运动员；

(2)小张是班长而小李不是；

(3)每一个有理数都是实数；

(4)有些实数是有理数；

(5)并非每一个实数都是有理数；

(6)有的人用左手写字；

(7)并不是所有的人都用左手写字。

**2.** 令 $P(x)$ 为"$x$ 为质数"，$E(x)$ 为"$x$ 是偶数"，$D(x,y)$ 为"$x$ 除尽 $y$"，把下列各式翻译成汉语：

(1) $\forall x(D(x,2) \rightarrow E(x))$；

(2) $\forall x(P(x) \rightarrow \exists y(E(y) \land D(x,y)))$。

**3.** 对下面每个公式指出约束变元和自由变元,并说明量词的辖域:

(1) $\exists x(P(x) \lor R(x) \land S(x)) \to \forall x(P(x) \land R(x))$;

(2) $\exists x \forall y(P(x) \lor Q(y)) \to \forall x R(x)$。

**4.** 对谓词公式 $\forall x \exists y(P(x,z) \to Q(y)) \leftrightarrow S(x,z)$ 的约束变元进行换名。

**5.** 证明:

(1) $\exists x(A(x) \to B(x)) \Leftrightarrow \forall x A(x) \to \exists x B(x)$;

(2) $\forall x A(x) \lor \forall x B(x) \Rightarrow \forall x(A(x) \lor B(x))$,其中论域 $D = \{a, b, c\}$。

**6.** 把 $\forall x(P(x) \to \exists y Q(x,y))$ 化为前束范式。

**7.** 构造下列推理的证明:

(1) $\forall x(\neg P(x) \to Q(x))$, $\forall x \neg Q(x) \Rightarrow \exists x P(x)$;

(2) $\neg(\exists x P(x) \to Q(c)) \Rightarrow \exists x P(x) \to \neg Q(c)$;

(3) $\forall x(P(x) \lor Q(x))$, $\forall x(\neg Q(x) \lor \neg R(x))$, $\forall x R(x) \Rightarrow \exists x P(x)$。

**8.** 在一阶逻辑中构造下面推理的证明。

(1) 有理数都是实数,有的有理数是整数。因此,有的实数是整数。

(2) 每个大学生,不是文科生,就是理工科学生。有的大学生是保送生。小张不是理工科学生,但是他是保送生。因而如果小张是大学生,他就是文科生。

# 第 3 章　　　集合与关系

集合论是现代数学的基础,它几乎与现代数学的每个分支均有联系,并已渗透到自然科学的各个领域。集合论是计算机数学中重要的组成部分,采用逻辑符号等形式化语言表述集合的相关概念,并采用逻辑演算求解相关问题。

关系是现实世界中广泛存在的概念,也广泛应用于各类数学问题中,例如生活中的朋友关系、父子关系,实数间存在的大于等于关系、小于等于关系,数理逻辑中命题公式、谓词公式间的等价、蕴含等概念,都可以使用"关系"这一术语予以描述。在集合论的框架下,关系是在集合上定义的一个常用概念,具有丰富的性质。

## 导图

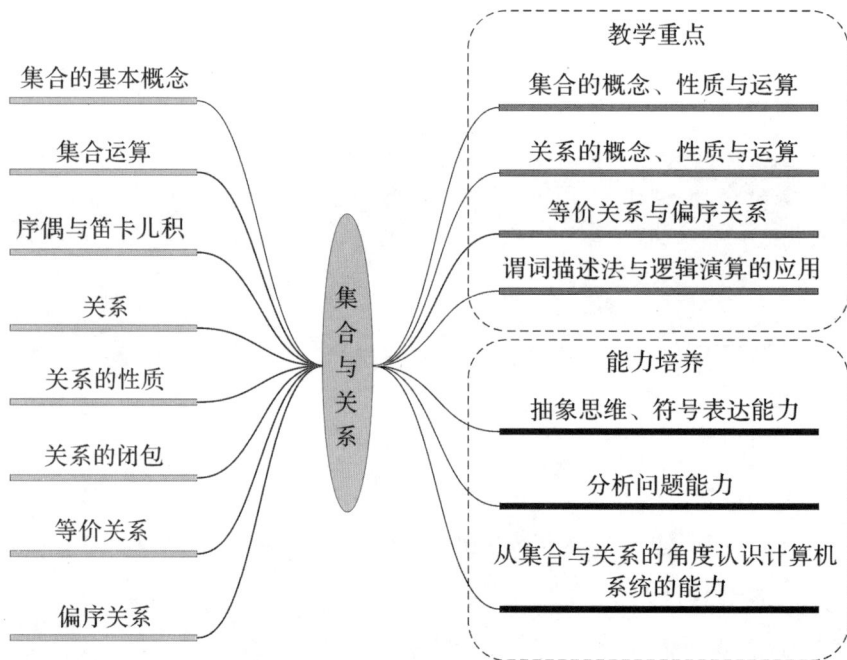

集合的基本概念

集合运算

序偶与笛卡儿积

关系

关系的性质

关系的闭包

等价关系

偏序关系

集合与关系

教学重点

集合的概念、性质与运算

关系的概念、性质与运算

等价关系与偏序关系

谓词描述法与逻辑演算的应用

能力培养

抽象思维、符号表达能力

分析问题能力

从集合与关系的角度认识计算机系统的能力

## 👍 历史人物

笛卡儿（René Descartes，1596—1650），法国哲学家、数学家、物理学家。笛卡儿提出的"坐标系"是现代数学的基础工具之一，在此基础上实现了几何与代数的结合。笛卡儿创立了解析几何，并运用坐标几何学从事光学研究，在其著作《哲学原理》中也初步探讨了惯性定律与动量守恒定律，为牛顿等人的研究奠定了基础。笛卡儿被广泛认为是西方现代哲学的奠基人之一，其哲学思想和方法论，对后世哲学和科学的发展产生了极大的影响。

豪斯多夫（Felix Hausdorff，1868—1942），出生于波兰的犹太人。豪斯多夫是拓扑学的开拓者，在集合论和泛函分析领域也作出了杰出的贡献，对现代数学的形成和发展起到了重要的作用，例如豪斯多夫空间、豪斯多夫距离、豪斯多夫维度等术语都据其命名。豪斯多夫于 1914 年发表了《集合论基础》，是集合论的重要著作，其中明确提出了关系理论。

乔治·康托尔（Georg Cantor，1845—1918），德国数学家，出生于俄国。康托尔对数学的主要贡献是集合论和超穷数理论，并探讨了在新理论创立过程中涉及的数理哲学问题。从某种意义上，集合论被视为整个现代数学的基础，康托尔被广泛认为是集合论的创始人，其工作具有划时代的意义，从根本上改造了数学的结构，促进了许多新的数学分支的建立，并给逻辑和哲学带来了深远的影响。

## 3.1　集合的基本概念

### 3.1.1　集合的概念与表示

集合是数学中最基础的概念之一,它与几何中的"点"、"线"等概念一样,难以精确定义。直观上,将某些确定的且可以区分的对象汇集到一起,组成的一个整体称为**集合**,而构成上述集合的对象就称为该集合的**元素**[①]。例如,"地球上的所有生物"、"26 个字母构成的字母表"、"全体自然数"都可被视为集合,而"熊猫"、"字母 a"、"自然数 1"分别是上述集合的元素。

集合是由元素构成的。显然,某些集合中的元素是有限多个的,我们将这样的集合称为**有限集**(有穷集合),如上述"26 个英文字母构成的字母表"对应的集合,某些集合中的元素是无限多个的,我们将这样的集合称为**无限集**(无穷集合),如上述"全体自然数"构成的集合。

集合中元素的个数称为**集合的基数**(集合的势)。对于含有 $n$ 个元素的有限集,可称其为 $n$ **元集**。

从形式化的角度,通常采用大写字母表示一个集合,采用小写字母表示集合中的某个元素,例如常见的自然数集 **N**、整数集 **Z**、有理数集 **Q**、实数集 **R**、复数集 **C** 等,以及某一集合 $A$ 中的元素 $a,b$。同时,对于元素和集合,我们可以借助**属于关系**(隶属关系)这一术语,描述元素与集合间的关系。

如果 $a$ 是集合 $A$ 中的一个元素,则称 $a$ **属于** $A$,记作 $a \in A$。

如果 $a$ 不是集合 $A$ 中的元素,则称 $a$ **不属于** $A$,记作 $a \notin A$。

注意,命题"$a$ 属于 $A$"的否定,即"$a$ 不属于 $A$",可形式化表示为:$a \notin A \Leftrightarrow \neg(a \in A)$。

此外,对于确定的元素 $a$ 和集合 $A$,必有 $a \in A$ 或 $a \notin A$ 成立,判断的结果是确定且唯一的。在后文中,将其称为元素的确定性。

常用的集合表示法包括:列举法(枚举法)和谓词描述法(谓词表示法)。

**列举法**:列出集合的所有元素,元素间用逗号分隔;或依据某些规律列出集合的部分元素,用逗号分隔,并标注省略号。

通常,针对元素个数较少的有限集或者元素具有某种规律的无限集时,可采用列举法。下述集合是用列举法表示的:

$$A = \{1,2,3,4,5\}, \quad B = \{a,b,c,\cdots,z\}, \quad C = \{0,1,2,3,4,\cdots\}$$

在上述集合中,集合 $A$ 由 1 至 5 的 5 个整数构成,集合 $B$ 由 26 个小写英文字母构

---

[①]康托尔对集合的原始定义为:"A set is a well-defined collection of distinct objects,considered as an object in its own right",进一步地阐释为:"A set is a gathering together into a whole of definite,distinct objects of our perception or of our thought,which are called elements of the set"。

成，集合 $C$ 表示自然数集。

**谓词描述法**：借助谓词，描述或概括集合中元素的属性。谓词描述法的一般形式为：$A=\{x \mid P(x)\}$，其中 $x$ 表示集合中的元素，$P(x)$ 表示一个含有自由变元 $x$ 的谓词。

换言之，个体域中能使谓词 $P(x)$ 为真的所有元素构成了集合 $A$，若 $P(a)$ 为真，则 $a\in A$，若 $P(a)$ 为假，则 $a\notin A$。下述集合是用谓词描述法表示的：

$$A=\{x \mid x\text{ 是英文字母表中的元音字母}\},\quad B=\{x \mid x\text{ 是自然数}\}$$

显然，上述集合 $A$ 与列举法表示的集合 $\{a,e,i,o,u\}$ 相同，集合 $B$ 与列举法表示的集合 $\{0,1,2,3,4,\cdots\}$ 相同。

对于元素与集合，需要特别注意以下几点：

**元素的任意性**：集合中的元素可以是任意事物，包括具体的实物或抽象的概念，也可以是另外的集合。例如杭州、熊猫、集合 $\{1,2,3\}$ 可以构成集合 $A=\{$杭州，熊猫，$\{1,2,3\}\}$。

**元素的互异性**：构成集合的元素是互不相同的，即一个集合中不会重复出现相同的元素，例如 $\{$香蕉，苹果，菠萝，苹果，梨$\}$ 应记为 $\{$香蕉，梨，菠萝，苹果$\}$。

**元素的无序性**：集合中元素出现的次序是无关紧要的，例如 $\{a,e,i,o,u\}=\{i,a,e,o,u\}$。

**元素的确定性**：任一事物是否属于一个集合，答案必须是确定的。换言之，对于给定的某个集合，可判断任一事物是它的元素或者不是它的元素，判断的结论是确定且唯一的。例如集合 $A=\{a,b,\{c,d\},\{\{e\}\}\}$，有 $a\in A,b\in A,\{c,d\}\in A,\{\{e\}\}\in A$，但是 $c\notin A$，$d\notin A,\{e\}\notin A$。

> **Tips**：严谨起见，本书规定：对于任何集合 $A$，都有 $A\notin A$。

**【例 3.1.1】** 采用列举法表示下列集合：

(1) 小于 20 的素数集合；

(2) 构成单词 mississippi 的字母的集合；

(3) 命题的真值构成的集合。

**解** (1) $\{2,3,5,7,11,13,17,19\}$；

(2) $\{m,i,s,p\}$；

(3) $\{T,F\}$。

**【例 3.1.2】** 采用谓词描述法表示下列集合：

(1) $\{-3,-2,-1,0,1,2,3\}$；

(2) 能被 7 整除的整数集合。

**解** (1) $\{x \mid |x|\leqslant 3 \text{ 且 } x\in \mathbf{Z}\}$；

(2) $\{x \mid \exists y(y\in \mathbf{Z} \wedge x=7y)\}$，或 $\{x \mid x\text{ 是整数且 }x\text{ 能被 7 整除}\}$。

空集和全集是两个特殊的集合，它们虽然概念简单，但在集合论中却起到了重要的作用。下面将介绍空集和全集，并讨论其性质。

不含任意元素的集合称为**空集**，记为 $\varnothing$。例如以集合 $\{x \mid x\in \mathbf{R} \wedge x^2+1=0\}$ 表述方

程 $x^2+1=0$ 的实数解集,该方程无实数解,故解集是空集,即

$$\{x \mid x \in \mathbf{R} \land x^2+1=0\}=\varnothing$$

采用谓词描述法,可将空集记为: $\varnothing=\{x \mid P(x) \land \neg P(x)\}$,其中 $P(x)$ 为任何谓词。

类似于谓词逻辑中的全总个体域,针对某一具体问题,涉及的所有元素构成的集合称为**全集**,本书使用大写字母 $E$ 来表示。

采用谓词描述法,可将全集记为: $E=\{x \mid P(x) \lor \neg P(x)\}$,其中 $P(x)$ 为任何谓词。显然,命题 $\forall x(x \in E)$ 为永真式。

换言之,针对某一具体问题,如果涉及的所有集合都是某个集合的子集,则称该集合为全集。全集具有相对性,对于不同的问题,往往使用不同的全集,对同一个问题,也可以取不同的全集。

## 3.1.2 集合间的关系

有别于元素与集合间的隶属关系,集合间的关系主要包括**包含关系**和**相等关系**。

【定义 3.1.1】 设 $A,B$ 为集合,如果 $A$ 中每个元素都是 $B$ 中的元素,则称 $A$ **是** $B$ **的子集**,或称 $A$ 包含于 $B$ 中,或称 $B$ 包含 $A$,记作 $A \subseteq B$。如果 $A$ 不是 $B$ 的子集,记作 $A \nsubseteq B$。

【定义 3.1.2】 设 $A,B$ 为集合,如果 $A \subseteq B$ 且 $B \subseteq A$,则称 $A$ **与** $B$ **相等**,记作 $A=B$。如果 $A$ 与 $B$ 不相等,记作 $A \neq B$。

换言之,集合 $A$ 与 $B$ 相等,当且仅当它们有相同的元素。在集合论公理系统中,被称为外延公理。

【定义 3.1.3】 设 $A,B$ 为集合,如果 $A \subseteq B$ 且 $A \neq B$,则称 $A$ **是** $B$ **的真子集**,记作 $A \subset B$。如果 $A$ 不是 $B$ 的真子集,记作 $A \not\subset B$。

显然,如果 $A$ 不是 $B$ 的子集,那么 $A$ 必然不是 $B$ 的真子集,即 $A \nsubseteq B \Rightarrow A \not\subset B$,但反之不然。例如,集合 $A=B$,则 $A \not\subset B$ 但 $A \subseteq B$。

借助谓词描述法以及元素与集合间的关系,采用逻辑演算的形式,可以从形式化的角度更准确、简洁地表示上述概念。

【定义 3.1.4】 设 $A,B$ 为集合,则有:

(1) $A \subseteq B \Leftrightarrow \forall x(x \in A \rightarrow x \in B)$;

(2) $A=B \Leftrightarrow (A \subseteq B) \land (B \subseteq A)$

$\qquad \Leftrightarrow \forall x(x \in A \rightarrow x \in B) \land \forall x(x \in B \rightarrow x \in A)$

$\qquad \Leftrightarrow \forall x(x \in A \leftrightarrow x \in B)$;

(3) $A \subset B \Leftrightarrow (A \subseteq B) \land (A \neq B)$

$\qquad \Leftrightarrow \forall x(x \in A \rightarrow x \in B) \land \exists x(x \in B \land x \notin A)$。

由定义 3.1.4 可以看出,**谓词描述法**以及**逻辑演算**,紧密联系了数理逻辑与集合的相关内容,为处理集合提供了一种基础性的工具方法。

例如,在集合相等的概念中,定义谓词 $P(x):x$ 属于 $A$,即 $x \in A$;$Q(x):x$ 属于 $B$,即 $x \in B$,可得:

$$\forall x(P(x) \rightarrow Q(x)) \wedge \forall x(Q(x) \rightarrow P(x))$$
$$\Leftrightarrow \forall x((P(x) \rightarrow Q(x)) \wedge (Q(x) \rightarrow P(x))) \qquad (量词分配等值式)$$
$$\Leftrightarrow \forall x(P(x) \leftrightarrow Q(x)) \qquad (双条件转化律)$$

上述逻辑演算即证明了:命题"集合 $A$ 与 $B$ 相等",等价于命题"对于任意元素 $x$,$x$ 属于 $A$ 当且仅当 $x$ 属于 $B$",与定义 3.1.2 的表述相同。

同理,基于 $A=B$ 以及 $A \subseteq B$ 的谓词描述,采用逻辑演算的形式,不难获得 $A \neq B$ 以及 $A \nsubseteq B$ 的谓词描述,如下所示。

**【例 3.1.3】** 已知 $A \subseteq B \Leftrightarrow \forall x(x \in A \rightarrow x \in B)$,那么对于 $A \nsubseteq B$,可得:

$$A \nsubseteq B$$
$$\Leftrightarrow \neg \forall x(x \in A \rightarrow x \in B) \qquad (A \subseteq B 的否定)$$
$$\Leftrightarrow \exists x \neg(x \in A \rightarrow x \in B) \qquad (量词否定等值式)$$
$$\Leftrightarrow \exists x \neg(\neg x \in A \vee x \in B) \qquad (条件转化律)$$
$$\Leftrightarrow \exists x(x \in A \wedge \neg x \in B) \qquad (德·摩根律)$$
$$\Leftrightarrow \exists x(x \in A \wedge x \notin B) \qquad (\notin 的谓词描述)$$

**【例 3.1.4】** 已知 $A=B \Leftrightarrow \forall x(x \in A \rightarrow x \in B) \wedge \forall x(x \in B \rightarrow x \in A)$,那么对于 $A \neq B$,可得:

$$A \neq B$$
$$\Leftrightarrow \neg(\forall x(x \in A \rightarrow x \in B) \wedge \forall x(x \in B \rightarrow x \in A)) \qquad (A=B 的否定)$$
$$\Leftrightarrow \neg \forall x(x \in A \rightarrow x \in B) \vee \neg \forall x(x \in B \rightarrow x \in A) \qquad (德·摩根律)$$
$$\Leftrightarrow \exists x \neg(x \in A \rightarrow x \in B) \vee \exists x \neg(x \in B \rightarrow x \in A) \qquad (量词否定等值式)$$
$$\Leftrightarrow \exists x(x \in A \wedge x \notin B) \vee \exists x(x \in A \wedge x \notin B) \qquad (A \nsubseteq B 中已验证的结论)$$

根据子集的定义,易证下述结论成立。

**【定理 3.1.1】** 设 $A,B,C$ 为集合,则有:

(1) $A \subseteq A$;

(2) 若 $A \subseteq B$ 且 $A \neq B$,则 $B \nsubseteq A$;

(3) 若 $A \subseteq B$ 且 $B \subseteq C$,则 $A \subseteq C$。

此外,对于空集和全集,有如下结论。

**【定理 3.1.2】** 对于任意集合 $A$,$\varnothing \subseteq A$ 且 $A \subseteq E$,即

(1) 空集是 $A$ 的子集;

(2) $A$ 是全集的子集。

根据全集的定义,可见定理 3.1.2(2) 显然成立。对于定理 3.1.2(1),可基于谓词描述法,采用逻辑演算予以证明,如下所示。

**证明**　对于任意集合 $A$,由子集的定义可知:

$$\varnothing \subseteq A \Leftrightarrow \forall x(x \in \varnothing \rightarrow x \in A)$$

由空集的定义可知：$x \in \varnothing$ 为假，故 $\forall x(x \in \varnothing \rightarrow x \in A)$ 为永真式，则 $\varnothing \subseteq A$ 成立。

根据定理 3.1.2，可获得如下推论。

**【推论 3.1.1】** 空集是唯一的。

**证明** 假设存在空集 $\varnothing_1, \varnothing_2$，由定理 3.1.2 可知，$\varnothing_1 \subseteq \varnothing_2$ 且 $\varnothing_2 \subseteq \varnothing_1$。

根据集合相等的定义，有 $\varnothing_1 = \varnothing_2$。

注意，空集 $\varnothing$ 和集合 $\{\varnothing\}$ 是不同的集合。直观上，空集 $\varnothing$ 中不含有任意元素，而集合 $\{\varnothing\}$ 含有一个元素，该元素为空集 $\varnothing$。同时，空集是任意集合的子集。因此，$\varnothing$ 既是集合 $\{\varnothing\}$ 的元素，也是集合 $\{\varnothing\}$ 的子集，即 $\varnothing \in \{\varnothing\}$ 且 $\varnothing \subseteq \{\varnothing\}$。

对于 $n$ 元集，其含有 $m$ 个元素的子集简称为 $m$ 元子集（$m \leqslant n$）。对于 $n$ 元集可求出它的全部子集，如下所示。

**【例 3.1.5】** 求 3 元集 $A = \{0, 1, 2\}$ 的所有子集。

**解** $A$ 共有 8 个子集，根据子集的基数（子集中元素的个数）分类如下：

0 元子集有 1 个：$\varnothing$；

1 元子集有 3 个：$\{0\}, \{1\}, \{2\}$；

2 元子集有 3 个：$\{0, 1\}, \{0, 2\}, \{1, 2\}$；

3 元子集有 1 个：$\{0, 1, 2\}$。

一般而言，对于 $n$ 元集 $A$，其 0 元子集有 $C_n^0$ 个，1 元子集有 $C_n^1$ 个，$\cdots$，$m$ 元子集有 $C_n^m$ 个，$\cdots$，$n$ 元子集有 $C_n^n$ 个，故 $A$ 的子集共有 $C_n^0 + C_n^1 + \cdots + C_n^n = 2^n$ 个。

**【定义 3.1.5】** 设 $A$ 为集合，$A$ 的全体子集构成的集合称为 $A$ 的**幂集**，记作 $P(A)$ 或者 $2^A$。采用谓词描述法，表示为：$P(A) = \{B \mid B \subseteq A\}$。

根据幂集的定义，可知对于 $n$ 元集 $A$，其幂集中元素的个数为 $2^n$ 个。

**【例 3.1.6】** 已知集合 $A = \{a, b, c\}$，$B = \{0, \{1\}\}$，$C = \varnothing$，$D = \{\varnothing\}$，求上述集合的幂集，并求 $P(D)$ 的幂集。

**解** $P(A) = \{\varnothing, \{a\}, \{b\}, \{c\}, \{a, b\}, \{a, c\}, \{b, c\}, \{a, b, c\}\}$；

$P(B) = \{\varnothing, \{0\}, \{\{1\}\}, \{0, \{1\}\}\}$；

$P(C) = \{\varnothing\}$；

$P(D) = \{\varnothing, \{\varnothing\}\}$；

$P(P(D)) = \{\varnothing, \{\varnothing\}, \{\{\varnothing\}\}, \{\varnothing, \{\varnothing\}\}\}$。

## 3.2 集合运算

运算是数学中针对数学对象常用的"操作手段"，例如我们熟知的对于实数的"加减乘除"四则运算。在数理逻辑中，借助逻辑联结词，可对命题、命题公式等对象进行相应的逻辑运算，因此逻辑联结词也称为逻辑运算符。对于集合，也可进行运算，运算的结果仍是集合。对于运算严格的定义，见第 5 章。

### 3.2.1　集合的基本运算

集合的基本运算包括：交、并、补、对称差，其中**补运算**分为相对补运算和绝对补运算。

【**定义 3.2.1**】　设 $E$ 为全集，对于任意两个集合 $A, B$，有：

（1）**交运算**记为 $A \bigcap B$，也称为 $A$ 与 $B$ 的**交集**，是由那些既属于 $A$ 又属于 $B$ 的元素构成的集合；

（2）**并运算**记为 $A \bigcup B$，也称为 $A$ 与 $B$ 的**并集**，是由那些属于 $A$ 或属于 $B$ 的元素构成的集合；

（3）**$B$ 对 $A$ 的相对补运算**记为 $A - B$，也称为 $B$ 对 $A$ 的**相对补集**（也可称为差集），是由那些属于 $A$ 且不属于 $B$ 的元素所构成的集合；

（4）**$A$ 的绝对补运算**记为 $\sim A$，也称为 $A$ 的**绝对补集**（也可称为余集），是由那些属于全集 $E$ 且不属于 $A$ 的元素构成的集合；

（5）**对称差运算**（也可称为异或运算）记为 $A \oplus B$，也称为 $A$ 与 $B$ 的**对称差集**，是由那些属于 $A$ 且不属于 $B$ 的元素，或属于 $B$ 且不属于 $A$ 的元素构成的集合。

注意到，借助相对补运算，绝对补运算可表示为：$\sim A = E - A$，而对称差运算可表示为：$A \oplus B = (A - B) \bigcup (B - A)$。上述形式称为**集合恒等式**。集合恒等式表明了集合运算的性质，正如基本等值式表明了逻辑运算的性质一样。后文将深入研究常见的集合恒等式。

习惯上，通过文氏图也可以直观地表示集合 $A, B$ 的交、并、补、对称差运算，如图 3.2.1 以及图 3.2.2 中阴影部分所示。

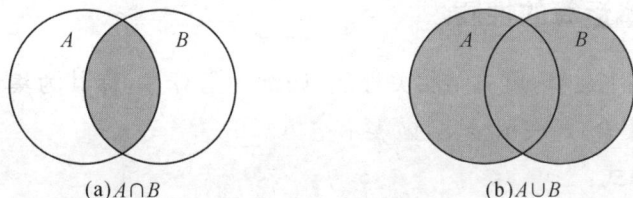

**图 3.2.1　$A$ 与 $B$ 的交集（a）、$A$ 与 $B$ 的并集（b）**

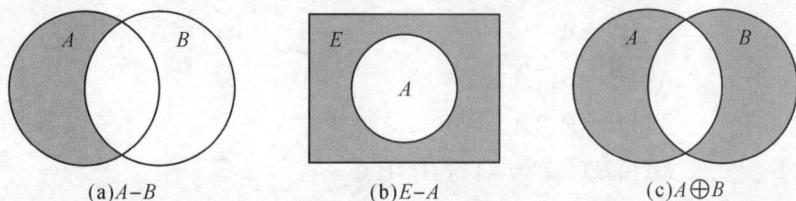

**图 3.2.2　$B$ 对 $A$ 的相对补集（a）、$A$ 的绝对补集（b）、$A$ 与 $B$ 的对称差集（c）**

注意，文氏图只能对集合的运算作直观说明，不能用于严格证明。而定义 3.2.1 仅采用了自然语言描述集合的基本运算，难以对运算的性质作进一步探讨。故在此依然利用谓词描述法,较为严格地定义集合的交、并、补、对称差运算。

**【定义 3.2.2】** 设 $E$ 为全集,对于任意两个集合 $A,B$,有:

(1) $A \cap B = \{x \mid x \in A \land x \in B\}$;

(2) $A \cup B = \{x \mid x \in A \lor x \in B\}$;

(3) $A - B = \{x \mid x \in A \land x \notin B\}$;

(4) $\sim A = \{x \mid x \in E \land x \notin A\}$;

(5) $A \oplus B = \{x \mid (x \in A \land x \notin B) \lor (x \notin A \land x \in B)\}$。

两个集合的交运算和并运算可以推广到多个集合的交运算与并运算:

$$A_1 \cap A_2 \cap \cdots \cap A_n = \{x \mid x \in A_1 \land x \in A_2 \land \cdots \land x \in A_n\}$$

$$A_1 \cup A_2 \cup \cdots \cup A_n = \{x \mid x \in A_1 \lor x \in A_2 \lor \cdots \lor x \in A_n\}$$

上述 $n$ 个集合的交运算与并运算可简记为 $\cap A_i$ 和 $\cup A_i$, $i = 1, 2, \cdots, n$。

> **Tips**:在第 3.1.2 节中介绍的集合 $A$ 的幂集 $P(A)$,也可视为对集合 $A$ 进行了幂集运算。本节中介绍的集合的基本运算以及幂集运算,具有不同的"优先级"。通常,我们将幂集运算和绝对补运算视为一级运算,将交、并、相对补、对称差运算视为二级运算;一级运算优先级高于二级运算;同级运算按从左向右的顺序进行;括号内的运算优先进行。

**【例 3.2.1】** 设 $A = \{1,2,3,4,5\}, B = \{2,4\}$,求 $A \cap B, A \cup B, A - B, B - A, A \oplus B$。

**解** $A \cap B = \{2,4\}$, $A \cup B = \{1,2,3,4,5\}$

$A - B = \{1,3,5\}$, $B - A = \varnothing$, $A \oplus B = \{1,3,5\}$

### 3.2.2 集合基本运算的性质

对于集合的基本运算,可总结相关性质,归纳为运算律,称其为**集合恒等式**。其中,$A, B, C$ 表示任意集合,$E$ 表示全集,$\varnothing$ 表示空集。

**常用集合恒等式**:

双重否定律: $\sim(\sim A) = A$

幂等律: $A \cap A = A$

$A \cup A = A$

交换律: $A \cap B = B \cap A$

$A \cup B = B \cup A$

结合律: $(A \cap B) \cap C = A \cap (B \cap C)$

$(A \cup B) \cup C = A \cup (B \cup C)$

分配律: $A \cap (B \cup C) = (A \cap B) \cup (A \cap C)$

$A \cup (B \cap C) = (A \cup B) \cap (A \cup C)$

同一律: $A \cap E = A$

$$A \cup \varnothing = A$$

零律：
$$A \cap \varnothing = \varnothing$$
$$A \cup E = E$$

否定律：
$$A \cap \sim A = \varnothing（矛盾律）$$
$$A \cup \sim A = E（排中律）$$

吸收律：
$$A \cap (A \cup B) = A$$
$$A \cup (A \cap B) = A$$

补交转换律：
$$A - B = A \cap \sim B$$

德·摩根律：
$$A - (B \cup C) = (A - B) \cap (A - C)$$
$$A - (B \cap C) = (A - B) \cup (A - C)$$
$$\sim (B \cup C) = \sim B \cap \sim C$$
$$\sim (B \cap C) = \sim B \cup \sim C$$
$$\sim E = \varnothing$$
$$\sim \varnothing = E$$

注意到,通过定义 3.2.2 不难看出,合取、析取、否定等逻辑运算,为集合运算的谓词描述奠定了基础,且与交、并、补等集合运算产生了直接的联系。这也就不难解释,为何上述集合恒等式的名称与形式,与数理逻辑中的基本等价关系(基本等值式)具有高度的相似性。此外,在第 5 章中,我们将从更抽象与严密的角度,定义代数运算,并定义相关的运算律。

对于上述集合恒等式,都可以基于交、并、补等集合运算的谓词描述,在数理逻辑框架下,采用**逻辑演算**予以证明。通过下述两例,我们将进一步展示基于逻辑演算的证明过程。

【例 3.2.2】 采用逻辑演算,证明分配律 $A \cup (B \cap C) = (A \cup B) \cap (A \cup C)$。

**证明**　$\forall x$(对于任意的元素 $x$)

$\qquad x \in A \cup (B \cap C)$

$\Leftrightarrow x \in A \vee x \in B \cap C$　　　　　　　　(并运算的谓词描述)

$\Leftrightarrow x \in A \vee (x \in B \wedge x \in C)$　　　　　(交运算的谓词描述)

$\Leftrightarrow (x \in A \vee x \in B) \wedge (x \in A \vee x \in C)$　(分配律)

$\Leftrightarrow x \in A \cup B \wedge x \in A \cup C$　　　　　(并运算的谓词描述)

$\Leftrightarrow x \in (A \cup B) \cap (A \cup C)$　　　　　　(交运算的谓词描述)

【例 3.2.3】 采用逻辑演算,证明补交转换律 $A - B = A \cap \sim B$。

**证明**　$\forall x$(对于任意的元素 $x$)

$\qquad x \in A - B$

$\Leftrightarrow x \in A \wedge x \notin B$　　　　　　　　　(相对补运算的谓词描述)

$\Leftrightarrow x \in A \wedge (T \wedge x \notin B)$　　　　　(同一律)

$\Leftrightarrow x \in A \wedge (x \in E \wedge x \notin B)$　　　(全集的定义)

$\Leftrightarrow x \in A \land x \in \sim B$ （绝对补运算的谓词描述）

$\Leftrightarrow x \in A \cap \sim B$ （并运算的谓词描述）

通过上述两例，可见证明集合恒等式成立，本质上是证明两个集合相等。已知集合 $A$ 与 $B$ 相等，等价于对于任意元素 $x$，$x$ 属于 $A$ 当且仅当 $x$ 属于 $B$。因此，在上述例题中，基于集合运算的谓词描述，将集合运算转换为谓词逻辑中命题间的逻辑演算，并采用等值演算这一形式化的方法完成，从而证明了两个集合相等。

注意到，在例 3.2.3 的证明中，体现了 $x \notin B \Leftrightarrow T \land x \notin B$，其中 T 表示真。显然，对于全集 $E$，$x \in E$ 为真，这也是全集的定义。

除逻辑演算外，也可以基于集合恒等式，采用**集合演算**的形式，证明集合相等。

【例 3.2.4】 采用集合演算，证明吸收律 $A \cap (A \cup B) = A$ 成立。

证明 
$$A \cap (A \cup B)$$
$$= (A \cup \varnothing) \cap (A \cup B) \quad （同一律）$$
$$= A \cup (\varnothing \cap B) \quad （分配律）$$
$$= A \cup \varnothing \quad （零律）$$
$$= A \quad （同一律）$$

下例将进一步比较集合相等证明过程中集合演算与逻辑演算的应用。

【例 3.2.5】 证明德·摩根律 $A - (B \cup C) = (A - B) \cap (A - C)$ 成立。

证明 集合演算：
$$A - (B \cup C)$$
$$= A \cap \sim (B \cup C) \quad （补交转换律）$$
$$= A \cap (\sim B \cap \sim C) \quad （德·摩根律）$$
$$= A \cap A \cap \sim B \cap \sim C \quad （幂等律）$$
$$= A \cap \sim B \cap A \cap \sim C \quad （交换律）$$
$$= (A \cap \sim B) \cap (A \cap \sim C) \quad （结合律）$$
$$= (A - B) \cap (A - C) \quad （补交转换律）$$

> **Tips**：注意到，为证明上述形式的德·摩根律成立，采用的集合恒等式包括了德·摩根律的其他形式：$\sim (B \cup C) = \sim B \cap \sim C$。

逻辑演算：
$$\forall x（对于任意的元素 x）$$
$$x \in A - (B \cup C)$$
$$\Leftrightarrow x \in A \land x \notin B \cup C \quad （相对补运算的谓词描述）$$
$$\Leftrightarrow x \in A \land \neg (x \in B \cup C) \quad （不属于的谓词描述）$$
$$\Leftrightarrow x \in A \land \neg (x \in B \lor x \in C) \quad （并运算的谓词描述）$$
$$\Leftrightarrow x \in A \land \neg x \in B \land \neg x \in C \quad （德·摩根律）$$

$$\Leftrightarrow x\in A\wedge x\in A\wedge\neg x\in B\wedge\neg x\in C \qquad\text{(幂等律)}$$
$$\Leftrightarrow (x\in A\wedge\neg x\in B)\wedge(x\in A\wedge\neg x\in C) \qquad\text{(交换律、结合律)}$$
$$\Leftrightarrow (x\in A\wedge x\notin B)\wedge(x\in A\wedge x\notin C) \qquad\text{(不属于的谓词描述)}$$
$$\Leftrightarrow x\in A-B\wedge x\in A-C \qquad\text{(相对补运算的谓词描述)}$$
$$\Leftrightarrow x\in(A-B)\bigcap(A-C) \qquad\text{(交运算的谓词描述)}$$

> **Tips**：注意到，在证明集合相等中，逻辑演算主要基于集合与集合运算的谓词描述以及逻辑运算，"⟺"两端是等价的命题；而集合演算则基于集合恒等式，"="两端是相等的集合。

除集合恒等式外，还有一些涉及集合基本运算与集合间相等关系、包含关系的重要性质，归纳如下。

**集合运算常见性质：**

(1) $A\bigcap B\subseteq A$，　$A\bigcap B\subseteq B$，　$A\subseteq A\bigcup B$，　$B\subseteq A\bigcup B$；

(2) $A-B\subseteq A$；

(3) $A-B=A-A\bigcap B$；

(4) $A\subseteq B\Leftrightarrow A\bigcup B=B\Leftrightarrow A\bigcap B=A\Leftrightarrow A-B=\varnothing$；

(5) $A\oplus B=(A-B)\bigcup(B-A)=(A\bigcup B)-(A\bigcap B)$；

(6) $A\oplus B=B\oplus A$，　$(A\oplus B)\oplus C=A\oplus(B\oplus C)$，　$A\oplus\varnothing=A$，　$A\oplus A=\varnothing$；

(7) $A\oplus B=A\oplus C\Rightarrow B=C$；

(8) $A\subseteq B\Leftrightarrow P(A)\subseteq P(B)$，　$A=B\Leftrightarrow P(A)=P(B)$；

(9) $P(A)\bigcap P(B)=P(A\bigcap B)$，　$P(A)\bigcup P(B)\subseteq P(A\bigcup B)$。

> **Tips**：在上述性质中，综合使用了等价"⟺"、蕴含"⟹"、集合运算符，以及集合间相等关系"="、包含关系"⊆"的符号，请注意区分。从逻辑演算的视角可知，符号"⟺"、"⟹"两端必然是命题，而符号"="、"⊆"两端必然是集合。

对于上述性质，特别是各类集合间的包含关系，利用集合恒等式往往难以给出证明，所以只能采用逻辑演算予以证明。在此我们选取一例，展示相应的逻辑演算。

**【例 3.2.6】** 证明 $P(A)\bigcup P(B)\subseteq P(A\bigcup B)$

**证明**　$\forall x$（对于任意的元素 $x$）

$$x\in P(A)\bigcup P(B)$$
$$\Rightarrow x\in P(A)\vee x\in P(B) \qquad\text{(并运算的谓词描述)}$$
$$\Rightarrow x\subseteq A\vee x\subseteq B \qquad\text{(幂集的定义)}$$
$$\Rightarrow x\subseteq A\bigcup B\vee x\subseteq A\bigcup B \qquad\text{(并运算的性质)}$$
$$\Rightarrow x\subseteq A\bigcup B \qquad\text{(幂等律)}$$
$$\Rightarrow x\in P(A\bigcup B) \qquad\text{(幂集的定义)}$$

对比前述各例题,不难看出,各例题本质上都是在证明两个集合 $A,B$ 间的相等关系或包含关系,即证明:$A=B$ 或 $A\subseteq B$。此外,证明集合 $A=B$,也可以基于集合相等的谓词描述,通过证明 $A\subseteq B$ 且 $B\subseteq A$ 予以完成。

> **Tips:**直观上,证明集合相等的逻辑演算,使用了等价符号"$\Leftrightarrow$";证明集合间包含关系的逻辑演算,使用了蕴含符号"$\Rightarrow$"。本质上,这是由相等关系和包含关系的谓词描述决定的,即:
> $$A=B\Leftrightarrow \forall x(x\in A\leftrightarrow x\in B)$$
> $$A\subseteq B\Leftrightarrow \forall x(x\in A\rightarrow x\in B)$$

对于集合 $A,B$ 间的相等关系,即命题 $A=B$ 真值为 $T$,当且仅当 $\forall x(x\in A\leftrightarrow x\in B)$ 为永真式。根据量词的取值,可知 $x\in A\leftrightarrow x\in B$ 为永真式,即对于任意的元素 $x$,有 $x\in A\Leftrightarrow x\in B$。所以在证明集合间相等关系时,采用了符号"$\Leftrightarrow$"连接各命题。

对于集合 $A,B$ 间的包含关系,即命题 $A\subseteq B$ 真值为 $T$,当且仅当 $\forall x(x\in A\rightarrow x\in B)$ 为永真式。根据量词的取值,可知 $x\in A\rightarrow x\in B$ 为永真式,即对于任意的元素 $x$,有 $x\in A\Rightarrow x\in B$。所以在证明集合间包换关系时,采用了符号"$\Rightarrow$"连接各命题。

请注意体会并区分逻辑演算上的差异。

同时,在集合演算中,直观上,符号"$=$"两端都是集合,也是集合间交、并、补、对称差运算的结果。本质上,集合演算过程就是在不断展示集合间的相等关系。

逻辑演算与集合演算构成了证明集合间关系、集合运算及其性质的基础。特别是逻辑演算,在本章后续内容中得到了广泛的应用,请认真体会并掌握。

### 3.2.3 包含排斥原理

在第 3.1 节中,已介绍了有限集、无限集、集合的基数、$n$ 元集等概念。对于有限集 $A$,集合中元素的个数可记为 $|A|$。求有限集中元素的个数被称为有限集的计数问题,例如,在第 3.1.2 节中已验证了,对于有限集 $A$,若 $|A|=n$,则 $|P(A)|=2^n$,也可记为 $|P(A)|=2^{|A|}$。

对于有限集的计数问题,常采用**包含排斥原理**求解。包含排斥原理也是组合数学中的基础计数定理。

**【定理 3.2.1】**(两个集合的包含排斥原理) 已知 $A,B$ 是有限集,则:
$$|A\cup B|=|A|+|B|-|A\cap B|$$

**证明** 采用分类讨论。情况(1):$A\cap B=\varnothing$;情况(2):$A\cap B\neq\varnothing$。

情况(1):$A\cap B=\varnothing$,则 $|A\cap B|=0$。显然
$$|A\cup B|=|A|+|B|=|A|+|B|-|A\cap B|$$
成立。

情况(2):$A\cap B\neq\varnothing$,此时

$$A \cup B = (A - B) \cup (B - A) \cup (A \cap B)$$

即 $A \cup B$ 的元素由三部分组成：只属于 $A$ 的元素、只属于 $B$ 的元素，以及 $A \cap B$ 中的元素。故

$$|A \cup B| = |A - B| + |B - A| + |A \cap B|$$

同理，对于集合 $A, B$，有 $|A| = |A - B| + |A \cap B|$ 与 $|B| = |B - A| + |A \cap B|$ 成立。

可见，

$$|A| + |B| = |A - B| + |B - A| + 2|A \cap B|$$

故

$$|A \cup B| = |A| + |B| - |A \cap B|$$

**【定理 3.2.2】**（三个集合的包含排斥原理）　已知 $A, B, C$ 是有限集，则：

$$|A \cup B \cup C| = |A| + |B| + |C| - |A \cap B| - |A \cap C| - |B \cap C| + |A \cap B \cap C|$$

**证明**　反复利用定理 3.2.1，并结合集合恒等式，有：

$$
\begin{aligned}
&|A \cup B \cup C| \\
&= |A \cup (B \cup C)| &\text{（结合律）}\\
&= |A| + |B \cup C| - |A \cap (B \cup C)| &\text{（两个集合的包含排斥原理）}\\
&= |A| + |B \cup C| - |(A \cap B) \cup (A \cap C)| &\text{（分配律）}\\
&= |A| + (|B| + |C| - |B \cap C|) - (|A \cap B| + |A \cap C| - |A \cap B \cap A \cap C|) \\
&\qquad\qquad\qquad\qquad\qquad\qquad\text{（两个集合的包含排斥原理）}\\
&= |A| + |B| + |C| - |A \cap B| - |A \cap C| - |B \cap C| + |A \cap B \cap C| \\
&\qquad\qquad\qquad\qquad\qquad\qquad\qquad\qquad\text{（幂等律）}
\end{aligned}
$$

显然，定理 3.2.1 和定理 3.2.2 的证明思路和结论可进一步扩展到 $n$ 个集合的情况。

**【定理 3.2.3】**（$n$ 个集合的包含排斥原理）　已知 $A_1, A_2, \cdots, A_n$ 是有限集，则：

$$
|A_1 \cup A_2 \cup \cdots \cup A_n| = \sum_{i=1}^{n} |A_i| - \sum_{1 \leqslant i < j \leqslant n} |A_i \cap A_j| + \sum_{1 \leqslant i < j < k \leqslant n} |A_i \cap A_j \cap A_k| \\
+ \cdots + (-1)^{n-1} |A_1 \cap A_2 \cap \cdots \cap A_n|
$$

定理 3.2.3 可在定理 3.2.1 和定理 3.2.2 的基础上通过数学归纳法证明，具体过程繁琐，此处省略。

**【例 3.2.7】**　求 1 到 1000 之间能被 3、5、7 中任何一个整除的整数个数。

**解**　令 $S$ 表示 1 到 1000 之间的整数集，$A, B, C$ 分别表示 1 到 1000 之间分别能被 3、5、7 整除的整数集合，即：

$$S = \{x \mid x \in \mathbf{Z} \wedge 1 \leqslant x \leqslant 1000\}$$
$$A = \{x \mid x \text{ 能被 3 整除} \wedge x \in S\}$$
$$B = \{x \mid x \text{ 能被 5 整除} \wedge x \in S\}$$
$$C = \{x \mid x \text{ 能被 7 整除} \wedge x \in S\}$$

经计算可知：

$$|A| = 333, \quad |B| = 200, \quad |C| = 142, \quad |A \cap B| = 66$$
$$|A \cap C| = 47, \quad |B \cap C| = 28, \quad |A \cap B \cap C| = 9$$

根据包含排斥原理可得：

$$|A \cup B \cup C| = |A| + |B| + |C| - |A \cap B| - |A \cap C| - |B \cap C| + |A \cap B \cap C|$$
$$= 333 + 200 + 142 - 66 - 47 - 28 + 9$$
$$= 543$$

即 1 到 1000 之间能被 3、5、7 中任何一个整除的整数个数为 543。

【例 3.2.8】 已知 $A, B, C$ 是非空集合，$|A| = m$，$|B| = n$，且 $A \cap B = \varnothing$，$C = (A \cap C) \cup (B \cap C)$，求 $|A \cup B \cup C|$。

**解** 由 $A \cap B = \varnothing$，可知 $|A \cap B| = 0$。

由

$$C = (A \cap C) \cup (B \cap C) = (A \cup B) \cap C$$

可知 $C \subseteq A \cup B$，则

$$A \cup B \cup C = A \cup B$$

故 $\quad |A \cup B \cup C| = |A \cup B| = |A| + |B| - |A \cap B| = m + n$

## 3.3 序偶与笛卡儿积

在集合的概念中，我们已了解到集合中的元素满足无序性，但仍有大量情况需要考虑成对出现或按次序出现的事物，例如，平面直角坐标系中点的横坐标、纵坐标，有向边对应的起点、终点等。对于上述情况，可以使用序偶的概念予以刻画。

【定义 3.3.1】 由任意两个元素 $x, y$ 按顺序排列后构成的**二元组**，称为一个**序偶**（也可称为有序偶或有序对），记为 $\langle x, y \rangle$，其中 $x$ 称为序偶的第一元素，$y$ 称为序偶的第二元素。

例如，以顶点 $v_1$ 为起点，顶点 $v_2$ 为终点的有向边，可用序偶 $\langle v_1, v_2 \rangle$ 表示；杭州是浙江省的省会可用序偶 $\langle 杭州, 浙江 \rangle$ 表示，同理，南京是江苏省的省会可用序偶 $\langle 南京, 江苏 \rangle$ 表示。可见，采用序偶的形式，可表示元素间的次序。

基于定义 3.3.1，可见序偶满足下述性质：

(1) 当 $x \neq y$ 时，$\langle x, y \rangle \neq \langle y, x \rangle$；

(2) 对于任意序偶 $\langle x, y \rangle$，$\langle u, v \rangle$，$\langle x, y \rangle = \langle u, v \rangle$ 当且仅当 $x = u, y = v$。

上述性质显然有别于集合中元素的无序性。例如当 $x \neq y$ 时，$\{x, y\} = \{y, x\}$，而 $\langle x, y \rangle \neq \langle y, x \rangle$。

【例 3.3.1】 已知 $\langle x+4, 5 \rangle = \langle 3, 2x+y \rangle$，求 $x$ 与 $y$。

**解** 由序偶相等的性质可知，$x + 4 = 3$ 且 $5 = 2x + y$，故

$$x = -1, \quad y = 7$$

二元组的概念也可以扩展到三元组、四元组，乃至 $n$ 元组。

三元组也是一个序偶，可形式化表示为 $\langle \langle x, y \rangle, z \rangle$。出于记号简化，三元组可简记为 $\langle x, y, z \rangle$。应注意到，三元组的第一元素是一个序偶，故 $\langle x, \langle y, z \rangle \rangle$ 不是三元组，且

$\langle\langle x,y\rangle,z\rangle\neq\langle x,\langle y,z\rangle\rangle$。同时，由序偶相等的性质可知，$\langle\langle x,y\rangle,z\rangle=\langle\langle u,v\rangle,w\rangle$ 当且仅当 $\langle x,y\rangle=\langle u,v\rangle,z=w$，即 $x=u,y=v,z=w$。

在三元组的基础上，四元组被定义为一个序偶，其第一元素是一个三元组。同理，$n$ 元组被定义为一个序偶，其第一元素是 $n-1$ 元组，可形式化表示为 $\langle\langle x_1,x_2,\cdots,x_{n-1}\rangle,x_n\rangle$。一般地，$n$ 元组可简记为 $\langle x_1,x_2,\cdots,x_n\rangle$。

本质上，二元组以及根据序偶概念衍生出的三元组，甚至 $n$ 元组，其性质是相似的，通过对序偶 $\langle x,y\rangle$ 的研究，可推得 $n$ 元组的性质。

对于序偶 $\langle x,y\rangle$，元素 $x,y$ 可属于不同的集合。因此对于任意两个集合 $A,B$，可以定义一类由序偶构成的新的集合。

**【定义 3.3.2】** 设 $A,B$ 是任意集合（允许 $A=B$），并以 $A$ 中元素为第一元素，$B$ 中元素为第二元素构成序偶。所有上述序偶构成的集合称为 $A$ 与 $B$ **的笛卡儿积**，记为 $A\times B$。利用谓词描述法，表示为：

$$A\times B=\{\langle x,y\rangle \mid x\in A \wedge y\in B\}$$

显然，如果 $|A|=m$ 且 $|B|=n$，那么 $|A\times B|=m\times n$。

笛卡儿积也被视为一种集合的运算。两个集合笛卡儿积运算的结果仍是集合，集合中的元素是序偶。

**【例 3.3.2】** 已知集合 $A=\{1,2\}$，求 $P(A)\times A$。

**解** $P(A)=\{\varnothing,\{1\},\{2\},A\}$；

$P(A)\times A=\{\langle\varnothing,1\rangle,\langle\varnothing,2\rangle,\langle\{1\},1\rangle,\langle\{1\},2\rangle,\langle\{2\},1\rangle,\langle\{2\},2\rangle,\langle A,1\rangle,\langle A,2\rangle\}$。

笛卡儿积是集合的二元运算，具有下述性质。

**笛卡儿积运算性质：**

(1) $A\times\varnothing=\varnothing$，

$\quad\varnothing\times A=\varnothing$；

(2) $A\times B\neq B\times A$；                    （当 $A\neq\varnothing,B\neq\varnothing$ 且 $A\neq B$ 时）

(3) $(A\times B)\times C\neq A\times(B\times C)$；    （当 $A\neq\varnothing,B\neq\varnothing$ 且 $C\neq\varnothing$ 时）

(4) $A\times(B\cup C)=(A\times B)\cup(A\times C)$，

$\quad (B\cup C)\times A=(B\times A)\cup(C\times A)$，

$\quad A\times(B\cap C)=(A\times B)\cap(A\times C)$，

$\quad (B\cap C)\times A=(B\times A)\cap(C\times A)$；

(5) $A\subseteq C\wedge B\subseteq D\Rightarrow A\times B\subseteq C\times D$。

根据序偶和笛卡儿积的定义，可见笛卡儿积运算性质(1)～(3)是显然的。性质(4)说明笛卡儿积运算对于集合的交、并运算满足分配律，可采用逻辑演算予以证明。

**【例 3.3.3】** 证明 $A\times(B\cup C)=(A\times B)\cup(A\times C)$。

**证明** $\forall\langle x,y\rangle$

$\qquad\langle x,y\rangle\in A\times(B\cup C)$

$\qquad\Leftrightarrow x\in A\wedge y\in B\cup C$                    （笛卡儿积的定义）

$$\Leftrightarrow x \in A \land (y \in B \lor y \in C) \qquad \text{(并运算的谓词描述)}$$
$$\Leftrightarrow (x \in A \land y \in B) \lor (x \in A \land y \in C) \qquad \text{(分配律)}$$
$$\Leftrightarrow \langle x,y \rangle \in A \times B \lor \langle x,y \rangle \in A \times C \qquad \text{(笛卡儿积的定义)}$$
$$\Leftrightarrow \langle x,y \rangle \in (A \times B) \bigcup (A \times C) \qquad \text{(并运算的谓词描述)}$$

上述证明过程中,基于笛卡儿积和并运算的谓词描述,将集合运算转换为谓词逻辑中命题间的逻辑演算,并采用等值演算这一形式化的方法完成。本质上,仍是证明了两个集合相等,故其形式与第 3.2.2 节中大量使用的逻辑演算一致。

对于笛卡儿积运算性质(5),注意 $A \times B \subseteq C \times D \Rightarrow A \subseteq C \land B \subseteq D$ 不成立,例如下述反例:令 $A = \varnothing$,$B = \{1\}$,$C = \{2\}$,$D = \{3\}$,则 $A \times B = \varnothing$,$\varnothing \subseteq C \times D$,但 $B \nsubseteq D$。

但若 $A,B,C,D$ 都为非空集合,则 $A \subseteq C \land B \subseteq D \Leftrightarrow A \times B \subseteq C \times D$ 成立。相关证明仍可采用逻辑演算完成,留给读者思考。

基于 $n$ 元组的概念,笛卡儿积的概念也可以进行拓展。若有 $n$ 个集合 $A_1,A_2,\cdots,A_n$,$n \geqslant 2$,以 $A_1$ 中元素为第一元素,$A_2$ 中元素为第二元素,$\cdots$,$A_n$ 中元素为第 $n$ 元素构成 $n$ 元组,所有这样的序偶组成的集合称为 $A_1,A_2,\cdots,A_n$ 的 **$n$ 重笛卡儿积**。相应地,$A \times B$ 可称为 $A,B$ 的二重笛卡儿积。

利用谓词描述法,$n$ 重笛卡儿积可表示如下:
$$A_1 \times A_2 \times \cdots \times A_n = (((A_1 \times A_2) \times A_3) \times \cdots) \times A_n$$
$$= \{\langle x_1, x_2, \cdots, x_n \rangle \mid x_1 \in A_1 \land x_2 \in A_2 \land \cdots \land x_n \in A_n\}$$

此外,借助幂运算符号,对于集合 $A$,$A \times A$ 可记作 $A^2$,$A \times A \times A$ 可记作 $A^3$,相应地,$A$ 的 $n$ 重笛卡儿积 $A \times A \times \cdots \times A$ 可记为 $A^n$。

# 3.4 关　系

关系是现实世界中广泛存在的概念,可表示事物间相互作用、相互影响的状态,例如,我们常说的朋友关系、父子关系,实数间存在的大于等于关系、小于等于关系等。在本书前述内容中,也常使用"关系"这一术语,例如,数理逻辑中存在的等价、蕴含关系,元素与集合间的属于关系,集合间的相等关系、包含关系等。在集合论中,关系是在集合上定义的一个重要概念。

## 3.4.1　关系的基本概念

一般而言,如果一个集合满足:该集合非空且其元素都是序偶,或该集合为空集,则称该集合为一个**二元关系**,简称**关系**,记为 $R$。对于给定的二元关系 $R$ 以及序偶 $\langle x,y \rangle$,必有 $\langle x,y \rangle \in R$ 或 $\langle x,y \rangle \notin R$ 成立,判断的结果是确定且唯一的。

上述表述可理解为二元关系的一般性定义。本书中,将借助笛卡儿积的概念,考虑给定集合上的关系,如下所述。

【**定义 3.4.1**】　对于任意非空集合 $A$ 和 $B$,笛卡儿积 $A \times B$ 的任意一个子集,称为

一个从 $A$ 到 $B$ 的**二元关系**。将上述关系记为 $R$，即 $R \subseteq A \times B$。特别地，若 $A = B$，则笛卡儿积 $A \times A$ 的任意一个子集，称为一个 $A$ **上的二元关系**。将上述关系记为 $R$，即 $R \subseteq A \times A$。

根据定义，可见从 $A$ 到 $B$ 的二元关系 $R$ 是笛卡儿积 $A \times B$ 的子集，且集合中的元素都是序偶，满足二元关系的一般性定义。特别地，对于任意序偶 $\langle x, y \rangle \in R$，序偶的第一元素 $x$ 属于集合 $A$，第二元素 $y$ 属于集合 $B$，所以从语义上来看，二元关系 $R$ 建立起了集合 $A$ 和 $B$ 元素间的联系。

例如，设集合 $A = \{$杭州, 宁波, 南京, 合肥$\}$，集合 $B = \{$浙江, 江苏, 安徽, 江西$\}$，则 $R = \{\langle$杭州, 浙江$\rangle, \langle$南京, 江苏$\rangle, \langle$合肥, 安徽$\rangle\}$ 是从 $A$ 到 $B$ 的一个二元关系，显然，该二元关系反应了省会城市和省份间的联系。

又如，设集合 $A = \{0, 1\}$，集合 $B = \{a, b\}$，$A \times B = \{\langle 0, a \rangle, \langle 0, b \rangle, \langle 1, a \rangle, \langle 1, b \rangle\}$，根据定义，可见 $R_1 = \{\langle 1, a \rangle\}$，$R_2 = A \times B$，$R_3 = \varnothing$，$R_4 = \{\langle 0, a \rangle, \langle 0, b \rangle\}$ 都是从 $A$ 到 $B$ 的二元关系，而 $R_5 = \{\langle 2, a \rangle\}$ 不是从 $A$ 到 $B$ 的二元关系。

> **Tips**：注意，在定义 3.4.1 中，出于一般性考虑，已约定 $A, B$ 为非空集合，故 $A \times B$ 非空。但应注意，空集 $\varnothing$ 是非空集合 $A \times B$ 的子集。

此外，已知从 $A$ 到 $B$ 的二元关系 $R$ 是 $A \times B$ 的子集，所以从 $A$ 到 $B$ 所有不同二元关系 $R$ 的个数即为 $A \times B$ 所有不同子集的个数，即 $A \times B$ 的幂集 $P(A \times B)$ 中元素的个数。若 $|A| = m$ 且 $|B| = n$，可知 $|A \times B| = m \times n$，$|P(A \times B)| = 2^{m \times n}$。

【**定义 3.4.2**】 对于从 $A$ 到 $B$ 的二元关系 $R$，$R$ 中所有序偶的第一元素构成的集合称为 $R$ 的**前域**，记为 $\mathrm{dom}R$；$R$ 中所有序偶第二元素构成的集合称为 $R$ 的**值域**，记为 $\mathrm{ran}R$；$R$ 的前域和值域的并集称为 $R$ 的**域**，记为 $\mathrm{fld}R$，即 $\mathrm{fld}R = \mathrm{dom}R \cup \mathrm{ran}R$。利用谓词描述法，可将前域和值域表示为：

$$\mathrm{dom}R = \{x \mid \exists y (y \in B \wedge \langle x, y \rangle \in R)\}$$

$$\mathrm{ran}R = \{y \mid \exists x (x \in A \wedge \langle x, y \rangle \in R)\}$$

从上述定义可以看出，从 $A$ 到 $B$ 的二元关系 $R$ 的前域是 $A$ 的子集，而值域是 $B$ 的子集。

二元关系的概念可进一步括展到 $n$ **元关系**。回顾第 3.3 节中介绍的序偶概念，二元组的概念被扩展至三元组、四元组，乃至 $n$ 元组，则由二元组构成的集合就是二元关系，三元组构成的集合就是三元关系，$n$ 元组构成的集合就是 $n$ 元关系。换言之，集合 $A_1$，$A_2, \cdots, A_n$ 上的 $n$ 元关系 $R$ 是 $n$ 重笛卡儿积 $A_1 \times A_2 \times \cdots \times A_n$ 的子集，$n$ 元关系 $R$ 中的元素是 $n$ 元组。

后文将重点讨论二元关系，如没有特别说明，提及的关系就是指二元关系。

关系是由序偶构成的集合，其本质仍是一个集合。正如空集、全集是特殊的集合，在关系中，也存在一些特殊的关系：空关系、全域关系、恒等关系。

考虑从 $A$ 到 $B$ 的二元关系。对于空集 $\varnothing$，显然 $\varnothing\subseteq A\times B$，故将 $\varnothing$ 称为**空关系**。对于 $A$ 和 $B$ 的笛卡儿积 $A\times B$，显然 $A\times B\subseteq A\times B$，故将 $A\times B$ 称为**全域关系**，记为 $E_{A\times B}$。

可以看出，所有从 $A$ 到 $B$ 的二元关系中，空关系包含最少的元素，可视为"最小的"二元关系，而全域关系包含最多的元素，可视为"最大的"二元关系。

对于集合 $A$ 上的二元关系，相应地，也可定义空关系 $\varnothing$ 和全域关系 $E_{A\times A}$。

此外，针对集合 $A$ 上的二元关系，还存在另一个特殊的关系:恒等关系。遍取 $A$ 中的元素 $x$，由所有序偶 $\langle x,x\rangle$ 构成的集合，称为集合 $A$ 上的**恒等关系**，记为 $I_A$。

利用谓词描述法，将集合 $A$ 上的全域关系和恒等关系表示如下:

$$E_{A\times A}=\{\langle x,y\rangle\,|\,x\in A\wedge y\in A\}$$
$$I_A=\{\langle x,x\rangle\,|\,x\in A\}$$

除了以上三种特殊的关系外，还有一些常见的、具有明确数学含义的关系，在后续章节中也将使用，分别说明如下。

对于实数集 $\mathbf{R}$ 的任意子集 $A$，存在 $A$ 上的**小于等于关系**和 $A$ 上的**大于等于关系**，通常记为 $R_{\leqslant}$ 和 $R_{\geqslant}$。$\langle a,b\rangle\in R_{\leqslant}$，当且仅当 $a\leqslant b$;$\langle a,b\rangle\in R_{\geqslant}$，当且仅当 $a\geqslant b$。例如 $A=\{1,2\}$，则 $A$ 上的小于等于关系 $R_{\leqslant}=\{\langle 1,1\rangle,\langle 1,2\rangle,\langle 2,2\rangle\}$，$A$ 上的大于等于关系 $R_{\geqslant}=\{\langle 1,1\rangle,\langle 2,1\rangle,\langle 2,2\rangle\}$。

对于正整数集 $\mathbf{Z}^+$ 的任意子集 $A$，存在 $A$ 上的**整除关系** $R$，$\langle a,b\rangle\in R$，当且仅当 $b$ 能被 $a$ 整除($a$ 整除 $b$)，即 $a$ 是 $b$ 的正因子。例如 $A=\{2,3,6\}$，则 $A$ 上的整除关系 $R=\{\langle 2,2\rangle,\langle 2,6\rangle,\langle 3,3\rangle,\langle 3,6\rangle,\langle 6,6\rangle\}$。

对于任意正整数 $a,b$，以及给定的正整数 $n$，若 $a$ 除以 $n$ 的余数与 $b$ 除以 $n$ 的余数相等，称 $a$ **与** $b$ **模** $n$ **同余**，或 $a$ 与 $b$ 模 $n$ 相等，记为 $a\equiv b(\bmod n)$，例如 $5\equiv 8(\bmod 3)$，$1\equiv 6(\bmod 5)$，即 5 与 8 模 3 同余，1 和 6 模 5 同余。据此，对于正整数集 $\mathbf{Z}^+$ 的任意子集 $A$，存在 $A$ 上的**模** $n$ **同余关系** $R$，或称为模 $n$ 相等关系，$\langle a,b\rangle\in R$，当且仅当 $a\equiv b(\bmod n)$。例如 $A=\{1,2,3,4\}$，$A$ 上的模 2 同余关系 $R=\{\langle 1,1\rangle,\langle 1,3\rangle,\langle 3,1\rangle,\langle 3,3\rangle,\langle 2,2\rangle,\langle 2,4\rangle,\langle 4,2\rangle,\langle 4,4\rangle\}$。

对于由某些集合构成的集合 $A$(可称为集合族 $A$)，存在 $A$ 上的包含关系，通常记为 $R_{\subseteq}$。$\langle a,b\rangle\in R_{\subseteq}$，当且仅当 $a\subseteq b$。例如 $A=\{\varnothing,\{1\}\}$，则 $A$ 上的包含关系 $R_{\subseteq}=\{\langle\varnothing,\varnothing\rangle,\langle\varnothing,\{1\}\rangle,\langle\{1\},\{1\}\rangle\}$。

### 3.4.2　关系的表示

关系本质上是一个集合，集合中的元素是序偶。因此，对于关系，可以采用常用的集合表示法予以表示，即采用列举法和谓词描述法。此外，对于有限集 $A$ 和 $B$，从 $A$ 到 $B$ 的二元关系和 $A$ 上的二元关系也可以采用关系矩阵和关系图的方式予以表示。

对于有限集 $A$ 和 $B$，设 $A=\{x_1,x_2,\cdots,x_m\}$，$B=\{y_1,y_2,\cdots,y_n\}$，即 $|A|=m$，$|B|=n$。若存在一个从 $A$ 到 $B$ 的二元关系 $R$，则 $R$ 的**关系矩阵**是 $m\times n$($m$ 行 $n$ 列)的 $0-1$ 矩阵，记为 $\boldsymbol{M}_R$，并将矩阵 $\boldsymbol{M}_R$ 第 $i$ 行、第 $j$ 列元素记为 $r_{ij}$。若 $\langle x_i,y_j\rangle\in R$，则 $r_{ij}=1$;若 $\langle x_i$,

$y_j\rangle\notin R$，则 $r_{ij}=0$。

相应地，对于 $A$ 上的二元关系 $R$，其关系矩阵 $R$ 是 $m\times m$（$m$ 行 $m$ 列）的 $0-1$ 矩阵，将矩阵中第 $i$ 行、第 $j$ 列元素记为 $r_{ij}$。若 $\langle x_i,x_j\rangle\in R$，则 $r_{ij}=1$；若 $\langle x_i,x_j\rangle\notin R$，则 $r_{ij}=0$。

从 $A$ 到 $B$ 的二元关系 $R$ 的**关系图**采用有向图 $D$ 表示（参见图论部分）。图 $D$ 的顶点集和边集分别记为 $V$ 和 $E$。顶点集 $V=A\cup B$，即将集合 $A,B$ 中的元素分别用一列顶点表示，并将顶点分别标注为 $x_1,x_2,\cdots,x_m,y_1,y_2,\cdots,y_n$。进而考察二元关系 $R$，若 $\langle x_i,y_j\rangle\in R$，则绘制以 $x_i$ 为起点、$y_j$ 为终点的有向边 $e_{ij}$，即 $e_{ij}\in E$。

有别于从 $A$ 到 $B$ 的二元关系，$A$ 上的二元关系 $R$ 的关系图仍采用有向图 $D$ 表示。但此时，有向图的顶点集 $V=A$，即将集合 $A$ 中的元素用顶点表示，并将顶点标注为 $x_1$，$x_2,\cdots,x_m$。进而考察二元关系 $R$，若 $\langle x_i,x_j\rangle\in R$，则绘制以 $x_i$ 为起点、$x_j$ 为终点的有向边 $e_{ij}$，即 $e_{ij}\in E$。特别地，若 $\langle x_i,x_i\rangle\in R$，则对应的有向边 $e_{ii}$ 是以 $x_i$ 为端点的环（自环）。

**【例 3.4.1】** 已知 $A=\{1,2,3\}$，$B=\{a,b,c,d\}$，设从 $A$ 到 $B$ 的二元关系 $R=\{\langle 1,a\rangle,\langle 1,b\rangle,\langle 2,d\rangle,\langle 3,c\rangle\}$，$A$ 上的小于等于关系 $S=\{\langle 1,1\rangle,\langle 1,2\rangle,\langle 1,3\rangle,\langle 2,2\rangle,\langle 2,3\rangle,\langle 3,3\rangle\}$，求关系矩阵 $\boldsymbol{M}_R$ 和 $\boldsymbol{M}_S$，并绘制关系图。

**解** 关系 $R$ 的关系矩阵 $\boldsymbol{M}_R$ 和关系 $S$ 的关系矩阵 $\boldsymbol{M}_S$ 如下所示：

$$\boldsymbol{M}_R=\begin{pmatrix}1&1&0&0\\0&0&0&1\\0&0&1&0\end{pmatrix},\quad \boldsymbol{M}_S=\begin{pmatrix}1&1&1\\0&1&1\\0&0&1\end{pmatrix}$$

对应的关系图如图 3.4.1 所示。

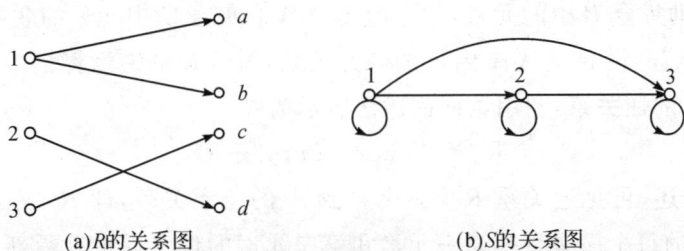

(a)$R$的关系图　　　　(b)$S$的关系图

**图 3.4.1　例 3.4.1 中关系 $R$ 的关系图与关系 $S$ 的关系图**

**Tips**：关系矩阵，为我们理解关系提供了一种"代数"意义下的直观性；而关系图，为我们理解关系提供了一种"几何"意义下的直观性。

### 3.4.3　关系的基本运算

无论是从 $A$ 到 $B$ 的二元关系，还是 $A$ 上的二元关系，其本质都是集合，因此，集合的交、并、补、对称差运算，都适用于关系。特别地，对于从 $A$ 到 $B$ 的二元关系，或 $A$ 上的二元关系，通常将全域关系 $E_{A\times B}$ 或 $E_{A\times A}$ 视为全集，进而完成关系的绝对补运算。

**【例 3.4.2】** 设 $A=\{1,2,3,4\}$，$A$ 上的二元关系 $R=\{\langle x,y\rangle\mid(x-y)/2$ 是整数 $\wedge$

$x, y \in A\}, S = \{\langle x, y \rangle \mid (x-y)/3$ 是正整数 $\land x, y \in A\}$，求 $R \cap S, R \cup S, R - S, S - R,$ $\sim R, R \oplus S$。

**解** 根据关系 $R$ 和 $S$ 的谓词描述，可知：

$$R = \{\langle 1,1 \rangle, \langle 1,3 \rangle, \langle 2,2 \rangle, \langle 2,4 \rangle, \langle 3,1 \rangle, \langle 3,3 \rangle, \langle 4,2 \rangle, \langle 4,4 \rangle\}$$

$$S = \{\langle 4,1 \rangle\}$$

故

$$R \cap S = \varnothing$$

$$R \cup S = \{\langle 1,1 \rangle, \langle 1,3 \rangle, \langle 2,2 \rangle, \langle 2,4 \rangle, \langle 3,1 \rangle, \langle 3,3 \rangle, \langle 4,2 \rangle, \langle 4,4 \rangle, \langle 4,1 \rangle\}$$

$$R - S = R = \{\langle 1,1 \rangle, \langle 1,3 \rangle, \langle 2,2 \rangle, \langle 2,4 \rangle, \langle 3,1 \rangle, \langle 3,3 \rangle, \langle 4,2 \rangle, \langle 4,4 \rangle\}$$

$$S - R = S = \{\langle 4,1 \rangle\}$$

$$\sim R = E_{A \times A} - R = \{\langle 1,2 \rangle, \langle 1,4 \rangle, \langle 2,1 \rangle, \langle 2,3 \rangle, \langle 3,2 \rangle, \langle 3,4 \rangle, \langle 4,1 \rangle, \langle 4,3 \rangle\}$$

$$R \oplus S = (R - S) \cup (S - R)$$

$$= \{\langle 1,1 \rangle, \langle 1,3 \rangle, \langle 2,2 \rangle, \langle 2,4 \rangle, \langle 3,1 \rangle, \langle 3,3 \rangle, \langle 4,2 \rangle, \langle 4,4 \rangle, \langle 4,1 \rangle\}$$

有别于交、并、补、对称差运算，因为关系是序偶的集合，序偶的特性也为关系提供了两种重要运算形式：复合运算与逆运算，并相应获得了复合关系与逆关系。

**【定义 3.4.3】** 设 $R$ 是从 $A$ 到 $B$ 的二元关系，$S$ 是从 $B$ 到 $C$ 的二元关系，关系 $R$ 和关系 $S$ 的**复合运算**记为 $R \circ S$，也称 $R \circ S$ 为关系 $R$ 和 $S$ 的**复合关系**，利用谓词描述法表示为：

$$R \circ S = \{\langle x, z \rangle \mid x \in A \land z \in C \land \exists y(y \in B \land \langle x, y \rangle \in R \land \langle y, z \rangle \in S)\}$$

根据谓词描述，可见复合关系 $R \circ S$ 是从 $A$ 到 $C$ 的二元关系，即 $R \circ S \subseteq A \times C$。直观上，复合关系借助集合 $B$ 中的元素，建立起集合 $A$ 和集合 $C$ 中元素的联系。

**【定义 3.4.4】** 设 $R$ 是从 $A$ 到 $B$ 的二元关系，关系 $R$ 的**逆运算**记为 $R^{-1}$（或 $R^c$），也称 $R^{-1}$ 为关系 $R$ 的**逆关系**，利用谓词描述法表示为：

$$R^{-1} = \{\langle y, x \rangle \mid \langle x, y \rangle \in R\}$$

根据谓词描述，可见逆关系 $R^{-1}$ 是从 $B$ 到 $A$ 的二元关系，即 $R^{-1} \subseteq B \times A$。直观地看，将关系 $R$ 中的每个序偶交换第一元素和第二元素的位置后可获得新的序偶，所有上述新的序偶构成了逆关系 $R^{-1}$。

**【例 3.4.3】** 设 $A = \{a, b, c\}, B = \{1, 2, 3, 4\}, C = \{x, y, z\}$，从 $A$ 到 $B$ 的二元关系 $R = \{\langle a,1 \rangle, \langle a,2 \rangle, \langle b,4 \rangle, \langle c,3 \rangle\}$，从 $B$ 到 $C$ 的二元关系 $S = \{\langle 1,y \rangle, \langle 3,x \rangle, \langle 4,z \rangle\}$，求 $R \circ S, R^{-1}$。

**解** 根据定义，可得：

$$R \circ S = \{\langle a,y \rangle, \langle b,z \rangle, \langle c,x \rangle\}$$

$$R^{-1} = \{\langle 1,a \rangle, \langle 2,a \rangle, \langle 3,c \rangle, \langle 4,b \rangle\}$$

针对例 3.4.3，通过绘制 $R、S、R \circ S、R^{-1}$ 的关系图，也体现了关系的复合运算以及逆运算的特点，如图 3.4.2 所示。

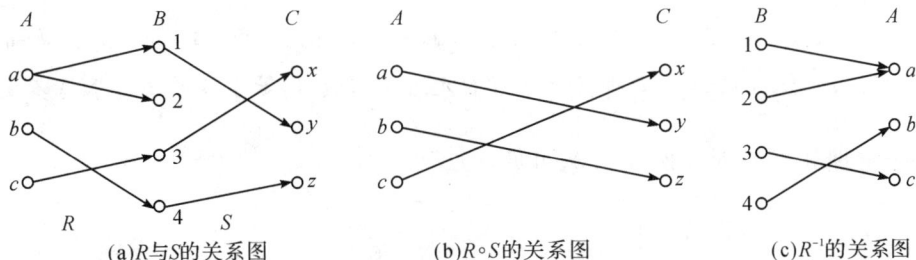

(a)R与S的关系图　　　　　(b)R∘S的关系图　　　　　(c)R⁻¹的关系图

**图 3.4.2　例 3.4.3 中 $R$ 与 $S$ 的关系图、$R \circ S$ 的关系图、$R^{-1}$ 的关系图**

关系图虽具有几何直观性,但借助关系矩阵,可更简洁、准确地实现关系的复合运算与逆运算,也更利于实现程序化。

为此,首先在集合 $\{0,1\}$ 上,定义逻辑加法运算与逻辑乘法运算。逻辑加法运算和逻辑乘法运算又称布尔加法运算与布尔乘法运算。将 $\{0,1\}$ 视为 $\{T,F\}$,则逻辑加法运算和逻辑乘法运算就分别对应了析取运算 $\vee$ 和合取运算 $\wedge$。

**逻辑加法运算**满足:$0+0=0,0+1=1,1+0=1,1+1=1$;

**逻辑乘法运算**满足:$0 \times 0=0,0 \times 1=0,1 \times 0=0,1 \times 1=1$。

在上述逻辑加法运算与逻辑乘法运算的基础上,可进一步定义矩阵逻辑加法运算与矩阵逻辑乘法运算。对于 0—1 矩阵 $\boldsymbol{M}_R,\boldsymbol{M}_S,\boldsymbol{M}_T$,设 $\boldsymbol{M}_R$ 与 $\boldsymbol{M}_T$ 是 $m \times n$ 维矩阵,$\boldsymbol{M}_S$ 是 $n \times p$ 维矩阵,且将相应矩阵的第 $i$ 行、第 $j$ 列元素分别记为 $r_{ij},s_{ij},t_{ij}$。

矩阵 $\boldsymbol{M}_R,\boldsymbol{M}_T$ 的**矩阵逻辑加法运算**记为 $\boldsymbol{M}_R + \boldsymbol{M}_T$,其运算结果仍为 $m \times n$ 维矩阵。若将运算结果记为 $\boldsymbol{N}_1$,则 $\boldsymbol{N}_1$ 中的元素 $n_{ij}$ 为 $\boldsymbol{M}_R,\boldsymbol{M}_T$ 相同位置元素采用逻辑加法运算的结果,即

$$n_{ij} = r_{ij} + t_{ij}$$

矩阵 $\boldsymbol{M}_R,\boldsymbol{M}_S$ 的**矩阵逻辑乘法运算**记为 $\boldsymbol{M}_R \times \boldsymbol{M}_S$,其运算结果为 $m \times p$ 维矩阵。若将运算结果记为 $\boldsymbol{N}_2$,则 $\boldsymbol{N}_2$ 中的元素 $d_{ij}$ 是由 $\boldsymbol{M}_R$ 中第 $i$ 行元素(共 $n$ 个)与 $\boldsymbol{M}_S$ 中第 $j$ 列元素(共 $n$ 个)逐对进行逻辑乘法运算,并将结果再进行逻辑加法运算所得,即

$$d_{ij} = r_{i1} \times s_{1j} + r_{i2} \times s_{2j} + \cdots + r_{in} \times s_{nj}, \quad 1 \leqslant i \leqslant m, 1 \leqslant j \leqslant p$$

**【定理 3.4.1】**　设集合 $A=\{a_1,a_2,\cdots,a_m\},B=\{b_1,b_2,\cdots,b_n\},C=\{c_1,c_2,\cdots,c_p\}$,$R$ 是从 $A$ 到 $B$ 的二元关系,关系矩阵记为 $\boldsymbol{M}_R$,$S$ 是从 $B$ 到 $C$ 的二元关系,关系矩阵记为 $\boldsymbol{M}_S$,复合关系 $R \circ S$ 的关系矩阵记为 $\boldsymbol{M}_{R \circ S}$,逆关系 $R^{-1}$ 的关系矩阵记为 $\boldsymbol{M}_{R^{-1}}$,则:

(1) $\boldsymbol{M}_{R \circ S} = \boldsymbol{M}_R \times \boldsymbol{M}_S$;

(2) $\boldsymbol{M}_{R^{-1}} = (\boldsymbol{M}_R)^{\mathrm{T}}$。

其中,$\boldsymbol{M}_R \times \boldsymbol{M}_S$ 采用矩阵逻辑乘法,$(\boldsymbol{M}_R)^{\mathrm{T}}$ 表示矩阵 $\boldsymbol{M}_R$ 的转置。

定理 3.4.1(2)中的结论是显然的,在此仅对(1)中结论作简要证明。若 $\boldsymbol{M}_{R \circ S}$ 中的元素 $d_{ij}=1$,根据矩阵逻辑乘法运算可知,至少存在某个 $k(1 \leqslant k \leqslant n)$,使得 $r_{ik} \times s_{kj}=1$。再依据逻辑乘法运算可知,$r_{ik} \times s_{kj}=1$ 当且仅当 $r_{ik}=1$ 且 $s_{kj}=1$。根据关系矩阵定义,可知 $\langle a_i,b_k \rangle \in R$ 且 $\langle b_k,c_j \rangle \in S$,由关系的复合运算可知,$\langle a_i,c_j \rangle \in R \circ S$,即 $d_{ij}=1$。

Tips：矩阵 $M_R,M_S$ 的矩阵逻辑乘法运算也可简化为：对 $M_R,M_S$ 进行普通的矩阵乘法运算，并将结果中所有大于 0 的元素重置为 1，等于 0 的元素保持不变。

基于定理 3.4.1，对于例 3.4.3，可见：

$$M_R=\begin{pmatrix}1&1&0&0\\0&0&0&1\\0&0&1&0\end{pmatrix},\qquad M_S=\begin{pmatrix}0&1&0\\0&0&0\\1&0&0\\0&0&1\end{pmatrix}$$

$$M_{R\circ S}=M_R\times M_S=\begin{pmatrix}1&1&0&0\\0&0&0&1\\0&0&1&0\end{pmatrix}\times\begin{pmatrix}0&1&0\\0&0&0\\1&0&0\\0&0&1\end{pmatrix}=\begin{pmatrix}0&1&0\\0&0&1\\1&0&0\end{pmatrix}$$

$$M_{R^{-1}}=\begin{pmatrix}1&1&0&0\\0&0&0&1\\0&0&1&0\end{pmatrix}^{\mathrm{T}}=\begin{pmatrix}1&0&0\\1&0&0\\0&0&1\\0&1&0\end{pmatrix}$$

上述关系矩阵与例 3.4.3 中获得的结果吻合。

关系的复合运算可推广到更具一般性的情况。

首先，两个关系的复合运算可以推广到**多个关系的复合运算**。设 $A,B,C,D$ 是非空集合，$R,S,W$ 分别是从 $A$ 到 $B$、从 $B$ 到 $C$、从 $C$ 到 $D$ 的二元关系，则 $R\circ S$ 是从 $A$ 到 $C$ 的二元关系，$(R\circ S)\circ W$ 是从 $A$ 到 $D$ 的二元关系。同理，可知 $R\circ(S\circ W)$ 也是从 $A$ 到 $D$ 的二元关系。后续将验证，关系的复合运算满足结合律。

其次，对于集合 $A$ 上的二元关系 $R$，可在复合运算的基础上，定义**其幂运算**。

【定义 3.4.5】 设 $R$ 是非空集合 $A$ 上的二元关系，则 $R$ 的 $n$ **次幂** $R^n$ 定义为：

(1) $R^0=I_A$，$I_A$ 是集合 $A$ 上的恒等关系；

(2) $R^1=R$；

(3) $R^{n+1}=R^n\circ R,n\in\mathbf{N}$。

根据上述定义，可知对于集合 $A$ 上的任意二元关系，其 0 次幂都等于集合 $A$ 上的恒等关系。注意到，集合 $A$ 上恒等关系的关系矩阵是单位矩阵，因此，集合 $A$ 上二元关系 $R$ 的幂运算，也可以在矩阵逻辑乘法运算的意义下，利用关系矩阵 $M_R$ 的幂运算求解，即：记 $R$ 的关系矩阵为 $M_R$，$R^n$ 的关系矩阵为 $M_R^n$，则 $M_R^n=(M_R)^n$。

关系的复合运算与逆运算极大地丰富了关系的运算形式。在此，我们将关系的复合运算、逆运算，以及幂运算的常见性质进行归纳。

【定理 3.4.2】 对于非空集合 $A,B,C,D$，二元关系 $R\subseteq A\times B,S\subseteq B\times C,W\subseteq C\times D$，则有：

(1) $\mathrm{dom}R^{-1}=\mathrm{ran}R$,

　　$\mathrm{ran}R^{-1}=\mathrm{dom}R$;

(2) $(R^{-1})^{-1}=R$;

(3) $(R\bigcup S)^{-1}=R^{-1}\bigcup S^{-1}$,

　　$(R\bigcap S)^{-1}=R^{-1}\bigcap S^{-1}$,

　　$(R-S)^{-1}=R^{-1}-S^{-1}$;

(4) $(R\circ S)^{-1}=S^{-1}\circ R^{-1}$;

(5) $(R\circ S)\circ W=R\circ(S\circ W)$。

【定理 3.4.3】　对于非空集合 $A$ 上的二元关系 $R$，$m,n\in\mathbf{N}$，则有：

(1) $R^m\circ R^n=R^{m+n}$;

(2) $(R^m)^n=R^{mn}$;

(3) $(R^m)^{-1}=(R^{-1})^m$;

(4) 若 $A$ 是有限集，$|A|=n$，则存在 $s,t\in\mathbf{N}$，使得 $R^s=R^t$。

> **Tips**：定理 3.4.3(4) 的证明利用了抽屉原理，以及 $A$ 上的任意关系都是 $A\times A$ 的子集，故 $A$ 上不同的关系有 $2^{n\times n}$ 种这一性质，读者可尝试予以证明。

【定理 3.4.4】　对于非空集合 $A$ 上的二元关系 $R_1,R_2$，则有：

(1) $R_1\subseteq R_2\Leftrightarrow(R_1)^{-1}\subseteq(R_2)^{-1}$;

(2) $R_1\subseteq R_2\Rightarrow(R_1)^n\subseteq(R_2)^n$，$n\in\mathbf{N}$。

对于上述定理中的绝大部分内容，仍可采用逻辑演算的形式完成证明，其本质上仍是证明集合间的相等关系和包含关系。后文对部分内容予以证明。

【例 3.4.4】　证明定理 3.4.2(4)，$(R\circ S)^{-1}=S^{-1}\circ R^{-1}$。

**证明**　$\forall\langle x,z\rangle$（对于 $(R\circ S)^{-1}$ 中的任意元素 $\langle x,z\rangle$）

$\qquad\langle x,z\rangle\in(R\circ S)^{-1}$

$\qquad\Leftrightarrow\langle z,x\rangle\in R\circ S$　　　　　　　　　　（逆关系的定义）

$\qquad\Leftrightarrow\exists y(\langle z,y\rangle\in R\wedge\langle y,x\rangle\in S)$　　　（复合运算的谓词描述）

$\qquad\Leftrightarrow\exists y(\langle y,z\rangle\in R^{-1}\wedge\langle x,y\rangle\in S^{-1})$　（逆关系的定义）

$\qquad\Leftrightarrow\langle x,z\rangle\in S^{-1}\circ R^{-1}$　　　　　　（复合运算的谓词描述）

【例 3.4.5】　证明定理 3.4.2(5)，$(R\circ S)\circ W=R\circ(S\circ W)$。

**证明**　$\forall\langle x,w\rangle$（对于 $(R\circ S)\circ W$ 中的任意元素 $\langle x,w\rangle$）

$\qquad\langle x,w\rangle\in(R\circ S)\circ W$

$\qquad\Leftrightarrow\exists z(\langle x,z\rangle\in R\circ S\wedge\langle z,w\rangle\in W)$　　（复合运算的谓词描述）

$\qquad\Leftrightarrow\exists z(\exists y(\langle x,y\rangle\in R\wedge\langle y,z\rangle\in S)\wedge\langle z,w\rangle\in W)$

$\qquad\qquad\qquad\qquad\qquad\qquad\qquad\qquad\qquad$（复合运算的谓词描述）

$\qquad\Leftrightarrow\exists z\exists y(\langle x,y\rangle\in R\wedge\langle y,z\rangle\in S\wedge\langle z,w\rangle\in W)$

（量词辖域收缩与扩张等值式）

$$\Leftrightarrow \exists y \exists z (\langle x,y \rangle \in R \land \langle y,z \rangle \in S \land \langle z,w \rangle \in W)$$

（量词嵌套相关等值式）

$$\Leftrightarrow \exists y (\langle x,y \rangle \in R \land \exists z (\langle y,z \rangle \in S \land \langle z,w \rangle \in W))$$

（量词辖域收缩与扩张等值式）

$$\Leftrightarrow \exists y (\langle x,y \rangle \in R \land \langle y,w \rangle \in S \circ W) \qquad （复合运算的谓词描述）$$

$$\Leftrightarrow \langle x,w \rangle \in R \circ (S \circ W) \qquad （复合运算的谓词描述）$$

> **Tips**：应特别注意，上述证明中，反复使用了关系复合运算的谓词描述，谓词逻辑中的量词辖域收缩与扩张等值式，并使用了量词嵌套时的重要等值式 $\exists x \exists y A(x,y) \Leftrightarrow \exists y \exists x A(x,y)$，请注意体会。

在上述证明中，直观起见，也可进行分类讨论。例如，例 3.4.5 可分为两类情况：二元关系 $R,S,W$ 中存在空关系 $\varnothing$；二元关系 $R,S,W$ 中不存在空关系 $\varnothing$。对于前者，显然有 $(R \circ S) \circ W$ 和 $R \circ (S \circ W)$ 为空关系，结论成立；对于后者，则采用逻辑演算予以证明。

【例 3.4.6】 证明定理 3.4.4(2)，$R_1 \subseteq R_2 \Rightarrow (R_1)^n \subseteq (R_2)^n$，$n \in \mathbf{N}$。

**证明** 采用归纳法。

当 $n=1$ 时，已知 $R_1 \subseteq R_2$，显然 $(R_1)^1 \subseteq (R_2)^1$ 成立。

当 $n=k$ 时，假设 $(R_1)^k \subseteq (R_2)^k$ 成立。

当 $n=k+1$ 时，已知对于任意关系 $R$，$R^{k+1} = R^k \circ R$，则

$$\forall \langle x,y \rangle （对于 (R_1)^{k+1} 中的任意元素 \langle x,y \rangle）$$

$$\langle x,y \rangle \in (R_1)^k \circ R_1$$

$$\Rightarrow \exists t (\langle x,t \rangle \in (R_1)^k \land \langle t,y \rangle \in R_1) \qquad （复合运算的谓词描述）$$

$$\Rightarrow \exists t (\langle x,t \rangle \in (R_2)^k \land \langle t,y \rangle \in R_2) \qquad （已知 R_1 \subseteq R_2，(R_1)^k \subseteq (R_2)^k）$$

$$\Rightarrow \langle x,z \rangle \in (R_2)^k \circ R_2 \qquad （复合运算的谓词描述）$$

## 3.5 关系的性质

在实际问题中，我们往往重视关系所具有的某些特殊性质。对于非空集合 $A$ 上的二元关系 $R$，常见性质包括：自反性、反自反性、对称性、反对称性和传递性。我们将利用谓词描述法，首先给出相关性质的定义，并从关系矩阵、关系图、关系的集合表示等三种途径，给予相应的判据。

应注意，后文所述的关系的性质，都是针对非空集合 $A$ 上的二元关系 $R$ 而言的，即 $R \subseteq A \times A$。

【定义 3.5.1】 对于非空集合 $A$ 上的二元关系 $R$，有：

(1)若对于任意 $x \in A$，都有 $\langle x,x \rangle \in R$，则称 $A$ 上的二元关系 $R$ 满足**自反性**，或称 $R$

是 $A$ 上的**自反关系**；

(2)若对于任意 $x \in A$，都有 $\langle x,x \rangle \notin R$，则称 $A$ 上的二元关系 $R$ 满足**反自反性**，或称 $R$ 是 $A$ 上的**反自反关系**。

利用谓词描述法可表示为：

$A$ 上的二元关系 $R$ 满足自反性 $\Leftrightarrow \forall x(x \in A \rightarrow \langle x,x \rangle \in R)$；

$A$ 上的二元关系 $R$ 满足反自反性 $\Leftrightarrow \forall x(x \in A \rightarrow \langle x,x \rangle \notin R)$。

【例 3.5.1】 已知 $A = \{1,2,3\}$，集合 $A$ 上的二元关系 $R_1, R_2, R_3$ 分别为：
$$R_1 = \{\langle 1,1 \rangle, \langle 1,2 \rangle, \langle 2,2 \rangle, \langle 3,3 \rangle\}$$
$$R_2 = \{\langle 1,2 \rangle, \langle 1,3 \rangle, \langle 3,2 \rangle\}$$
$$R_3 = \{\langle 1,1 \rangle, \langle 1,2 \rangle, \langle 3,3 \rangle\}$$

求上述关系的关系矩阵、绘制关系图，并判断其是否满足自反性或反自反性。

**解** 上述关系的关系矩阵为：

$$\boldsymbol{M}_{R_1} = \begin{bmatrix} 1 & 1 & 0 \\ 0 & 1 & 0 \\ 0 & 0 & 1 \end{bmatrix}, \qquad \boldsymbol{M}_{R_2} = \begin{bmatrix} 0 & 1 & 1 \\ 0 & 0 & 0 \\ 0 & 1 & 0 \end{bmatrix}, \qquad \boldsymbol{M}_{R_3} = \begin{bmatrix} 1 & 1 & 0 \\ 0 & 0 & 0 \\ 0 & 0 & 1 \end{bmatrix}$$

其对应关系图如图 3.5.1 所示。

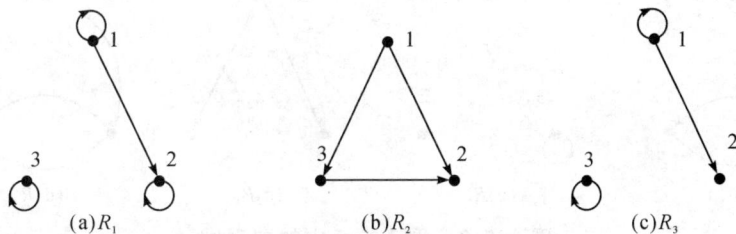

图 3.5.1 例 3.5.1 中的关系图

根据定义，可见：

$R_1$ 满足自反性，不满足自反性；

$R_2$ 不满足自反性，满足反自反性；

$R_3$ 不满足自反性，不满足反自反性。

【定义 3.5.2】 对于非空集合 $A$ 上的二元关系 $R$，有：

(1)对于任意 $x, y \in A$，若 $\langle x,y \rangle \in R$，都有 $\langle y,x \rangle \in R$，则称 $A$ 上的二元关系 $R$ 满足**对称性**，或称 $R$ 是 $A$ 上的**对称关系**；

(2)对于任意 $x, y \in A, x \neq y$，若 $\langle x,y \rangle \in R$，都有 $\langle y,x \rangle \notin R$，则称 $A$ 上的二元关系 $R$ 满足**反对称性**，或称 $R$ 是 $A$ 上的**反对称关系**。

利用谓词描述法可表示为：

$A$ 上的二元关系 $R$ 满足对称性 $\Leftrightarrow \forall x \forall y(x \in A \wedge y \in A \wedge \langle x,y \rangle \in R \rightarrow \langle y,x \rangle \in R)$；

$A$ 上的二元关系 $R$ 满足反对称性 $\Leftrightarrow \forall x \forall y(x \in A \wedge y \in A \wedge x \neq y \wedge \langle x,y \rangle \in R \rightarrow$

$\langle y,x\rangle \notin R$），

或

$A$ 上的二元关系 $R$ 满足反对称性 $\Leftrightarrow \forall x \forall y(x \in A \land y \in A \land \langle x,y\rangle \in R \land \langle y,x\rangle \in R \to x=y)$。

【例 3.5.2】 已知 $A=\{1,2,3\}$，集合 $A$ 上的二元关系 $R_1,R_2,R_3,R_4$ 分别为：
$$R_1=\{\langle 1,1\rangle,\langle 2,3\rangle,\langle 3,2\rangle\}$$
$$R_2=\{\langle 1,1\rangle,\langle 3,3\rangle\}$$
$$R_3=\{\langle 1,2\rangle,\langle 1,3\rangle\}$$
$$R_4=\{\langle 1,3\rangle,\langle 2,2\rangle,\langle 2,3\rangle,\langle 3,2\rangle\}$$

求上述关系的关系矩阵、绘制关系图，并判断其是否满足对称性或反对称性。

**解** 上述关系的关系矩阵为：

$$\boldsymbol{M}_{R_1}=\begin{pmatrix}1&0&0\\0&0&1\\0&1&0\end{pmatrix}, \quad \boldsymbol{M}_{R_2}=\begin{pmatrix}1&0&0\\0&0&0\\0&0&1\end{pmatrix}, \quad \boldsymbol{M}_{R_3}=\begin{pmatrix}0&1&1\\0&0&0\\0&0&0\end{pmatrix}, \quad \boldsymbol{M}_{R_4}=\begin{pmatrix}0&0&1\\0&1&1\\0&1&0\end{pmatrix}$$

相应关系图如图 3.5.2 所示。

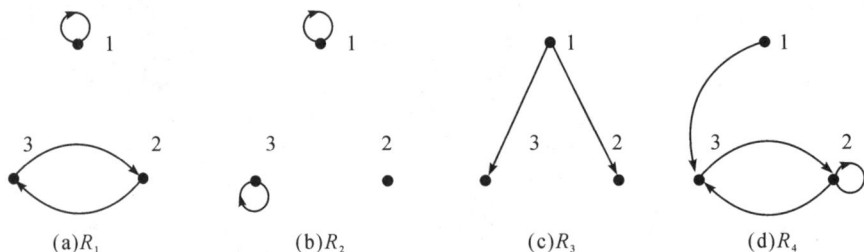

图 3.5.2 例 3.5.2 中的关系图

根据定义，可见：

$R_1$ 满足对称性，不满足反对称性；

$R_2$ 满足对称性，满足反对称性；

$R_3$ 不满足对称性，满足反对称性；

$R_4$ 不满足对称性，不满足反对称性。

【定义 3.5.3】 非空集合 $A$ 上的二元关系 $R$，对于任意 $x,y,z \in A$，若 $\langle x,y\rangle \in R$ 且 $\langle y,z\rangle \in R$，都有 $\langle x,z\rangle \in R$，则称 $A$ 上的二元关系 $R$ 满足**传递性**，或称 $R$ 是 $A$ 上的**传递关系**。

利用谓词描述法可表示为：

$A$ 上的二元关系 $R$ 满足传递性 $\Leftrightarrow \forall x \forall y \forall z(x,y,z \in A \land \langle x,y\rangle \in R \land \langle y,z\rangle \in R \to \langle x,z\rangle \in R)$。

【例 3.5.3】 已知 $A=\{1,2,3\}$，集合 $A$ 上的二元关系 $R_1,R_2,R_3$ 分别为：

$$R_1 = \{\langle 1,1 \rangle, \langle 1,3 \rangle, \langle 2,3 \rangle\}$$
$$R_2 = \{\langle 1,2 \rangle, \langle 2,1 \rangle\}$$
$$R_3 = \{\langle 1,1 \rangle, \langle 2,2 \rangle\}$$

求上述关系的关系矩阵、绘制关系图,并判断其是否满足传递性。

**解**　上述关系的关系矩阵为:

$$\boldsymbol{M}_{R_1} = \begin{bmatrix} 1 & 0 & 1 \\ 0 & 0 & 1 \\ 0 & 0 & 0 \end{bmatrix}, \qquad \boldsymbol{M}_{R_2} = \begin{bmatrix} 0 & 1 & 0 \\ 1 & 0 & 0 \\ 0 & 0 & 0 \end{bmatrix}, \qquad \boldsymbol{M}_{R_3} = \begin{bmatrix} 1 & 0 & 0 \\ 0 & 1 & 0 \\ 0 & 0 & 0 \end{bmatrix}$$

其相应关系图如图 3.5.3 所示。

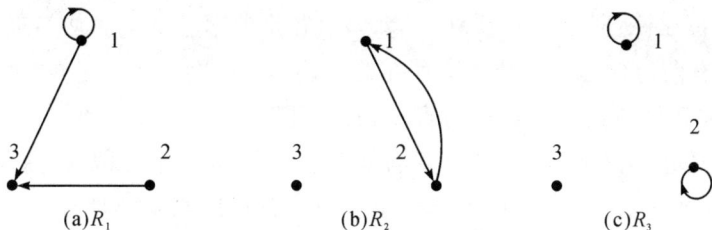

图 3.5.3　例 3.5.3 中的关系图

根据定义,可见:

$R_1$ 满足对称性;

$R_2$ 不满足传递性;

$R_3$ 满足传递性。

通过上述例题,可见对于非空集合 $A$ 上的二元关系 $R$,可借助定义,特别是谓词描述以及量词的取值,判断其性质。同时,借助关系矩阵与关系图,也可直观地判断其性质。我们将对于关系性质的判定依据归纳如下。

**【定理 3.5.1】**　关系性质判定定理一(**基于关系矩阵**):设非空集合 $A$ 上的二元关系 $R$ 的关系矩阵为 $\boldsymbol{M}_R$,则有:

(1)$R$ 满足自反性:$\boldsymbol{M}_R$ 主对角线元素都为 1;

(2)$R$ 满足反自反性:$\boldsymbol{M}_R$ 主对角线元素都为 0;

(3)$R$ 满足对称性:$\boldsymbol{M}_R$ 是对称矩阵,即 $\boldsymbol{M}_R = (\boldsymbol{M}_R)^{\mathrm{T}}$,$(\boldsymbol{M}_R)^{\mathrm{T}}$ 表示 $\boldsymbol{M}_R$ 的转置;

(4)$R$ 满足反对称性:对于 $\boldsymbol{M}_R$ 中任意元素 $r_{ij}$(第 $i$ 行第 $j$ 列元素),若 $r_{ij} = 1$ 且 $i \neq j$,$r_{ji} = 0$;

(5)$R$ 满足传递性:计算 $(\boldsymbol{M}_R)^2$,$(\boldsymbol{M}_R)^2$ 中 1 所在的位置在 $\boldsymbol{M}_R$ 中也为 1。

**Tips**:由定理 3.5.1 可见,自反性与反自反性的判定,只针对关系 $R$ 的关系矩阵 $\boldsymbol{M}_R$ 的对角线元素;而对称性与反对称性的判定,只针对关系 $R$ 的关系矩阵 $\boldsymbol{M}_R$ 的非对角线元素。

同时,传递性的判定,是基于关系的集合表示而建立的,详见定理 3.5.3 关系性质判定定理三。同时，$M_R$ 的 2 次幂 $(M_R)^2$ 采用矩阵逻辑乘法运算。

【定理 3.5.2】 关系性质判定定理二（基于关系图）：设非空集合 $A$ 上的关系 $R$ 的关系图为 $D$，顶点集为 $V$，有向边集为 $E$，则有：

(1) $R$ 满足自反性：每个顶点都有环（自环）；

(2) $R$ 满足反自反性：每个顶点都没有环；

(3) $R$ 满足对称性：任意两个顶点间如果存在有向边，则必存在一对方向相反的有向边，即若存在有向边 $\langle x_i, x_j \rangle$，则必存在有向边 $\langle x_j, x_i \rangle$；

(4) $R$ 满足反对称性：任意两个顶点间如果存在有向边，则一定仅存在一条有向边，即若存在有向边 $\langle x_i, x_j \rangle$，则必不存在有向边 $\langle x_j, x_i \rangle$；

(5) $R$ 满足传递性：对于任意顶点 $x_i, x_j, x_k$（并不要求 $x_i \neq x_j \neq x_k$），如果存在有向边 $\langle x_i, x_j \rangle$ 且存在有向边 $\langle x_j, x_k \rangle$，则一定存在有向边 $\langle x_i, x_k \rangle$。

上述两个关系性质判定定理较为直观，省略证明。

同时，基于关系的运算（特别是关系的复合运算与逆运算）以及特殊关系（恒等关系与空关系），采用集合表示形式，可以得到第三组关系性质判定定理。

【定理 3.5.3】 关系性质判定定理三（基于关系的集合表示）：设非空集合 $A$ 上的关系二元关系 $R$，$I_A$ 是 $A$ 上的恒等关系，$\varnothing$ 是 $A$ 上的空关系，则有：

(1) $R$ 满足自反性：当且仅当 $I_A \subseteq R$；

(2) $R$ 满足反自反性：当且仅当 $I_A \cap R = \varnothing$；

(3) $R$ 满足对称性：当且仅当 $R = R^{-1}$；

(4) $R$ 满足反对称性：当且仅当 $R \cap R^{-1} \subseteq I_A$；

(5) $R$ 满足传递性：当且仅当 $R \circ R \subseteq R$。

我们将基于关系性质的谓词描述，采用逻辑演算形式证明定理 3.5.3。证明中，主要采用此前使用的**形式化逻辑演算**，部分采用**非形式化逻辑演算**（即采用自然语言），表述逻辑演算过程，替代使用 $\forall$、$\exists$、$\Leftrightarrow$、$\Rightarrow$ 等符号。

特别地，在下述证明过程中，充分体现了集合间相等关系与包含关系的证明思路与证明形式，并区分了必要性和充分性，请认真体会。

> **Tips**：回顾，对于任意集合 $A, B$，有
>
> 证明 $A \subseteq B$，即证明 $\forall x, x \in A \Rightarrow x \in B$
>
> 证明 $A = B$，即证明 $\forall x, x \in A \Leftrightarrow x \in B$ 或证明 $A \subseteq B$ 且 $B \subseteq A$

**证明** (1) $R$ 满足自反性：当且仅当 $I_A \subseteq R$。

必要性（即已知 $R$ 满足自反性，证明 $I_A \subseteq R$）：

$\forall \langle x, y \rangle$

$\langle x, y \rangle \in I_A$

$\Rightarrow x \in A \land y \in A \land x = y$ （恒等关系的定义）

$$\Rightarrow \langle x,y \rangle \in R \qquad\qquad\qquad （已知 R 满足自反性）$$

故 $I_A \subseteq R$。

充分性（即已知 $I_A \subseteq R$，证明 $R$ 满足自反性）：

$$\forall x$$
$$x \in A$$
$$\Rightarrow \langle x,x \rangle \in I_A \qquad\qquad\qquad （恒等关系的定义）$$
$$\Rightarrow \langle x,x \rangle \in R \qquad\qquad\qquad （已知 I_A \subseteq R）$$

故 $R$ 在 $A$ 上满足自反性。

（2）$R$ 满足反自反性：当且仅当 $I_A \cap R = \varnothing$。

必要性（即已知 $R$ 满足反自反性，证明 $I_A \cap R = \varnothing$），采用反证法证明：

假设 $I_A \cap R \neq \varnothing$，则必存在 $\langle x,y \rangle \in I_A \cap R$。

由 $\langle x,y \rangle \in I_A \cap R$ 可知 $\langle x,y \rangle \in I_A$。$I_A$ 是 $A$ 上的恒等关系，故 $x = y$，即存在 $x \in A$，使得 $\langle x,x \rangle \in I_A$ 且 $\langle x,x \rangle \in R$，与 $R$ 满足反自反性矛盾。

充分性（即已知 $I_A \cap R = \varnothing$，证明 $R$ 满足反自反性）：

$$\forall x$$
$$x \in A$$
$$\Rightarrow \langle x,x \rangle \in I_A \qquad\qquad\qquad （恒等关系的定义）$$
$$\Rightarrow \langle x,x \rangle \notin R \qquad\qquad\qquad （已知 I_A \cap R = \varnothing）$$

故 $R$ 在 $A$ 上满足反自反性。

（3）$R$ 满足对称性：当且仅当 $R = R^{-1}$。

必要性（即已知 $R$ 满足对称性，证明 $R = R^{-1}$）：

$$\forall \langle x,y \rangle$$
$$\langle x,y \rangle \in R$$
$$\Leftrightarrow \langle y,x \rangle \in R \qquad\qquad\qquad （已知 R 满足对称性）$$
$$\Leftrightarrow \langle x,y \rangle \in R^{-1} \qquad\qquad （逆运算的谓词描述）$$

充分性（即已知 $R = R^{-1}$，证明 $R$ 满足对称性）：

$$\forall \langle x,y \rangle$$
$$\langle x,y \rangle \in R$$
$$\Leftrightarrow \langle y,x \rangle \in R^{-1} \qquad\qquad （逆运算的谓词描述）$$
$$\Leftrightarrow \langle y,x \rangle \in R \qquad\qquad\quad （已知 R = R^{-1}）$$

（4）$R$ 满足反对称性：当且仅当 $R \cap R^{-1} \subseteq I_A$。

必要性（即已知 $R$ 满足反对称性，证明 $R \cap R^{-1} \subseteq I_A$）：

$$\forall \langle x,y \rangle$$
$$\langle x,y \rangle \in R \cap R^{-1}$$
$$\Rightarrow \langle x,y \rangle \in R \wedge \langle x,y \rangle \in R^{-1} \qquad （交运算的谓词描述）$$
$$\Rightarrow \langle x,y \rangle \in R \wedge \langle y,x \rangle \in R \qquad （逆运算的谓词描述）$$

$$\Rightarrow x=y \qquad\qquad \text{(已知 } R \text{ 满足反对称性)}$$

$$\Rightarrow \langle x,y \rangle \in I_A \qquad\qquad \text{(恒等关系的定义)}$$

充分性(即已知 $R \cap R^{-1} \subseteq I_A$,证明 $R$ 满足反对称性):

$$\forall \langle x,y \rangle$$

$$\langle x,y \rangle \in R \wedge \langle y,x \rangle \in R$$

$$\Rightarrow \langle x,y \rangle \in R \wedge \langle x,y \rangle \in R^{-1}$$

$$\Rightarrow \langle x,y \rangle \in R \cap R^{-1} \qquad\qquad \text{(交运算的谓词描述)}$$

$$\Rightarrow \langle x,y \rangle \in I_A \qquad\qquad \text{(已知 } R \cap R^{-1} \subseteq I_A)$$

$$\Rightarrow x=y \qquad\qquad \text{(恒等关系的定义)}$$

(5)$R$ 满足传递性:当且仅当 $R \circ R \subseteq R$。

必要性(即已知 $R$ 满足传递性,证明 $R \circ R \subseteq R$):

$$\forall \langle x,y \rangle$$

$$\langle x,y \rangle \in R \circ R$$

$$\Rightarrow \exists z(\langle x,z \rangle \in R \wedge \langle z,y \rangle \in R) \qquad\qquad \text{(复合运算的谓词描述)}$$

$$\Rightarrow \langle x,y \rangle \in R \qquad\qquad \text{(已知 } R \text{ 满足传递性)}$$

充分性(即已知 $R \circ R \subseteq R$,证明 $R$ 满足传递性):

$$\forall \langle x,y \rangle, \langle y,z \rangle$$

$$\langle x,y \rangle \in R \wedge \langle y,z \rangle \in R$$

$$\Rightarrow \langle x,z \rangle \in R \circ R \qquad\qquad \text{(复合运算的谓词描述)}$$

$$\Rightarrow \langle x,z \rangle \in R \qquad\qquad \text{(已知 } R \circ R \subseteq R)$$

在上述关系性质判定定理的基础上,可进一步考虑 $A$ 上的关系进行运算后,相应的关系是否能够保持原有关系的性质。相关常见结论概括如下。

【推论 3.5.1】 关系的运算与关系的性质:

(1)设 $A$ 上的关系 $R_1, R_2$ 满足自反性,则 $(R_1)^{-1}, (R_2)^{-1}, R_1 \cap R_2, R_1 \cup R_2, R_1 \circ R_2$ 都满足自反性,但 $R_1 - R_2$ 不满足自反性;

(2)设 $A$ 上的关系 $R_1, R_2$ 满足反自反性,则 $(R_1)^{-1}, (R_2)^{-1}, R_1 \cap R_2, R_1 \cup R_2, R_1 - R_2$ 都满足反自反性,但 $R_1 \circ R_2$ 不一定满足反自反性;

(3)设 $A$ 上的关系 $R_1, R_2$ 满足对称性,则 $(R_1)^{-1}, (R_2)^{-1}, R_1 \cap R_2, R_1 \cup R_2, R_1 - R_2$ 都满足对称性,但 $R_1 \circ R_2$ 不一定满足对称性;

(4)设 $A$ 上的关系 $R_1, R_2$ 满足反对称性,则 $(R_1)^{-1}, (R_2)^{-1}, R_1 \cap R_2, R_1 - R_2$ 都满足反对称性,但 $R_1 \cup R_2, R_1 \circ R_2$ 不一定满足反对称性;

(5)设 $A$ 上的关系 $R_1, R_2$ 满足传递性,则 $(R_1)^{-1}, (R_2)^{-1}, R_1 \cap R_2$ 都满足传递性,但 $R_1 \cup R_2, R_1 - R_2, R_1 \circ R_2$ 不一定满足传递性。

对于上述性质,请尝试基于三组关系性质判定定理(定理 3.5.1~定理 3.5.3)予以证明。在此,我们仅给出推论 3.5.1 中涉及的反例。

【例 3.5.4】 设 $A = \{1,2\}$,$R_1, R_2$ 是 $A$ 上的二元关系,$B = \{a,b,c,d\}$,$R_3, R_4$ 是 $B$

上的二元关系。

(1)$R_1 = E_{A \times A}$，$R_2 = I_A$ 都满足自反性，$R_1 - R_2 = \{\langle 1,2 \rangle, \langle 2,1 \rangle\}$ 不满足自反性。

(2)$R_1 = R_2 = \{\langle 1,2 \rangle, \langle 2,1 \rangle\}$ 都满足反自反性，$R_1 \circ R_2 = I_A$ 不满足反自反性。

(3)$R_1 = \{\langle 1,1 \rangle\}$，$R_2 = \{\langle 1,2 \rangle, \langle 2,1 \rangle\}$ 都满足对称性，$R_1 \circ R_2 = \{\langle 1,2 \rangle\}$ 不满足对称性。

(4)$R_1 = \{\langle 1,2 \rangle\}$，$R_2 = \{\langle 2,1 \rangle\}$ 都满足反对称性，$R_1 \bigcup R_2 = \{\langle 1,2 \rangle, \langle 2,1 \rangle\}$ 不满足反对称性；

$R_3 = \{\langle a,c \rangle, \langle b,d \rangle\}$，$R_4 = \{\langle c,b \rangle, \langle d,a \rangle\}$ 都满足反对称性，$R_3 \circ R_4 = \{\langle a,b \rangle, \langle b,a \rangle\}$ 不满足反对称性。

(5)$R_1 = \{\langle 1,2 \rangle\}$，$R_2 = \{\langle 2,1 \rangle\}$ 都满足传递性，$R_1 \bigcup R_2 = \{\langle 1,2 \rangle, \langle 2,1 \rangle\}$ 不满足传递性；

$R_1 = E_{A \times A}$，$R_2 = I_A$ 都满足传递性，$R_1 - R_2 = \{\langle 1,2 \rangle, \langle 2,1 \rangle\}$ 不满足传递性；

$R_3 = \{\langle a,b \rangle, \langle c,d \rangle\}$，$R_4 = \{\langle b,c \rangle, \langle d,a \rangle\}$ 都满足传递性，$R_3 \circ R_4 = \{\langle a,c \rangle, \langle c,a \rangle\}$ 不满足传递性。

## 3.6 关系的闭包

此前已讨论了非空集合上的二元关系可能具有：自反性、反自反性、对称性、反对称性和传递性等性质。在实际问题中，抽象获得的关系如满足某些性质可以帮助我们更简洁地解决问题。可是，通常我们遇到的关系不一定满足这些性质。自然地，我们会考虑如何"改造"已有的关系，从而使"改造"后的关系满足某种性质。

我们发现对于不满足自反性、对称性或传递性的关系，可在保留原有关系（即保留原有关系中的序偶）的基础上，通过添加尽可能少的序偶，构造出满足自反性、对称性或传递性的新的关系，上述构造过程就是本节中要介绍的关系的闭包运算。"闭包"这一表述在数学中往往具有"满足某种性质的、最小的"的含义。

首先给出关系的自反（对称、传递）闭包的定义。

**【定义 3.6.1】** 设 $R$ 是非空集合 $A$ 上的二元关系，$R$ 的自反闭包（对称闭包、传递闭包）是 $A$ 上的关系 $R_1$，且 $R_1$ 满足以下性质：

(1)$R_1$ 满足自反性（对称性、传递性）；

(2)$R \subseteq R_1$，即 $R_1$ 包含 $R$；

(3)对于 $A$ 上任意满足自反性（对称性、传递性）的关系 $R_2$，如果 $R \subseteq R_2$，则必有 $R_1 \subseteq R_2$。即 $R_1$ 是所有包含 $R$ 的"最小的"自反关系（对称关系、传递关系）。通常将该性质称为 $R_1$ 满足**最小性**，其中"最小"表示集合中元素（即关系中的序偶）最少。

一般将 $R$ 的**自反闭包**记为 $r(R)$，**对称闭包**记为 $s(R)$，**传递闭包**记为 $t(R)$。

根据闭包的定义，不难理解以下定理。

**【定理 3.6.1】** 设 $R$ 是非空集合 $A$ 上的二元关系，则有：

（1）$R$ 满足自反性，当且仅当 $r(R)=R$；

（2）$R$ 满足对称性，当且仅当 $s(R)=R$；

（3）$R$ 满足传递性，当且仅当 $t(R)=R$。

**证明**　仅证明（1）中结论，（2）、（3）同理。

必要性（即已知 $R$ 满足自反性，证明 $r(R)=R$）：

已知 $R$ 满足自反性，故 $R$ 满足自反闭包的 3 点性质，即 $R$ 满足自反性，且 $R\subseteq R$，且 $R$ 满足最小性，所以 $r(R)=R$。

充分性（即已知 $r(R)=R$，证明 $R$ 满足自反性）：

由自反闭包性质可知，$r(R)$ 满足自反性。已知 $r(R)=R$，所以 $R$ 满足自反性。

定理 3.6.1 表述了关系 $R$ 满足自反性（对称性、传递性）当且仅当相应的闭包就是关系 $R$ 本身。显然，该定理也是关系性质判定定理。

现在讨论如何构造相应的闭包。由闭包的定义可以知道，构造关系 $R$ 的闭包方法就是向 $R$ 中添加必要的、最少的序偶，使其满足相关性质。构造关系的闭包，也称为**关系的闭包运算**，可从集合运算和关系矩阵运算两种形式予以描述。

**【定理 3.6.2】**　构造关系的闭包（集合运算形式）：设 $R$ 是非空集合 $A$ 上的二元关系，$I_A$ 是 $A$ 上的恒等关系，$R^{-1}$ 表示 $R$ 的逆关系，$R^n$ 表示 $R$ 的 $n$ 次幂，则有：

（1）$r(R)=R\cup I_A$；

（2）$s(R)=R\cup R^{-1}$；

（3）$t(R)=R\cup R^2\cup R^3\cup\cdots\cup R^n\cup\cdots$。

证明定理 3.6.2，应体现集合运算形式的闭包表达式，满足相应闭包应满足的 3 点性质。下述证明过程在关系性质判定定理三（即定理 3.5.3）的基础上，仍采用逻辑演算，部分较为直观的内容采用了非形式化逻辑演算。

**证明**　（1）证明自反闭包 $r(R)=R\cup I_A$。

证明 $r(R)$ 满足自反性：已知 $r(R)=R\cup I_A$。显然 $I_A\subseteq R\cup I_A$，故 $r(R)$ 满足自反性。

证明 $R\subseteq r(R)$：显然 $R\subseteq R\cup I_A$，故 $R\subseteq r(R)$。

证明 $r(R)$ 满足最小性：设 $R_2$ 是 $A$ 上任意包含 $R$ 的自反关系，则 $R\subseteq R_2$ 且 $I_A\subseteq R_2$，

$$\forall \langle x,y\rangle$$

$$\langle x,y\rangle\in R\cup I_A$$

$$\Rightarrow \langle x,y\rangle\in R_2\cup R_2 \qquad\qquad (已知\ R\subseteq R_2\ 且\ I_A\subseteq R_2)$$

$$\Rightarrow \langle x,y\rangle\in R_2 \qquad\qquad (幂等律)$$

即 $R\cup I_A\subseteq R_2$，故 $r(R)=R\cup I_A$ 满足最小性。

（2）证明对称闭包 $s(R)=R\cup R^{-1}$。

证明 $s(R)$ 满足对称性：已知 $s(R)=R\cup R^{-1}$，且

$$(R\cup R^{-1})^{-1}=R^{-1}\cup (R^{-1})^{-1}=R\cup R^{-1}$$

即 $(s(R))^{-1}=s(R)$，故 $s(R)$ 满足对称性。

证明 $R\subseteq s(R)$：显然 $R\subseteq R\cup R^{-1}$，故 $R\subseteq s(R)$。

证明 $s(R)$ 满足最小性：设 $R_2$ 是 $A$ 上任意包含 $R$ 的对称关系，则 $R_2=(R_2)^{-1}$，$R\subseteq R_2$ 且 $R^{-1}\subseteq(R_2)^{-1}$（定理 3.4.4），

$$\forall\langle x,y\rangle$$

$$\langle x,y\rangle\in R\cup R^{-1}$$

$$\Rightarrow\langle x,y\rangle\in R\vee\langle x,y\rangle\in R^{-1} \qquad (\text{并运算的谓词描述})$$

$$\Rightarrow\langle x,y\rangle\in R_2\vee\langle x,y\rangle\in(R_2)^{-1} \qquad (\text{已知 }R\subseteq R_2\text{ 且 }R^{-1}\subseteq(R_2)^{-1})$$

$$\Rightarrow\langle x,y\rangle\in R_2\cup(R_2)^{-1} \qquad (\text{并运算的谓词描述})$$

$$\Rightarrow\langle x,y\rangle\in R_2\cup R_2 \qquad (\text{已知 }R_2=(R_2)^{-1})$$

$$\Rightarrow\langle x,y\rangle\in R_2 \qquad (\text{幂等律})$$

即 $R\cup R^{-1}\subseteq R_2$，故 $s(R)=R\cup R^{-1}$ 满足最小性。

(3)证明传递闭包 $t(R)=R\cup R^2\cup R^3\cup\cdots\cup R^n\cup\cdots$。

证明 $t(R)$ 满足传递性：已知 $t(R)=R\cup R^2\cup R^3\cup\cdots\cup R^n\cup\cdots$，

$$\forall\langle x,y\rangle,\langle y,z\rangle$$

$$\langle x,y\rangle\in(R\cup R^2\cup R^3\cup\cdots)\wedge\langle y,z\rangle\in(R\cup R^2\cup R^3\cup\cdots)$$

$$\Rightarrow\exists m(\langle x,y\rangle\in R^m)\wedge\exists n(\langle y,z\rangle\in R^n)$$

$$(\text{并运算的谓词描述},m,n\text{ 是正整数})$$

$$\Rightarrow\exists m\exists n(\langle x,z\rangle\in R^m\circ R^n) \qquad (\text{复合运算的谓词描述})$$

$$\Rightarrow\exists m\exists n(\langle x,z\rangle\in R^{m+n}) \qquad (\text{幂运算的性质})$$

$$\Rightarrow\langle x,z\rangle\in(R\cup R^2\cup R^3\cup\cdots)$$

故 $t(R)$ 满足传递性。

证明 $R\subseteq t(R)$：显然 $R\subseteq R\cup R^2\cup R^3\cup\cdots\cup R^n\cup\cdots$，故 $R\subseteq t(R)$。

证明 $t(R)$ 满足最小性：设 $R_2$ 是 $A$ 上任意包含 $R$ 的传递关系，则 $R\subseteq R_2$。证明 $R\cup R^2\cup R^3\cup\cdots\subseteq R_2$，只需证明对于任意正整数 $n$ 有 $R^n\subseteq R_2$，采用归纳法。

当 $n=1$ 时，$R^1=R\subseteq R_2$。

当 $n=k$ 时，假设 $R^k\subseteq R_2$ 成立。

当 $n=k+1$ 时，已知对于任意关系 $R,R^{k+1}=R^k\circ R$，

$$\forall\langle x,y\rangle$$

$$\langle x,y\rangle\in R^k\circ R$$

$$\Rightarrow\exists z(\langle x,z\rangle\in R^k\wedge\langle z,y\rangle\in R) \qquad (\text{复合运算的谓词描述})$$

$$\Rightarrow\exists z(\langle x,z\rangle\in R_2\wedge\langle z,y\rangle\in R_2) \qquad (\text{已知 }R^k\subseteq R_2\text{ 且 }R\subseteq R_2)$$

$$\Rightarrow\langle x,z\rangle\in R_2 \qquad (\text{已知 }R_2\text{ 满足传递性})$$

即 $R^{k+1}\subseteq R_2$，可知 $R\cup R^2\cup R^3\cup\cdots\subseteq R_2$，故 $t(R)=R\cup R^2\cup R^3\cup\cdots$ 满足最小性。

注意到，在定理 3.6.2 中，$t(R)$ 的表达式出现了 $R$ 的无限次幂，因此无法利用该表达式求解传递闭包。类似定理 3.4.3(4)，基于抽屉原理，可获得下述推论（证明过程略）。

【推论 3.6.1】 设 $A$ 是非空有限集，$|A|=n$，$R$ 是 $A$ 上的二元关系，

$$R \cup R^2 \cup R^3 \cup \cdots = R \cup R^2 \cup R^3 \cup \cdots \cup R^n$$

即

$$t(R) = R \cup R^2 \cup R^3 \cup \cdots \cup R^n$$

在定理 3.6.2 以及推论 3.6.1 的基础上，可基于矩阵逻辑加法运算与矩阵逻辑乘法运算，采用关系矩阵运算形式构造关系的闭包。

【定理 3.6.3】 构造关系的闭包（关系矩阵运算形式）：设 $R$ 是非空集合 $A$ 上的二元关系，$|A|=n$，$\boldsymbol{M}_R$ 表示 $R$ 的关系矩阵，$\boldsymbol{M}_{r(R)}$，$\boldsymbol{M}_{s(R)}$，$\boldsymbol{M}_{t(R)}$ 分别表示 $r(R)$，$s(R)$，$t(R)$ 的关系矩阵，$\boldsymbol{I}_A$ 表示 $n \times n$ 的单位矩阵，则有：

(1) $\boldsymbol{M}_{r(R)} = \boldsymbol{M}_R + \boldsymbol{I}_A$；

(2) $\boldsymbol{M}_{s(R)} = \boldsymbol{M}_R + (\boldsymbol{M}_R)^T$；

(3) $\boldsymbol{M}_{t(R)} = \boldsymbol{M}_R + (\boldsymbol{M}_R)^2 + \cdots + (\boldsymbol{M}_R)^n$。

【例 3.6.1】 已知 $A = \{1,2,3\}$，$A$ 上的二元关系 $R = \{\langle 1,2 \rangle, \langle 2,3 \rangle, \langle 3,1 \rangle\}$，求 $r(R)$，$s(R)$，$t(R)$。

**解** 采用关系闭包的集合运算形式，则有：

$$r(R) = R \cup I_A = \{\langle 1,2 \rangle, \langle 2,3 \rangle, \langle 3,1 \rangle, \langle 1,1 \rangle, \langle 2,2 \rangle, \langle 3,3 \rangle\}$$

$$s(R) = R \cup R^{-1} = \{\langle 1,2 \rangle, \langle 2,3 \rangle, \langle 3,1 \rangle, \langle 2,1 \rangle, \langle 3,2 \rangle, \langle 1,3 \rangle\}$$

$$t(R) = R \cup R^2 \cup R^3$$
$$= \{\langle 1,2 \rangle, \langle 2,3 \rangle, \langle 3,1 \rangle\} \cup \{\langle 1,3 \rangle, \langle 2,1 \rangle, \langle 3,2 \rangle\} \cup \{\langle 1,1 \rangle, \langle 2,2 \rangle, \langle 3,3 \rangle\}$$
$$= E_{A \times A}$$

采用关系闭包的关系矩阵运算形式，则有：

$$\boldsymbol{M}_{r(R)} = \boldsymbol{M}_R + \boldsymbol{I}_A = \begin{pmatrix} 0 & 1 & 0 \\ 0 & 0 & 1 \\ 1 & 0 & 0 \end{pmatrix} + \begin{pmatrix} 1 & 0 & 0 \\ 0 & 1 & 0 \\ 0 & 0 & 1 \end{pmatrix} = \begin{pmatrix} 1 & 1 & 0 \\ 0 & 1 & 1 \\ 1 & 0 & 1 \end{pmatrix}$$

$$\boldsymbol{M}_{s(R)} = \boldsymbol{M}_R + (\boldsymbol{M}_R)^T = \begin{pmatrix} 0 & 1 & 0 \\ 0 & 0 & 1 \\ 1 & 0 & 0 \end{pmatrix} + \begin{pmatrix} 0 & 0 & 1 \\ 1 & 0 & 0 \\ 0 & 1 & 0 \end{pmatrix} = \begin{pmatrix} 0 & 1 & 1 \\ 1 & 0 & 1 \\ 1 & 1 & 0 \end{pmatrix}$$

$$\boldsymbol{M}_R = \begin{pmatrix} 0 & 1 & 0 \\ 0 & 0 & 1 \\ 1 & 0 & 0 \end{pmatrix}, \quad (\boldsymbol{M}_R)^2 = \begin{pmatrix} 0 & 0 & 1 \\ 1 & 0 & 0 \\ 0 & 1 & 0 \end{pmatrix}, \quad (\boldsymbol{M}_R)^3 = \begin{pmatrix} 1 & 0 & 0 \\ 0 & 1 & 0 \\ 0 & 0 & 1 \end{pmatrix}$$

$$\boldsymbol{M}_{t(R)} = \boldsymbol{M}_R + (\boldsymbol{M}_R)^2 + (\boldsymbol{M}_R)^3 = \begin{pmatrix} 1 & 1 & 1 \\ 1 & 1 & 1 \\ 1 & 1 & 1 \end{pmatrix}$$

> **Tips：** 当有限集 $A$ 中元素较多时，求关系 $R$ 的传递闭包 $t(R)$，无论采用集合运算形式或关系矩阵运算形式都很复杂。一种相对简洁的方法是基于关系矩阵 $\boldsymbol{M}_R$，采用 Warshall（沃舍尔）算法求解。感兴趣的读者可查阅相关资料。

对于关系的闭包,将其常见性质归纳如下。

【定理 3.6.4】　设 $R_1$ 和 $R_2$ 是非空集合 $A$ 上的二元关系,且 $R_1 \subseteq R_2$,则有:

(1) $r(R_1) \subseteq r(R_2)$;

(2) $s(R_1) \subseteq s(R_2)$;

(3) $t(R_1) \subseteq t(R_2)$。

【定理 3.6.5】　设 $R$ 是非空集合 $A$ 上的二元关系,则有:

(1) 若 $R$ 满足自反性,则 $s(R)$ 与 $t(R)$ 也满足自反性;

(2) 若 $R$ 满足对称性,则 $r(R)$ 与 $t(R)$ 也满足对称性;

(3) 若 $R$ 满足传递性,则 $r(R)$ 也满足传递性。

定理 3.6.5 讨论了关系的性质和关系的闭包运算间的联系。注意到,如果关系 $R$ 满足自反性或对称性,那么经闭包运算后获得的关系,仍满足自反性或对称性。但如果关系 $R$ 满足传递性,其自反闭包满足传递性,但其对称闭包不一定满足传递性。例如,设集合 $A = \{1,2\}$,$A$ 上的二元关系 $R = \{\langle 1,2 \rangle\}$ 满足传递性,对称闭包 $s(R) = \{\langle 1,2 \rangle, \langle 2,1 \rangle\}$ 不满足传递性。

由定理 3.6.5 可以看出,如果依次构造关系 $R$ 的自反闭包 $r(R)$,再构造 $r(R)$ 的对称闭包 $s(r(R))$,最后构造 $s(r(R))$ 的传递闭包 $t(s(r(R)))$,则最终得到的关系必然同时满足自反性、对称性、传递性。

我们将 $t(s(r(R)))$ 称为关系 $R$ 的**自反对称传递闭包**,记为 $tsr(R)$,即 $tsr(R) = t(s(r(R)))$。关系 $R$ 的自反对称传递闭包即满足下节将要介绍的等价关系的定义。

对于定理 3.6.4 和定理 3.6.5 的证明,自然可以采用形式化逻辑演算完成。此外,也可以基于定理 3.5.3(关系性质判定定理三:基于关系的集合表示)以及定理 3.6.2(构造关系的闭包:集合运算形式),予以非形式化逻辑演算证明。在此仅给出两例的简要说明。

**证明**　若 $R$ 满足自反性,则 $s(R)$,$t(R)$ 也满足自反性。

已知 $R$ 满足自反性,当且仅当 $I_A \subseteq R$。故

$$I_A \subseteq R \cup R^{-1}$$

即

$$I_A \subseteq s(R)$$

同理,$I_A \subseteq R$,故

$$I_A \subseteq R \cup R^2 \cup R^3 \cup \cdots \cup R^n \cup \cdots$$

即

$$I_A \subseteq t(R)$$

**证明**　若 $R$ 满足对称性,则 $r(R)$ 与 $t(R)$ 也满足对称性。

已知 $R$ 满足对称性,当且仅当 $R = R^{-1}$。

$r(R) = R \cup I_A$,则

$$(r(R))^{-1} = (R \cup I_A)^{-1} = R^{-1} \cup (I_A)^{-1} = R \cup I_A$$

即

$$r(R) = (r(R))^{-1}$$

同理可得

$$(t(R))^{-1} = (R \cup R^2 \cup R^3 \cup \cdots \cup R^n \cup \cdots)^{-1}$$
$$= (R^{-1}) \cup (R^{-1})^2 \cup (R^{-1})^3 \cup \cdots \cup (R^{-1})^n \cup \cdots$$
$$= R \cup R^2 \cup R^3 \cup \cdots \cup R^n \cup \cdots$$
$$= t(R)$$

## 3.7 等价关系

此前已经介绍了非空集合 $A$ 上的二元关系 $R$ 及关系的性质。借助关系的性质,在本章后续内容中,我们将研究两类重要的关系:等价关系与偏序关系。特别地,我们将从关系 $R$ 本身以及建立关系的非空集合 $A$ 两个视角,探讨等价关系与偏序关系。

【定义 3.7.1】 设 $R$ 是非空集合 $A$ 上的二元关系。如果 $R$ 同时满足自反性、对称性、传递性,则称 $R$ 是 $A$ 上的**等价关系**。

设 $R$ 是非空集合 $A$ 上的等价关系,$x, y \in A$。若 $\langle x, y \rangle \in R$,则称元素 $x$ 等价于元素 $y$,记作 $x \equiv y$。

【例 3.7.1】 设 $A = \{a, b, c, d\}$,$R = \{\langle a, c \rangle, \langle c, a \rangle\} \cup I_A$,$I_A$ 是集合 $A$ 上的恒等关系。验证 $R$ 是 $A$ 上的等价关系。

**解** 根据定理 3.5.3(关系性质判定定理三:基于关系的集合表示),易验证:

$I_A \subseteq R$,所以 $R$ 满足自反性;

$R^{-1} = R$,所以 $R$ 满足对称性;

$R \circ R = R$,故 $R \circ R \subseteq R$,所以 $R$ 满足传递性;

综上所述,$R$ 是 $A$ 上的等价关系。

【例 3.7.2】 设 $A = \{1, 2, 3, \cdots, 8\}$,$A$ 上的模 3 同余关系 $R = \{\langle x, y \rangle \mid x, y \in A \wedge x \equiv y (\mathrm{mod}\, 3)\}$,验证 $R$ 是 $A$ 上的等价关系。

**解** 根据模 $n$ 同余的概念(见第 3.4.1 节)以及模 3 同余关系 $R$,易验证:

对于集合 $A$ 中任意元素 $x$,有 $x \equiv x (\mathrm{mod}\, 3)$,即 $\langle x, x \rangle \in R$,所以 $R$ 满足自反性;

对于集合 $A$ 中任意元素 $x, y$,若 $x \equiv y (\mathrm{mod}\, 3)$,则 $y \equiv x (\mathrm{mod}\, 3)$,即若 $\langle x, y \rangle \in R$,则 $\langle y, x \rangle \in R$,所以 $R$ 满足对称性;

对于集合 $A$ 中任意元素 $x, y, z$,若 $x \equiv y (\mathrm{mod}\, 3)$ 且 $y \equiv z (\mathrm{mod}\, 3)$,则 $x \equiv z (\mathrm{mod}\, 3)$,即若 $\langle x, y \rangle \in R$ 且 $\langle y, z \rangle \in R$,则 $\langle x, z \rangle \in R$,所以 $R$ 满足传递性。

通过上述例题可以看出,通过验证或证明一个关系是否同时满足自反性、对称性和传递性,我们可以判断该关系是否为等价关系。

不难验证,非空集合 $A$ 上的恒等关系 $I_A$、全域关系 $E_{A \times A}$ 是等价关系;对于非空集合 $A$ 上的任意关系 $R$,其自反对称传递闭包 $tsr(R)$ 是等价关系;此外,正整数集 $\mathbf{Z}^+$ 的任意子集 $A$ 上的模 $n$ 同余关系是等价关系。上述都是常见的等价关系。

借助关系矩阵和关系图,可直观地展示等价关系的特点,也便于深入讨论等价关系的性质。例如,针对例 3.7.2 中讨论的模 3 同余关系,其关系矩阵如下所示。

对于关系矩阵 $M_R$,注意到集合 $A$ 中元素是按 $1,2,3,\cdots,8$ 排序的,如关系矩阵上的括号中所示。不难看出,经初等行变换和初等列变换,关系矩阵 $M_R$ 可转换为分块对角矩阵 $M_{R_1}$。换言之,如集合 $A$ 中元素按 $1,4,7,2,5,8,3,6$ 排序,那么对应的关系矩阵就变为 $M_{R_1}$。

$$M_R = \begin{matrix}(1 & 2 & 3 & 4 & 5 & 6 & 7 & 8)\end{matrix}\begin{bmatrix} 1 & 0 & 0 & 1 & 0 & 0 & 1 & 0 \\ 0 & 1 & 0 & 0 & 1 & 0 & 0 & 1 \\ 0 & 0 & 1 & 0 & 0 & 1 & 0 & 0 \\ 1 & 0 & 0 & 1 & 0 & 0 & 1 & 0 \\ 0 & 1 & 0 & 0 & 1 & 0 & 0 & 1 \\ 0 & 0 & 1 & 0 & 0 & 1 & 0 & 0 \\ 1 & 0 & 0 & 1 & 0 & 0 & 1 & 0 \\ 0 & 1 & 0 & 0 & 1 & 0 & 0 & 1 \end{bmatrix}, \quad M_{R_1} = \begin{matrix}(1 & 4 & 7 & 2 & 5 & 8 & 3 & 6)\end{matrix}\begin{bmatrix} 1 & 1 & 1 & 0 & 0 & 0 & 0 & 0 \\ 1 & 1 & 1 & 0 & 0 & 0 & 0 & 0 \\ 1 & 1 & 1 & 0 & 0 & 0 & 0 & 0 \\ 0 & 0 & 0 & 1 & 1 & 1 & 0 & 0 \\ 0 & 0 & 0 & 1 & 1 & 1 & 0 & 0 \\ 0 & 0 & 0 & 1 & 1 & 1 & 0 & 0 \\ 0 & 0 & 0 & 0 & 0 & 0 & 1 & 1 \\ 0 & 0 & 0 & 0 & 0 & 0 & 1 & 1 \end{bmatrix}$$

同时,例 3.7.2 中,模 3 同余关系的关系图如图 3.7.1 所示。

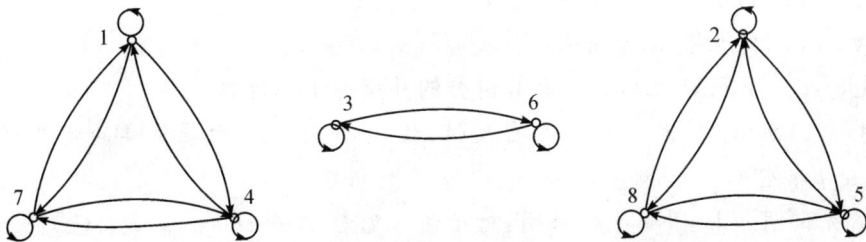

**图 3.7.1　例 3.7.2 中模 3 同余关系的关系图**

从图 3.7.1 可看出,关系图被分成了 3 个互不连通的部分,每部分包括的 2 个或 3 个顶点都有环,且不同顶点间都存在成对出现且方向相反的有向边。根据关系的性质,顶点都有环体现了关系满足自反性;任意 2 个不同顶点间都存在成对出现且方向相反的有向边体现了关系满足对称性;任意 2 个不同顶点间都存在有向边并结合环,体现了关系满足传递性。

通过 $A$ 上的模 3 同余关系对应的关系矩阵和关系图,不难看出,集合 $A$ 中的 8 个元素被分成了 3 部分,不妨记为 $A_1=\{1,4,7\}$,$A_2=\{2,5,8\}$,$A_3=\{3,6\}$。显然,$A_1,A_2,A_3$ 都是集合 $A$ 的子集,不同子集的交集为空集,3 个子集的并集为 $A$,且每个子集与自身笛卡儿积的并集为关系 $R$,即 $R=(A_1\times A_1)\bigcup(A_2\times A_2)\bigcup(A_3\times A_3)$。

对于模 3 同余关系体现的上述性质,后文将从等价类与商集、划分块与划分两个角度给予刻画。前者是基于关系 $R$ 本身,而后者是基于建立关系的非空集合 $A$。

**【定义 3.7.2】** 设 $R$ 是非空集合 $A$ 上的等价关系,$\forall x\in A$,令 $[x]_R=\{y\,|\,y\in A\wedge \langle x,y\rangle\in R\}$。称 $[x]_R$ 为 $x$ **关于 $R$ 的等价类**,简称为 $x$ 的等价类。

由定义 3.7.1 可知,对于等价关系 $R$,若 $\langle x,y\rangle\in R$,则称元素 $x$ 等价于元素 $y$,记作

$x \equiv y$。因此等价类也可记为 $[x]_R = \{y \mid y \in A \wedge x \equiv y\}$。显然，$x$ 关于 $R$ 的等价类 $[x]_R$ 是一个集合，且该集合是由集合 $A$ 中与所有与元素 $x$ 等价的元素构成的。

由定义 3.7.2 可见，对于例 3.7.2 中的等价关系 $R$（模 3 同余关系），关于 $R$ 的不同等价类包括：$[1]_R = [4]_R = [7]_R = \{1, 4, 7\}$，$[2]_R = [5]_R = [8]_R = \{2, 5, 8\}$，$[3]_R = [6]_R = \{3, 6\}$。上述等价类也印证了对 $R$ 的关系矩阵、关系图分析后取得的结果。

对于非空集合 $A$ 上的等价关系 $R$，已定义了等价类。进而基于等价类，可以构造一个新的集合：商集。

**【定义 3.7.3】** 设 $R$ 是非空集合 $A$ 上的等价关系，以关于 $R$ 的所有等价类为元素的集合，称为 **$A$ 关于 $R$ 的商集**，记作 $A/R$，即 $A/R = \{[x]_R \mid x \in A\}$。

由定义 3.7.3 可见，对于例 3.7.2 中的等价关系 $R$（模 3 同余关系），$A$ 关于 $R$ 的商集为 $A/R = \{[1]_R, [2]_R, [3]_R\}$，即 $A/R = \{\{1, 4, 7\}, \{2, 5, 8\}, \{3, 6\}\}$。

下述定理刻画了等价类的性质。

**【定理 3.7.1】** 设 $R$ 是非空集合 $A$ 上的等价关系，则有：

(1) $\forall x \in A$，$[x]_R$ 是 $A$ 的非空子集；

(2) $\forall x, y \in A$，如果 $\langle x, y \rangle \in R$，则 $[x]_R = [y]_R$；

(3) $\forall x, y \in A$，如果 $\langle x, y \rangle \notin R$，则 $[x]_R \cap [y]_R = \varnothing$；

(4) $\bigcup \{[x]_R \mid x \in A\} = A$，即所有等价类的并集等于集合 $A$。

**证明** (1) $\forall x \in A$，因为 $R$ 满足自反性，故 $\langle x, x \rangle \in R$。由等价类的定义可知，$x \in [x]_R$，故 $[x]_R$ 非空。

(2) 首先证明 $[x]_R \subseteq [y]_R$，即证明：对于任意元素 $z$，若 $z \in [x]_R$，则 $z \in [y]_R$。

对于任意元素 $z$，若 $z \in [x]_R$，则 $\langle x, z \rangle \in R$。如果 $\langle x, y \rangle \in R$ 且 $\langle x, z \rangle \in R$，因为 $R$ 满足对称性，故 $\langle y, x \rangle \in R$ 且 $\langle x, z \rangle \in R$。因为 $R$ 满足传递性，故 $\langle y, z \rangle \in R$，即 $z \in [y]_R$。

同理可证 $[y]_R \subseteq [x]_R$，故 $[x]_R = [y]_R$。

(3) 反证法：假设 $\langle x, y \rangle \notin R$ 时，$[x]_R \cap [y]_R \neq \varnothing$，则存在 $z \in [x]_R \cap [y]_R$，即 $\langle x, z \rangle \in R$ 且 $\langle y, z \rangle \in R$。因为 $R$ 满足对称性，故 $\langle z, y \rangle \in R$。因为 $R$ 满足传递性，故 $\langle x, z \rangle \in R$ 且 $\langle z, y \rangle \in R$ 时，$\langle x, y \rangle \in R$，产生矛盾，假设不成立。

(4) 首先证明 $\bigcup \{[x]_R \mid x \in A\} \subseteq A$，即证明：对于任意元素 $z$，若 $z \in \bigcup \{[x]_R \mid x \in A\}$，则 $z \in A$。

对于任意元素 $z$，若 $z \in \bigcup \{[x]_R \mid x \in A\}$，则存在 $x \in A$ 且 $z \in [x]_R$。因为 $[x]_R$ 是 $A$ 的子集，故 $z \in A$。

进而证明 $A \subseteq \bigcup \{[x]_R \mid x \in A\}$，即证明：对于任意元素 $z$，若 $z \in A$，则 $z \in \bigcup \{[x]_R \mid x \in A\}$。

对于任意元素 $z$，若 $z \in A$，则 $z \in [z]_R$，则 $z \in \bigcup \{[x]_R \mid x \in A\}$。

> **Tips：** 上述证明方法都采用了非形式化逻辑演算。(2)、(4) 的证明，体现了证明集合相等，可证明两个集合互为子集；(3) 的证明，体现了反证法。

上面介绍的等价类和商集的概念与性质,显然都是由等价关系 $R$ 引出并予以定义的。

注意到,$R$ 是非空集合 $A$ 上的等价关系。因此,从另一个角度,我们也可以基于非空集合 $A$,以及集合 $A$ 的元素与特定的子集,讨论等价关系 $R$。下面将针对非空集合 $A$,引入与等价类和商集对应的一组概念:划分块和划分。

**【定义 3.7.4】** 设 $A$ 为非空集合,若 $\Pi$ 是由 $A$ 的若干个子集构成的集合,即 $\Pi=\{\pi_i | \pi_i \subseteq A\}$,且满足:

(1) $\pi_i \neq \varnothing$;

(2) 对于任意 $\pi_i, \pi_j \subseteq A, i \neq j, \pi_i \cap \pi_j = \varnothing$;

(3) $\bigcup \pi_i = A$,

则称 $\Pi$ 是一个**集合 $A$ 的划分**,称 $\Pi$ 中的元素 $\pi_i$ 为**集合 $A$ 的划分块**。

比较定理 3.7.1 以及定义 3.7.2、定义 3.7.3、定义 3.7.4,可见等价类的概念对应了集合 $A$ 的划分块,商集的概念对应了集合 $A$ 的划分。值得注意的是,划分块和划分并不借助等价关系 $R$ 予以定义。

**【例 3.7.3】** 已知 $A=\{1,2,3\}$,$A$ 上的恒等关系 $I_A$ 和全域关系 $E_{A \times A}$ 分别记为 $R_1$ 和 $R_2$,求 $A$ 关于 $R_1$ 和 $R_2$ 的商集,以及对应的集合 $A$ 的划分 $\Pi_1$ 和 $\Pi_2$。

**解** $A$ 上的恒等关系和全域关系都是等价关系,则

$A$ 关于 $R_1$ 的商集为 $A/R_1=\{\{1\},\{2\},\{3\}\}$,$A$ 的划分 $\Pi_1=\{\{1\},\{2\},\{3\}\}$;

$A$ 关于 $R_2$ 的商集为 $A/R_2=\{\{1,2,3\}\}$,$A$ 的划分 $\Pi_2=\{\{1,2,3\}\}$。

由上例可见,对于集合 $A$ 上不同的等价关系 $R$,$A$ 关于 $R$ 的商集是不同地。相应地,集合 $A$ 的划分也是不同的。反之,对于非空集合 $A$ 的任意一个划分 $\Pi$,可相应定义 $A$ 上的二元关系 $R$,即

$$R=\{\langle x,y \rangle | x,y \in A \wedge x \text{ 与 } y \text{ 在 } A \text{ 的同一划分块中}\}$$

参考定理 3.7.1,不难证明上述关系 $R$ 是 $A$ 上的等价关系,且 $A$ 关于 $R$ 的商集就是集合 $A$ 的划分 $\Pi$。通过集合 $A$ 的划分 $\Pi$ 构造出等价关系 $R$,可更准确地表述为:设非空集合 $A$ 的一个划分 $\Pi=\{\pi_1,\pi_2,\cdots,\pi_n\}$,$\Pi$ 中所有元素 $\pi_i$(即划分块 $\pi_i$)与自身笛卡儿积的并集,是 $A$ 上的等价关系 $R$,即

$$R=(\pi_1 \times \pi_1) \bigcup (\pi_2 \times \pi_2) \bigcup \cdots \bigcup (\pi_n \times \pi_n)$$

**【例 3.7.4】** 已知集合 $A=\{1,2,3\}$,求 $A$ 上所有的等价关系。

**解** 集合 $A$ 的不同划分如下所示:

有 3 个划分块的划分:$\Pi_1=\{\{1\},\{2\},\{3\}\}$;

有 2 个划分块的划分:$\Pi_2=\{\{1,2\},\{3\}\}$,

$\Pi_3=\{\{1,3\},\{2\}\}$,

$\Pi_4=\{\{2,3\},\{1\}\}$;

有 1 个划分块的划分:$\Pi_5=\{\{1,2,3\}\}$。

上述 5 种集合 $A$ 的划分,分别对应了 5 种不同的 $A$ 上的等价关系:

$$R_1 = I_A$$
$$R_2 = \{\langle 1,2 \rangle, \langle 2,1 \rangle\} \bigcup I_A$$
$$R_3 = \{\langle 1,3 \rangle, \langle 3,1 \rangle\} \bigcup I_A$$
$$R_4 = \{\langle 2,3 \rangle, \langle 3,2 \rangle\} \bigcup I_A$$
$$R_5 = E_{A \times A}$$

基于图 3.7.2,可更直观地理解划分的含义。

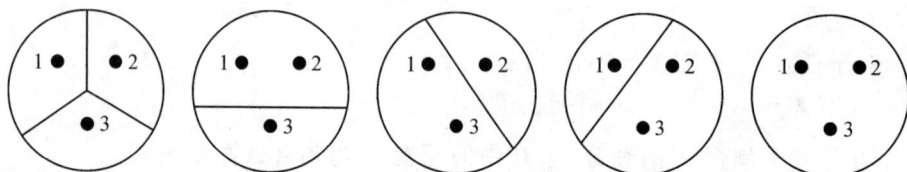

**图 3.7.2　例 3.7.4 中集合 $A$ 的不同划分**

> **Tips:** 对于 $n$ 元有限集 $A$,即 $|A| = n$,$A$ 上所有等价关系的数目,称为第二类 Stirling 数。感兴趣的读者可查阅相关资料。

通过上述例题,我们再次强调:划分块和划分,是基于非空集合 $A$ 定义的;而等价类和商集,是基于等价关系 $R$ 定义的。与此同时,对于集合 $A$ 的每一种划分,都对应了一种 $A$ 上的等价关系。

# 3.8　偏序关系

有别于等价关系,偏序关系也是一类重要的二元关系。

**【定义 3.8.1】**　设 $R$ 是非空集合 $A$ 上的二元关系,如果 $R$ 同时满足自反性、反对称性和传递性,则称 $R$ 是 $A$ 上的**偏序关系**。

偏序关系是一种常见的关系,如第 3.4.1 节介绍的实数集上的小于等于关系、大于等于关系,正整数集上的整除关系,集合族上的包含关系等。

**【例 3.8.1】**　已知集合 $A = \{2, 3, 6\}$,集合 $B = \{\varnothing, \{\varnothing\}\}$,求 $A$ 上的整除关系 $R_1$,小于等于关系 $R_2$,大于等于关系 $R_3$ 以及 $B$ 上的包含关系 $R_4$,并验证上述关系都是偏序关系。

**解**　由题意可知:

$$R_1 = \{\langle a,b \rangle \mid b \text{ 能被 } a \text{ 整除}\} = \{\langle 2,2 \rangle, \langle 2,6 \rangle, \langle 3,3 \rangle, \langle 3,6 \rangle, \langle 6,6 \rangle\}$$
$$R_2 = \{\langle a,b \rangle \mid a \text{ 小于等于 } b\} = \{\langle 2,2 \rangle, \langle 2,3 \rangle, \langle 2,6 \rangle, \langle 3,3 \rangle, \langle 3,6 \rangle, \langle 6,6 \rangle\}$$
$$R_3 = \{\langle a,b \rangle \mid a \text{ 大于等于 } b\} = \{\langle 2,2 \rangle, \langle 3,2 \rangle, \langle 3,3 \rangle, \langle 6,2 \rangle, \langle 6,3 \rangle, \langle 6,6 \rangle\}$$
$$R_4 = \{\langle a,b \rangle \mid a \subseteq b\} = \{\langle \varnothing, \varnothing \rangle, \langle \varnothing, \{\varnothing\} \rangle, \langle \{\varnothing\}, \{\varnothing\} \rangle\}$$

不难验证 $R_1, R_2, \cdots, R_4$ 都满足自反性、反对称性和传递性,故 $R_1, R_2, R_3$ 都是集合 $A$ 上的偏序关系,$R_4$ 是集合 $B$ 上的偏序关系。

在绘制偏序关系的关系图时,我们可以利用偏序关系的性质**简化关系图**,得到偏序关系特有的**哈斯图**。不妨设 $R$ 是非空集合 $A$ 上的偏序关系。

首先,偏序关系满足自反性,即对于任意 $x\in A$,必有 $\langle x,x\rangle\in R$,在关系图中体现为:每个元素对应的顶点都有环(自环)。所以,在哈斯图中约定:省略所有环的绘制。

其次,偏序关系满足反对称性,即对于任意 $x,y\in A$ 且 $x\neq y$,若 $\langle x,y\rangle\in R$,必有 $\langle y,x\rangle\notin R$,在关系图中体现为:任意两个不同的顶点间,若存在有向边,只存在 1 条。所以,在哈斯图中约定:有向边的指向一律向上(垂直向上或斜向上),同时省略有向边中表示方向的箭头,即采用向上的无向边代替有向边。

最后,偏序关系满足传递性,即对于任意 $x,y,z\in A$,若 $\langle x,y\rangle\in R$ 且 $\langle y,z\rangle\in R$,必有 $\langle x,z\rangle\in R$,在关系图中体现为:若存在以 $x$ 为起点、$y$ 为终点的有向边 $e_1=\langle x,y\rangle$ 以及以 $y$ 为起点、$z$ 为终点的有向边 $e_2=\langle y,z\rangle$,必存在以 $x$ 为起点、$z$ 为终点的有向边 $e_3=\langle x,z\rangle$。所以,在哈斯图中约定:把通过传递性可以得到的序偶对应的有向边省略,即若已绘制 $e_1,e_2$,则省略绘制 $e_3$。

【例 3.8.2】 已知集合 $A=\{2,3,4,6,8\}$,写出 $A$ 上整除关系 $R$,并绘制 $R$ 的关系图与哈斯图。

**解** $R=\{\langle 2,2\rangle,\langle 2,4\rangle,\langle 2,6\rangle,\langle 2,8\rangle,\langle 3,3\rangle,\langle 3,6\rangle,\langle 4,4\rangle,\langle 4,8\rangle,\langle 6,6\rangle,\langle 8,8\rangle\}$

整除关系 $R$ 的关系图与哈斯图如图 3.8.1 所示。

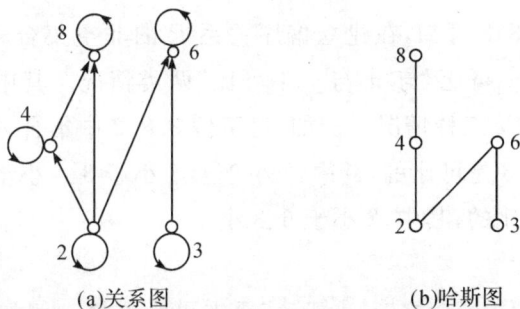

(a)关系图  (b)哈斯图

图 3.8.1 例 3.8.2 中整除关系 $R$ 的关系图与哈斯图

由图 3.8.1 可见,基于约定绘制的哈斯图,明显简化了偏序关系的关系图,也较为直观地描述了建立偏序关系的非空集合 $A$ 中元素间的关系。

回顾上节内容,对于非空集合 $A$ 上的等价关系 $R$,在介绍等价类与商集的概念后,我们改变了视角,从建立等价关系的非空集合 $A$ 及其元素与子集的角度,引入了集合 $A$ 的划分与划分块的概念,并建立了等价关系 $R$ 与集合 $A$ 的划分 $\Pi$ 之间的联系。

接下来,我们也将采用类似的方式,从建立偏序关系的非空集合 $A$ 及其元素的角度,进一步探讨偏序关系的性质与偏序关系哈斯图体现出的集合 $A$ 中元素间的关系。

【定义 3.8.2】 非空集合 $A$ 和 $A$ 上的关系 $R$ 可统称为一个结构。非空集合 $A$ 和 $A$ 上的偏序关系 $R$ 可统称为一个**偏序结构**,或称为**偏序集**,记为 $\langle A,R\rangle$。

在不产生误解的情况下,非空集合 $A$ 上的偏序关系 $R$ 可记作 $\leqslant$,相应的偏序集可记

为 $\langle A, \leqslant \rangle$。

**【定义 3.8.3】** 设 $R$ 是非空集合 $A$ 上的偏序关系,则有:

(1) $\forall x, y \in A, \langle x, y \rangle \in R$,可记作 $x \leqslant y$,读作"$x$ 小于等于 $y$";

(2) $\forall x, y \in A, \langle x, y \rangle \in R$ 且 $x \neq y$,可记作 $x < y$,读作"$x$ 小于 $y$";

(3) $\forall x, y \in A$,若 $\langle x, y \rangle \in R$ 或 $\langle y, x \rangle \in R$,则称 $x$ 与 $y$ **可比**,否则称 $x$ 与 $y$ **不可比**;

(4) $\forall x, y \in A$,若 $x < y$ 且不存在 $z \in A$ 使得 $x < z < y$,称 $y$ **盖住** $x$,

并称 $\text{COV } A = \{\langle x, y \rangle \mid x, y \in A \wedge y \text{ 盖住 } x\}$ 为 $A$ 上的**盖住关系**。

> **Tips**:习惯上,符号"$\leqslant$"和"$<$"常用以表示小于等于和小于,故可采用符号"$\leqslant$ 和 $<$"予以区别。为避免产生误解,后文将尽量采用 $\langle x, y \rangle \in R$ 的形式表示偏序关系中的元素,而不采用 $x \leqslant y$、$x < y$ 等形式。

首先,注意定义 3.8.3 中的四组概念,是在偏序关系 $R$ 的基础上,针对非空集合 $A$ 中的元素给出的,直观地反映了非空集合 $A$ 中的元素具有的特定的排列次序。

定义中使用的符号"$\leqslant$"和"$<$",并不是表示元素 $x, y$ 的大小。$x \leqslant y$ 的含义是 $x$ 排列在 $y$ 前或 $x = y$;$x < y$ 的含义是 $x$ 排列在 $y$ 前。例如,对于例 3.8.1 中的大于等于关系 $R_3$,$\langle 3, 2 \rangle \in R_3$,可记作 $3 \leqslant 2$ 或 $3 < 2$。同理,对于例 3.8.2 中的整除关系 $R$,$\langle 2, 2 \rangle \in R$ 可记作 $2 \leqslant 2$,$\langle 2, 4 \rangle \in R$ 可记作 $2 \leqslant 4$ 或 $2 < 4$。

进而,根据定义 3.8.3 可知,在建立偏序关系 $R$ 的非空集合 $A$ 中,任取两个元素 $x$ 和 $y$,则可能存在"$x$ 与 $y$ 可比"与"$x$ 与 $y$ 不可比"两类情况。其中,$x$ 与 $y$ 可比,可进一步分为 $x < y$、$x = y$、$y < x$ 三种情况。例如,对于例 3.8.2 中集合 $A$ 的 5 个元素:

2 和 4、2 和 8、4 和 8 是可比的,其中,2 小于 4、2 小于 8、4 小于 8;

2 和 6、3 和 6 是可比的,其中,2 小于 6、3 小于 6;

但 6 和 8 不可比。

最后,注意到"$y$ 盖住 $x$"较之"$x$ 小于 $y$"要求更为严格。例如,在例 3.8.2 中,对于 2、4、8 而言,4 盖住 2,8 盖住 4,但不能称 8 盖住 2,且可知 2 小于 8。同时,直观上,盖住的概念对应了哈斯图中的无向边。对照图 3.8.1 可知,图中的 4 条无向边对应了元素间的 4 组盖住情况:4 盖住 2、8 盖住 4、6 盖住 2、6 盖住 3。

在上述定义基础上,可将哈斯图的绘图方法转述为:设 $R$ 是非空集合 $A$ 上的偏序关系。对于 $A$ 中的任意元素 $x, y$,如果 $x < y$,则将代表 $y$ 的顶点绘制在代表 $x$ 的顶点上方;如果 $y$ 盖住 $x$,则将 $x$ 与 $y$ 用无向边连接,从而获得偏序关系对应的哈斯图。

借助 $A$ 上的盖住关系 $\text{COV } A$,亦可见哈斯图中的每条无向边,对应了 $A$ 上的盖住关系中的每个序偶。

**【例 3.8.3】** 设 $A = \{x \mid x \text{ 是 24 的正因子}\}$,$B = P(\{a, b, c\})$,绘制 $A$ 上的整除关系 $R_1$ 和 $B$ 上的包含关系 $R_2$ 对应的哈斯图。

**解**　$A = \{1, 2, 3, 4, 6, 8, 12, 24\}$

$$B = \{\varnothing, \{a\}, \{b\}, \{c\}, \{a,b\}, \{a,c\}, \{b,c\}, \{a,b,c\}\}$$

$R_1$ 和 $R_2$ 对应的哈斯图如图 3.8.2 所示。

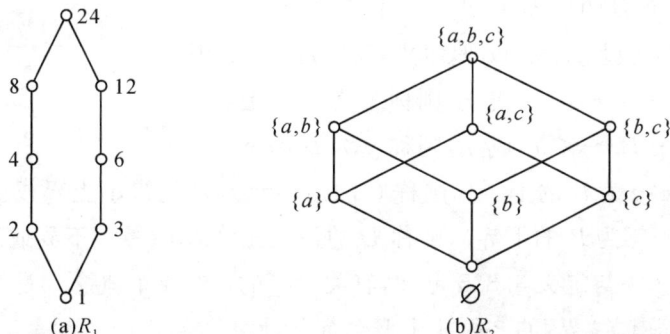

图 3.8.2　例 3.8.3 中整除关系 $R_1$ 的哈斯图与包含关系 $R_2$ 的哈斯图

对于非空集合 $A$ 上的偏序关系 $\leqslant$,已在定义 3.8.3 的基础上,考察了集合 $A$ 中元素间的排列次序。下面将进一步考察偏序集 $\langle A, \leqslant \rangle$ 中的特殊元素。

【定义 3.8.4】　设 $\langle A, \leqslant \rangle$ 为偏序集,$B \subseteq A, y \in B$,则有:

(1)若 $\forall x(x \in B \wedge x \leqslant y \rightarrow x = y)$ 成立,则称 $y$ 为 $B$ 的**极小元**;

(2)若 $\forall x(x \in B \wedge y \leqslant x \rightarrow x = y)$ 成立,则称 $y$ 为 $B$ 的**极大元**;

(3)若 $\forall x(x \in B \rightarrow y \leqslant x)$ 成立,则称 $y$ 为 $B$ 的**最小元**;

(4)若 $\forall x(x \in B \rightarrow x \leqslant y)$ 成立,则称 $y$ 为 $B$ 的**最大元**。

最小元和极小元的概念是不同的,我们应根据定义中采用的谓词描述,特别是量词的取值进行理解。

对于集合 $A$ 的子集 $B$,存在最小元 $y$ 的前提是:对于 $B$ 中的任意元素 $x$,都满足 $y$ 小于等于 $x$;换言之,最小元 $y$ 与 $B$ 中的任意元素 $x$ 都可比,且对于任意元素 $x$,除 $x = y$ 情况外,都满足 $y$ 小于 $x$。直观上,最小元 $y$ 是 $B$ 中"最小的"元素。

对于集合 $A$ 的子集 $B$,存在极小元 $y$ 的前提是:对于 $B$ 中的任意元素 $x$,如果 $x$ 小于等于 $y$,则 $x = y$;换言之,极小元 $y$ 不一定与 $B$ 中的任意元素 $x$ 都可比,但如果 $y$ 和 $x$ 可比,则 $y$ 小于等于 $x$。直观上,只要 $B$ 中没有小于 $y$ 的元素,那么 $y$ 就是极小元。

从"存在性、唯一性"的角度分析,对于有限集 $B$,极小元一定存在,但最小元不一定存在。如果存在最小元,则一定是唯一的,但可能存在多个极小元。此外,如果 $B$ 中只有一个极小元,则它一定是 $B$ 的最小元。

类似地,最大元与极大元也有上述区别与联系。

> **Tips**:从量词的取值考虑,对于子集 $B$ 中的极小元 $y$,若 $B$ 中的元素 $x$ 与 $y$ 不可比,则 $x \leqslant y$ 为假,故 $x \in B \wedge x \leqslant y \rightarrow x = y$ 依旧为真,不影响 $\forall x(x \in B \wedge x \leqslant y \rightarrow x = y)$ 的真值。

【例 3.8.4】　考虑例 3.8.3 中 $A$ 上的整除关系 $R_1$,对于 $A$ 的子集 $B = \{2, 3, 6\}$;

注意到 2 和 3 不可比,但 2 和 3 都小于等于 6,因此 2 和 3 都是 $B$ 的极小元;

但是,$B$ 的最小元不存在。

同理可知,6 是 $B$ 的极大元,也是 $B$ 的最大元。

**【定义 3.8.5】** 设 $\langle A, \leqslant \rangle$ 为偏序集,$B \subseteq A$,$y \in A$,则有:

(1)若 $\forall x(x \in B \to x \leqslant y)$ 成立,则称 $y$ 为 $B$ 的**上界**;

(2)若 $\forall x(x \in B \to y \leqslant x)$ 成立,则称 $y$ 为 $B$ 的**下界**;

(3)令 $C = \{y \mid y$ 为 $B$ 的上界$\}$,则称 $C$ 的最小元为 $B$ 的**最小上界**或**上确界**;

(4)令 $D = \{y \mid y$ 为 $B$ 的下界$\}$,则称 $D$ 的最大元为 $B$ 的**最大下界**或**下确界**。

对比定义 3.8.4 与定义 3.8.5 可知,有关"元"的 2 组 4 个概念都是针对集合 $A$ 的子集 $B$ 中的元素,而有关"界"的 2 组 4 个概念都是针对集合 $A$ 中的元素。

此外,$B$ 的最小元一定是 $B$ 的下界,同时也是 $B$ 的最大下界。同理,$B$ 的最大元一定是 $B$ 的上界,同时也是 $B$ 的最小上界。

从"存在性、唯一性"的角度分析,$B$ 的下界、最大下界、上界、最小上界都可能不存在。如果存在,最大下界和最小上界是唯一的,但可能存在多个下界和多个上界。

**【例 3.8.5】** 考虑例 3.8.3 中的 $A$ 上的整除关系 $R_1$,对于 $A$ 的子集 $B = \{2,3,6\}$:

$B$ 的下界和最大下界都是 1,但 1 不是 $B$ 中的元素;

$B$ 的上界有 6,12,24,最小上界是 6,6 是 $B$ 的最大元,是 $B$ 中的元素。

**【例 3.8.6】** 设 $A = \{a, b, c, \cdots, h\}$,$A$ 上的偏序关系 $R$ 的哈斯图如图 3.8.3 所示,

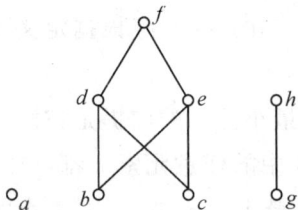

图 3.8.3 例 3.8.6 中 $A$ 上的偏序关系 $R$ 的哈斯图

对于集合 $A$,有:

| 极小元 | 最小元 | 极大元 | 最大元 | 下界 | 最大下界 | 上界 | 最小上界 |
|--------|--------|--------|--------|------|----------|------|----------|
| $a,b,c,g$ | 不存在 | $a,f,h$ | 不存在 | 不存在 | 不存在 | 不存在 | 不存在 |

对于集合 $A$ 的子集 $B = \{d, e, f\}$,有:

| 极小元 | 最小元 | 极大元 | 最大元 | 下界 | 最大下界 | 上界 | 最小上界 |
|--------|--------|--------|--------|------|----------|------|----------|
| $d,e$ | 不存在 | $f$ | $f$ | $b,c$ | 不存在 | $f$ | $f$ |

最后,介绍两类常见的偏序关系。

**【定义 3.8.6】**　设 $R$ 为非空集合 $A$ 上的偏序关系,有:

(1)如果 $\forall x,y \in A$,$x$ 与 $y$ 都是可比的,则称 $R$ 是 $A$ 上的**全序关系**,或线序关系,相应地,$\langle A,R \rangle$ 称为全序集,或线序集,或链;

(2)如果 $R$ 是 $A$ 上的全序关系且 $A$ 的任意非空子集都有最小元,则称 $R$ 是 $A$ 上的**良序关系**,$\langle A,R \rangle$ 称为良序集。

例如,自然数集或整数集上的小于等于关系是全序关系,因为任意两个自然数或任意两个整数总是可比的。同时,自然数集上的小于等于关系是良序关系,因为自然数集的任意非空子集都有最小元;但整数集上的小于等于关系不是良序关系,例如 $B=\{x \mid x$ 小于 $0$ 且 $x$ 是整数$\}$ 是整数集的子集,但 $B$ 没有最小元。

## 3.9　关系的应用

对于二元关系,已知可采用集合表示法、关系矩阵或关系图予以表示。对于更复杂的 $n$ 元关系,显然关系矩阵与关系图不再适用。此时,可采用表的形式予以表示。

例如,对于计算机学院开设的本科课程,可采用表的形式,表示课程编号、课程名称、课程类别、必修/选修情况、学分、学时等课程信息,如表 3.9.1 所示。

**表 3.9.1　课程设置表**

| 课程编号 | 课程名称 | 课程类别 | 必修/选修 | 学分 | 学时 | 开设学期 | 考核方式 | … |
|---|---|---|---|---|---|---|---|---|
| G237003 | 马克思主义基本原理 | 通识课程 | 必修 | 3 | 48 | 二 1 | 考试 | … |
| G126003 | C++程序设计 | 大类基础课程 | 必修 | 4 | 64 | 一 2 | 考试 | … |
| G126139 | 离散数学 | 大类基础课程 | 必修 | 4 | 64 | 一 2 | 考试 | … |
| G126067 | 软件工程 | 专业课程 | 必修 | 3 | 48 | 三 1 | 考试 | … |
| G126036 | 计算方法及实现 | 专业课程 | 选修 | 2 | 32 | 二 2 | 考查 | … |
| G126061 | 人工智能导论 | 专业课程 | 选修 | 3 | 48 | 二 2 | 考查 | … |

从表 3.9.1 中不难看出,每一门课程的课程信息,本质上都是一个由不同字段构成的 $n$ 元组,而这些字段是 $n$ 元组的数据项。例如,$\langle$G126139,离散数学,大类基础课程,必修,4,…$\rangle$ 就构成了离散数学课程信息的一个记录。显然,将课程编号、课程名称、课程类别等视为集合,则该 $n$ 元组是 $n$ 重笛卡儿积的元素。

一般来说,数据库由记录组成,记录是由字段构成的 $n$ 元组,字段是具体的数据项。在关系数据模型中,把一个记录的数据库表示成一个 $n$ 元关系,数据按如上所示的二维表的形式存放,这种二维表就叫作关系表,关系表体现了数据库中存储的数据与数据间的联系。

在程序设计或进程调度问题中,常会涉及如下问题。

【例 3.9.1】 某数据分析程序包括 6 种分析任务。某些分析任务只能在其他任务结束后,调用相应的分析结果来完成。例如,任务 $c$ 需调用任务 $a,b$ 的分析结果,任务 $e$ 需调用任务 $b,d$ 的分析结果,任务 $f$ 需调用任务 $a,b,c,d,e$ 的分析结果。如何设计分析任务执行的顺序?

对于上述问题,显然在不同的分析任务间,存在着"前驱后继"的关系。采用序偶的方式,我们可将上述关系表示为〈前驱任务,后继任务〉的形式,例如对于任务 $b$,对应的序偶包括〈$b,c$〉,〈$b,e$〉,〈$b,f$〉;对于任务 $c$,对应的序偶包括〈$c,f$〉。借鉴偏序关系的思想,可基于任务间的"前驱后继"关系,采用哈斯图的形式表示,如图 3.9.1 所示。

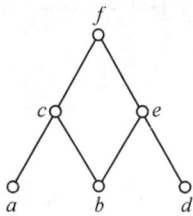

图 3.9.1 例 3.9.1 图示

基于哈斯图,可直观地获得 6 种分析任务可行的执行顺序。例如:$a,b,c,d,e,f$ 就是一种可行的执行顺序,而 $a,b,c,e,d,f$ 不是可行的执行顺序。

更重要的是,基于哈斯图,可见 6 种分析任务可分为三个执行阶段,第一阶段包括任务 $a,b,d$,第二阶段包括任务 $c,e$,第三阶段包括任务 $f$。同时,为提高执行效率,可采用并行的方式同时执行不同的分析任务。不难看出,在一般情况下(不考虑单个任务的执行时长),采用 3 个计算核心就可在执行效率优先时兼顾计算成本,即在第一阶段同时执行分析任务 $a,b,d$。

若将上述 6 种分析任务扩展到 $n$ 种分析任务,应如何确定相应的执行阶段,在并行方式下提高执行效率并兼顾计算成本,是值得思考的问题。为更好地给予说明,首先回顾非空集合 $A$ 上的偏序关系,任取 $A$ 中两个元素 $x$ 和 $y$,则存在"$x$ 与 $y$ 可比"与"$x$ 与 $y$ 不可比"两类情况。进而,在可比、不可比概念的基础上,可针对偏序关系进一步定义链与反链的相关概念。

【定义 3.9.1】 对于偏序集〈$A,\leqslant$〉,有:

(1)链 $C$ 是 $A$ 的子集且 $C$ 中任意两个元素都可比;

(2)反链 $A_c$ 是 $A$ 的子集且 $A_c$ 中任意两个元素都不可比;

(3)含有元素最多的链称为最长链,含有元素最多的反链称为最长反链;

(4)最长链中的元素个数称为偏序集的高度,最长反链中的元素个数称为偏序集的宽度。

根据定义,可见图 3.9.1 及其对应偏序集中,$\{a,c\},\{b,e\},\{a,c,f\},\{b,e,f\}$ 等都是链,$\{a,c,f\}$ 等都是最长链,$\{b,d\},\{c,e\},\{a,b,d\}$ 等都是反链,$\{a,b,d\}$ 是最长反链。相应地,偏序集的高度为 3,宽度也为 3。借助链与反链的概念,可以验证,对于 $n$ 种分析任务,相应的执行阶段数等于对应偏序集的高度,而采用并行方式时,在一般情况下,采用的计算核心数等于偏序集的宽度,可在执行效率优先时兼顾计算成本。

上述思想常见于多任务情况下的进程调度问题。在链与反链概念基础上,有著名的狄尔沃斯定理(Dilworth's Theorem),除上述应用外,也涉及最长上升或下降子序列求解,图论中最小路径覆盖等实用问题,感兴趣的读者可查阅相关资料。

# 习　题

**1.** 采用列举法、谓词描述法,表示下述集合:

(1)小于 20 的偶数组成的集合;

(2)构成 Discrete Mathmatics 的字母组成的集合;

(3)命题联结词构成的集合。

**2.** 设集合 $A=\{a,\{a\}\}$,判断下述命题的真值,并说明理由:

(1)$a\in A \land a\subseteq A$;　　　　　　　　(2)$\{a\}\in A \land \{a\}\subseteq A$;

(3)$\{\{a\}\}\in A \lor \{\{a\}\}\subseteq A$;　　　(4)$\varnothing\in A \lor \varnothing\subseteq A$。

**3.** 设 $A,B,C$ 是集合,判断下述命题是否永真,并说明理由:

(1)如果 $A\in B$ 且 $B\in C$,则 $A\in C$;　　(2)如果 $A\in B$ 且 $B\in C$,则 $A\subseteq C$;

(3)如果 $A\in B$ 且 $B\subseteq C$,则 $A\in C$;　(4)如果 $A\in B$ 且 $B\subseteq C$,则 $A\subseteq C$;

(5)如果 $A\subseteq B$ 且 $B\in C$,则 $A\in C$;　(6)如果 $A\subseteq B$ 且 $B\in C$,则 $A\subseteq C$;

(7)如果 $A\subseteq B$ 且 $B\in C$,则 $A\in C$;　(8)如果 $A\subseteq B$ 且 $B\subseteq C$,则 $A\subseteq C$。

**4.** 将第 3 题中相应位置的 $\in$ 换为 $\notin$,$\subseteq$ 换为 $\not\subseteq$,判断对应的命题是否永真,并说明理由。

**5.** 设全集 $E$ 为正整数集 $\mathbf{Z}^+$,$A,B,C$ 是 $E$ 的子集,$A=\{x\mid x^2<50\}$,$B=\{x\mid x$ 是 30 的正因子$\}$,$C=\{1,3,5,7\}$,求下述集合运算结果:

(1)$A\cap B$;　　　　　　　　(2)$A\cup C$;

(3)$A-B$;　　　　　　　　(4)$\sim A$;

(5)$A\oplus B$;　　　　　　　(6)$A\cup(B\cap C)$;

(7)$C-(A\cap B)$;　　　　　(8)$(B\cup C)-(B\cap C)$。

**6.** 采用逻辑演算或集合演算,证明下述集合等式:

(1)$A-(B\cap C)=(A-B)\cup(A-C)$;

(2)$(A\cup B)-(A\cap B)=(A-B)\cup(B-A)$;

(3)$A-B=A-(A\cap B)$;　　　　(4)$A-(A-B)=A\cap B$;

(5)$A\cup(B-A)=A\cup B$;　　　(6)$A\cap(B-A)=\varnothing$。

**7.** 求下列集合的幂集:

(1)$A=\{a,b,c\}$;　　　　　　(2)$\varnothing$;

(3)$B=\{\varnothing\}$;　　　　　　(4)$C=\{\varnothing,\{\varnothing\}\}$。

**8.** 设集合 $A=\{a,b\}$，$B=\{x,y\}$，求下述笛卡儿积：

(1) $A\times A$，$A\times B$，$B\times A$，$B^3$；          (2) $P(A)\times A$。

**9.** 采用逻辑演算，完成下述证明：

(1) $A\subseteq B\Leftrightarrow A-B=\varnothing$；          (2) $A\oplus B=A\oplus C\Rightarrow B=C$；

(3) $A=B\Leftrightarrow P(A)=P(B)$；          (4) $A\subseteq B\Leftrightarrow P(A)\subseteq P(B)$；

(5) $P(A)\cap P(B)=P(A\cap B)$；          (6) $P(A)\cup P(B)\subseteq P(A\cup B)$；

(7) $(A\times C)\cap(B\times D)=(A\cap B)\times(C\cap D)$；

(8) $(A\times C)\cup(B\times D)\subseteq(A\cup B)\times(C\cup D)$。

**10.** 某班有 25 位同学，其中 13 人会打篮球，12 人会打排球，8 人会打网球，6 人会打篮球和排球，5 人会打篮球和网球，4 人会打排球和网球，还有 2 人会打这三种球。求：

(1) 班上不会打球的人数；          (2) 只会打篮球或排球或网球的人数。

**11.** 某班有 25 位同学，其中 13 人会打篮球，12 人会打排球，6 人会打篮球和排球，5 人会打篮球和网球，还有 2 人会打这三种球。已知 6 位会打网球的同学都会打篮球或排球，求班上不会打球的人数。

**12.** 求在 1～100 的整数中，可被 3，5，7 中任意一个整除的整数的个数。

**13.** 设集合 $A=\{1,2,3\}$，$B=\{a,b\}$，采用关系矩阵和关系图，表示下述关系：

(1) 从 $A$ 到 $B$ 的空关系、全域关系；          (2) $A$ 上的空关系、全域关系、恒等关系。

**14.** 设集合 $A=\{1,2\}$，求 $A$ 上所有不同的二元关系。

**15.** 采用列举法表示下述关系 $R$，求关系 $R$ 的关系矩阵 $M_R$，并绘制关系图：

(1) 设集合 $A=\{1,2,3,\cdots,9\}$，$R$ 是 $A$ 上的模 3 同余关系；

(2) 设集合 $A=\{1,2\}$，$R$ 是 $P(A)$ 上的包含关系；

(3) 设集合 $A=\{1,2,3\}$，$R$ 是 $A$ 上的小于等于关系。

**16.** 设集合 $A=\{a_1,a_2,a_3\}$，$B=\{b_1,b_2,b_3,b_4\}$，$C=\{c_1,c_2,c_3\}$，已知从 $A$ 到 $B$ 的二元关系 $R=\{\langle a_1,b_1\rangle,\langle a_1,b_4\rangle,\langle a_2,b_3\rangle,\langle a_3,b_2\rangle,\langle a_3,b_4\rangle,\langle a_4,b_2\rangle,\langle a_4,b_3\rangle\}$，从 $B$ 到 $C$ 的二元关系 $S=\{\langle b_1,c_2\rangle,\langle b_1,c_3\rangle,\langle b_2,c_2\rangle,\langle b_3,c_1\rangle,\langle b_3,c_3\rangle\}$。试求：

(1) 关系 $R$ 的关系矩阵 $M_R$，关系 $S$ 的关系矩阵 $M_S$；

(2) 复合关系 $R\circ S$，并求其关系矩阵 $M_{R\circ S}$；

(3) 复合关系 $R\circ S$ 的逆关系 $(R\circ S)^{-1}$，并求其关系矩阵 $M_{(R\circ S)^{-1}}$；

(4) 逆关系 $R^{-1}$ 和 $S^{-1}$，并求其关系矩阵 $M_{R^{-1}}$ 和 $M_{S^{-1}}$；

(5) $S^{-1}\circ R^{-1}$，并求其关系矩阵 $M_{S^{-1}\circ R^{-1}}$。

**17.** 设集合 $A=\{1,2,3,4\}$，$A$ 上的二元关系 $R=\{\langle 1,2\rangle,\langle 2,3\rangle,\langle 3,4\rangle,\langle 4,1\rangle\}$，求下述关系的运算：

(1) $R\circ R$；          (2) $R^{-1}$；

(3) $R\cup I_A$；          (4) $R\cup R^{-1}$；

(5) $R\cup R^2\cup R^3\cup R^4$。

**18.** 设集合 $A=\{1,2,3\}$，判断下述关系是否满足自反性、反自反性、对称性、反对称性、传递性（3 类 5 种性质），并说明理由：

(1) $R_1=\{\langle 1,1\rangle,\langle 2,2\rangle\}$；　　　　(2) $R_2=\{\langle 1,2\rangle\}$；

(3) $R_3=\{\langle 1,2\rangle,\langle 2,3\rangle\}$；　　　　(4) $R_4=\{\langle 2,3\rangle,\langle 3,2\rangle\}$；

(5) $R_5=\{\langle 1,1\rangle,\langle 2,2\rangle,\langle 2,3\rangle,\langle 3,2\rangle,\langle 3,3\rangle\}$；

(6) $A$ 上的全域关系 $E_{A\times A}$；　　　　(7) $A$ 上的空关系 $\varnothing$；

(8) $A$ 上的恒等关系 $I_A$。

**19.** 设集合 $A=\{1,2,3\}$，举出 $A$ 上的二元关系 $R$ 的示例，使其满足下述性质：

(1) $R$ 不是自反的，也不是反自反的；　　(2) $R$ 是对称的，也是反对称的；

(3) $R$ 不是对称的，也不是反对称的；　　(4) $R$ 是传递的。

**20.** 设集合 $A=\{1,2,3,4\}$，判断下述 $A$ 上的二元关系 $R$ 是否满足传递性，并说明理由：

(1) $R_1=\{\langle 1,1\rangle,\langle 1,2\rangle,\langle 2,1\rangle,\langle 2,3\rangle,\langle 4,4\rangle\}$；

(2) $R_2=\{\langle 1,2\rangle,\langle 2,2\rangle,\langle 3,4\rangle\}$；

(3) $R_3=\{\langle 1,1\rangle,\langle 1,2\rangle,\langle 2,1\rangle,\langle 2,2\rangle,\langle 2,3\rangle,\langle 3,1\rangle,\langle 3,2\rangle,\langle 3,3\rangle\}$。

**21.** 设集合 $A=\{a,b,c,d,e\}$，$A$ 上的二元关系 $R$ 的关系矩阵如下所示：

$$M_R=\begin{pmatrix} 0 & 1 & 0 & 0 & 1 \\ 0 & 1 & 0 & 0 & 1 \\ 1 & 1 & 1 & 0 & 1 \\ 1 & 1 & 1 & 1 & 1 \\ 0 & 1 & 0 & 0 & 1 \end{pmatrix}$$

判断 $R$ 是否满足传递性，并说明理由。

**22.** 设有限集合 $A$ 是 $n$ 元集，求下述关系的数目：

(1) $A$ 上所有不同的二元关系；　　　(2) $A$ 上所有不同的自反关系；

(3) $A$ 上所有不同的反自反关系；　　(4) $A$ 上所有不同的对称关系；

(5) $A$ 上所有不同的反对称关系；

(6) $A$ 上所有不同的既不满足自反性又不满足反自反性的关系；

(7) $A$ 上所有不同的既满足对称性又满足反对称性的关系。

**23.** 设集合 $A$ 上的二元关系 $R,S$ 满足自反性（反自反性、对称性、反对称性、传递性），证明：$R\cap S$ 满足自反性（反自反性、对称性、反对称性、传递性）。

**24.** 设集合 $A$ 上的二元关系 $R,S$ 满足自反性（反自反性、对称性、反对称性、传递性），判断：复合关系 $R\circ S$ 是否一定满足自反性（反自反性、对称性、反对称性、传递性），并说明理由。

**25.** 设集合 $A$ 上的二元关系 $R$ 满足自反性（对称性、传递性），证明：

(1) $R^2$ 满足自反性（对称性、传递性）；

(2) $R^{-1}$ 满足自反性（对称性、传递性）。

**26.** 设 $R$ 是集合 $A$ 上的二元关系。

(1)已知 $R$ 满足自反性和传递性,证明:$R \circ R = R$。

(2)已知 $R$ 满足反自反性和传递性,证明:$R$ 满足反对称性。

**27.** 设集合 $A = \{a, b, c, d\}$,$A$ 上的二元关系 $R = \{\langle a, a \rangle, \langle a, b \rangle, \langle b, c \rangle, \langle c, b \rangle, \langle c, d \rangle,$ $\langle d, b \rangle, \langle d, a \rangle\}$,求 $R$ 的自反闭包、对称闭包、传递闭包。

**28.** 设集合 $A = \{a, b, c, d\}$,$A$ 上的二元关系 $R = \{\langle a, a \rangle, \langle a, b \rangle, \langle d, c \rangle\}$,求 $R$ 的自反闭包 $r(R)$、自反对称闭包 $s(r(R))$、自反对称传递闭包 $t(s(r(R)))$。

**29.** 设 $R$ 是集合 $A$ 上的自反关系,已知对于任意 $a, b, c \in A$,当 $\langle a, b \rangle \in R$ 且 $\langle a, c \rangle \in R$ 时,必有 $\langle b, c \rangle \in R$。证明:$R$ 是 $A$ 上的等价关系。

**30.** 设 $R$ 是集合 $A$ 上的自反关系,已知对于任意 $a, b, c \in A$,当 $\langle a, b \rangle \in R$ 且 $\langle b, c \rangle \in R$ 时,必有 $\langle c, a \rangle \in R$。证明:$R$ 是 $A$ 上的等价关系。

**31.** 设 $R$ 是集合 $A$ 上的等价关系,证明:$R \circ R = R$。

**32.** 设 $R$ 与 $S$ 是 $A$ 上的等价关系,判断下述关系是否一定是 $A$ 上的等价关系,并说明理由:

(1)$R \cap S$;                    (2)$R \cup S$;

(3)$R - S$;                    (4)$A \times A - S$。

**33.** 已知有限集 $A$ 是 4 元集,求:在 $A$ 上不同等价关系的数目。

**34.** 设集合 $A = \{2, 4, 6, 8, 10, 12, 14, 16\}$,$R$ 是 $A$ 上的模 3 同余关系。求:$R$ 的所有不同的等价类,$A$ 关于 $R$ 的商集 $A/R$。

**35.** 设集合 $A = \{1, 2, 3, 4, 5\}$,求下述等价关系对应的集合 $A$ 的划分。

(1)$R$ 是 $A$ 上的全域关系 $E_{A \times A}$;                    (2)$R$ 是 $A$ 上的恒等关系 $I_A$;

(3)$R$ 是 $A$ 上的模 2 同余关系。

**36.** 设集合 $A = \{1, 2, 3, 4, 5\}$,已知下述集合 $A$ 的划分,求:与 $\Pi_1, \Pi_2$ 对应的 $A$ 上的等价关系 $R_1, R_2$ 及其关系矩阵 $M_{R_1}, M_{R_2}$。

(1)$\Pi_1 = \{\{1, 3\}, \{2\}, \{4, 5\}\}$;                    (2)$\Pi_2 = \{\{2, 3, 5\}, \{1, 4\}\}$。

**37.** 设 $R$ 是 $\mathbf{N} \times \mathbf{N}$ 上的二元关系,$\mathbf{N}$ 是自然数集。已知对于任意 $\langle a, b \rangle, \langle c, d \rangle \in \mathbf{N} \times \mathbf{N}$,$\langle \langle a, b \rangle, \langle c, d \rangle \rangle \in R$ 当且仅当 $a + b = c + d$,证明:$R$ 是 $\mathbf{N} \times \mathbf{N}$ 上的等价关系。

**38.** 设集合 $A = \{a, b, c, d, e\}$,$A$ 上的偏序关系 $R = I_A \cup \{\langle a, e \rangle, \langle b, e \rangle, \langle c, a \rangle, \langle c, b \rangle,$ $\langle c, e \rangle, \langle d, a \rangle, \langle d, b \rangle, \langle d, e \rangle\}$。

(1)求关系 $R$ 的关系矩阵 $M_R$,绘制关系 $R$ 的关系图和哈斯图;

(2)设 $B = \{a, b\}$,求 $B$ 的极小元、最小元、极大元、最大元、上界、上确界、下界、下确界(4 组 8 个概念)。

**39.** 设集合 $A = \{x \mid x$ 是 36 的正因子$\}$。

(1)用列举法表示集合 $A$;

(2)已知 $R$ 是 $A$ 上的整除关系,绘制关系 $R$ 的哈斯图;

(3)设 $B = \{4, 6, 9\}$,求 $B$ 的极小元、最小元、极大元、最大元、上界、上确界、下界、下确界(4 组 8 个概念)。

**40.** 设 $p,q$ 是质数,自然数 $n=p^2q$,集合 $A=\{x\mid x$ 是 $n$ 的正因子$\}$。

(1)用列举法表示集合 $A$;

(2)已知 $R$ 是 $A$ 上的整除关系,绘制关系 $R$ 的哈斯图。

**41.** 设集合 $A=\{2,3,5,6\}$,$R$ 是 $A\times A$ 上的偏序关系。已知对于任意 $\langle a,b\rangle,\langle c,d\rangle\in A\times A$,$\langle\langle a,b\rangle,\langle c,d\rangle\rangle\in R$ 当且仅当 $a$ 整除 $c$ 且 $b$ 小于等于 $d$。

(1)绘制关系 $R$ 的哈斯图;

(2)求 $A\times A$ 的极小元、最小元、极大元、最大元。

# 第4章　函　数

函数是现代数学中的基础概念。在高等数学中,通常在实数集上讨论函数。本章讨论的函数,作为一种特殊的二元关系,其定义域和值域可为任意集合,例如,可将程序的输入数据、输出数据间的关系视为一种函数。上述定义拓展了函数的概念。

除数学各领域外,函数这一概念在计算机科学领域内也有丰富的应用,如自动机理论和可计算性理论等。

## 导图

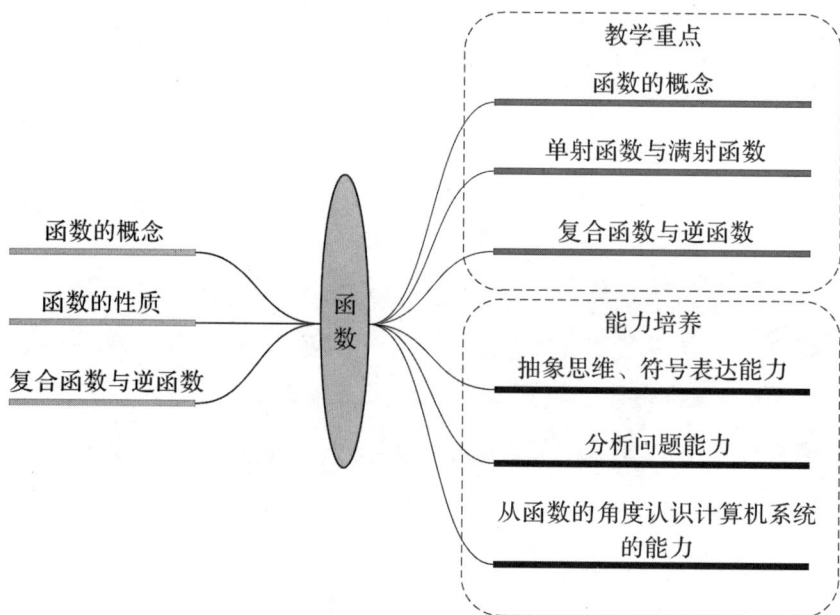

## 历史人物

莱布尼茨（Gottfried Wilhelm Leibniz, 1646—1716），德国哲学家、数学家，被誉为 17 世纪的亚里士多德。莱布尼茨和牛顿各自独立地创建了微积分，同时，莱布尼茨是数理逻辑的创始人，发展并完善了二进制。莱布尼茨也是重要的哲学家，其工作预见了现代逻辑学与分析哲学的诞生。莱布尼茨最早使用了"函数"一词，随后约翰·伯努利以及欧拉先后明确给出了函数的正式定义。

## 4.1 函数的基本概念

函数，也常称为映射或变换，是一个基本的数学概念。通常，我们在实数集上定义函数，例如采用 $f:\mathbf{R}\mapsto\mathbf{R},f(x)=x+1$，或 $y=f(x),f(x)=x+1,x\in\mathbf{R}$ 等记法，表示具体的函数。

在学习集合和关系后，可以进一步推广函数的概念。首先可将函数视为一种关系。

考虑从 $A$ 到 $B$ 的二元关系 $R,R\subseteq A\times B$。注意到，我们并未限定集合 $A$ 与 $B$ 中元素的类型，因此函数也可用以表示非数值形式的运算。例如，对于真值构成的集合 $S=\{\mathrm{T},\mathrm{F}\}$ 以及相应的逻辑运算，在否定运算 $\neg$ 的意义下，可建立从集合 $S$ 到集合 $S$ 的二元关系，在合取运算 $\wedge$、析取运算 $\vee$ 的意义下，可建立从集合 $S\times S$ 到集合 $S$ 的二元关系，相应地，也可用 $f:S\mapsto S$ 表示从 $S$ 到 $S$ 的函数，$g:S\times S\mapsto S$ 表示从 $S\times S$ 到 $S$ 的函数。

函数与关系有着密切的联系，但必须注意到，函数是特殊的、满足某些性质的关系，其定义比关系更为严格。直观地说，函数都是关系，但关系并不一定是函数。

> **Tips**：出于习惯，我们不再使用大写字母，而采用小写字母表示函数。同时，为避免与条件联结词 $\rightarrow$ 混淆，我们将采用符号 $\mapsto$ 表示映射。

首先给出函数的定义。

【定义 4.1.1】 设 $A,B$ 是任意非空集合，且 $f$ 是从 $A$ 到 $B$ 的二元关系。若对于任意一个元素 $x\in A$，都存在唯一的 $y\in B$，使得 $\langle x,y\rangle\in f$，则称 $f$ 是**从 $A$ 到 $B$ 的函数**，记为 $f:A\mapsto B$。

(1)若 $\langle x,y\rangle\in f$，则称 $x$ 为**函数 $f$ 的自变元**（自变量），称 $y$ 为**函数 $f$ 在 $x$ 处的值**，或称 $y$ 为函数 $f$ 下 $x$ 的像，出于习惯，将 $\langle x,y\rangle\in f$ 记为 $f(x)=y$；

(2)非空集合 $A$ 称为**函数 $f$ 的定义域**，记为 $D(f)=A$；

(3)$f(A)$ 称为**函数 $f$ 的值域**，或称为函数 $f$ 的像，采用谓词描述法表示为：
$$f(A)=\{y\mid y\subseteq B\wedge\exists x(x\in A\wedge y=f(x))\}$$
显然，$f(A)\subseteq B$；

(4)若 $f$ 是从 $A$ 到 $A$ 的函数，也可称 $f$ 是 **$A$ 上的函数**。

由定义可以看出，从 $A$ 到 $B$ 的函数 $f:A\mapsto B$ 较之从 $A$ 到 $B$ 的二元关系 $R\subseteq A\times B$，具有以下两点性质。

(1)函数 $f$ 的定义域是集合 $A$，而二元关系 $R$ 的前域 $\mathrm{dom}R$ 是 $A$ 的子集。换言之，函数要求集合 $A$ 中任意元素 $x$ 都有像。该性质称为**像的存在性**。

(2)集合 $A$ 中的每一个元素 $x$ 只能对应 $B$ 中的一个元素 $y$，即
$$f(x)=y\wedge f(x)=z\Rightarrow y=z$$
该性质称为**像的唯一性**。

**【例 4.1.1】** 判断下列关系中哪个可以构成函数,并说明理由:

(1) $f=\{\langle x_1,x_2\rangle \mid x_1\in \mathbf{N}, x_2\in \mathbf{N},$ 且 $x_1+x_2<10\}$;

(2) $f=\{\langle x_1,x_2\rangle \mid x_1\in \mathbf{N}, x_2\in \mathbf{N}, x_2$ 为小于 $x_1$ 的素数个数$\}$;

(3) $A=\{a,b,1,2\}$, $B=\{3,5,7\}$, $f\subseteq A\times B$, $g\subseteq A\times B$,
$f=\{\langle a,5\rangle,\langle b,5\rangle,\langle 1,3\rangle,\langle 2,3\rangle\}$, $g=\{\langle a,3\rangle,\langle a,5\rangle,\langle 1,3\rangle,\langle 2,7\rangle\}$。

**解** (1) $f$ 不是函数,例如 $\langle 1,1\rangle\in f$ 且 $\langle 1,2\rangle\in f$,违背了像的唯一性;

(2) $f$ 是函数,因为对于任意自然数 $x_1$,小于 $x_1$ 的素数的个数是唯一的;

(3) $f$ 是函数,因为满足像的存在性和像的唯一性;

$g$ 不是函数,因为 $\langle a,3\rangle\in g$ 且 $\langle a,5\rangle\in g$,违背了像的唯一性,同时,$A$ 中元素 $b$ 没有像,违背了像的存在性。

考虑到函数是特殊的关系,所以表示关系的方法,如集合表示法、关系图和关系矩阵都适用于函数。

特别地,因为函数满足像的唯一性,故函数对应的关系矩阵中,每一行有且仅有一个元素为 1。

同时,因为关系是序偶的集合,故函数也是序偶的集合,两个函数相等仍可采用集合相等的概念予以定义。

**【定义 4.1.2】** 设 $f:A\mapsto B, g:C\mapsto D$ 是函数,若 $A=C$ 且对于任意 $x\in A$ 都有 $f(x)=g(x)$,则称函数 $f$ 和函数 $g$ **相等**,可记为 $f=g$。

根据上述定义,可知如果两个函数相等,那么它们必有相同的定义域、值域且函数对应的序偶的集合相等。

例如,令 $f_1:\mathbf{R}\mapsto\mathbf{R}, f_1(x)=x+1, f_2:\mathbf{N}\mapsto\mathbf{N}, f_2(x)=x+1$,虽然函数对应的运算表达式相同,但因为 $f_1$ 与 $f_2$ 的定义域不同,因此两函数不相等。

在第 3.4.1 节中,我们已知从 $A$ 到 $B$ 所有不同二元关系 $R$ 的个数,即为 $A\times B$ 所有不同子集的个数,即 $A\times B$ 的幂集 $P(A\times B)$ 中元素的个数。若 $|A|=m$ 且 $|B|=n$,可知从 $A$ 到 $B$ 所有不同二元关系的个数为:$|P(A\times B)|=2^{m\times n}$。

那么,对于从 $A$ 到 $B$ 的函数,在满足像的存在性与像的唯一性的前提下,可知对于 $A$ 中任意元素 $x$,函数 $f$ 在 $x$ 处的值都有 $n$ 种取法,故从 $A$ 到 $B$ 所有不同函数的个数为:$n^m$。

我们用 $B^A$ 表示从 $A$ 到 $B$ 所有不同函数的集合,即 $B^A=\{f\mid f:A\mapsto B\}$,形象地读作"$B$ 上 $A$",则 $|B^A|=|B|^{|A|}$。

> **Tips:** 从第 3.2.3 节有限集的计数问题的角度,可将上述内容理解为关系的计数与集合的计数。

**【例 4.1.2】** 令 $X=\{a,b\}, Y=\{1,2,3\}$,写出从 $X$ 到 $Y$ 所有不同的函数。

**解** 已知 $|X|=2, |Y|=3$,故从 $X$ 到 $Y$ 所有不同的函数共有 9 个,采用列举法,表

示如下：

$$f_1 = \{\langle a,1\rangle, \langle b,1\rangle\}, \quad f_2 = \{\langle a,1\rangle, \langle b,2\rangle\}, \quad f_3 = \{\langle a,1\rangle, \langle b,3\rangle\}$$
$$f_4 = \{\langle a,2\rangle, \langle b,1\rangle\}, \quad f_5 = \{\langle a,2\rangle, \langle b,2\rangle\}, \quad f_6 = \{\langle a,2\rangle, \langle b,3\rangle\}$$
$$f_7 = \{\langle a,3\rangle, \langle b,1\rangle\}, \quad f_8 = \{\langle a,3\rangle, \langle b,2\rangle\}, \quad f_9 = \{\langle a,3\rangle, \langle b,3\rangle\}$$

函数的概念还可以扩展到 $n$ 元函数。

**【定义 4.1.3】** 设 $A_1, A_2, \cdots, A_n$ 与 $B$ 是非空集合，若 $f: A_1 \times A_2 \times \cdots \times A_n \mapsto B$ 为函数，则称 $f$ 为 $n$ 元函数。通常，函数 $f$ 在 $\langle x_1, x_2, \cdots, x_n \rangle$ 处的值，用 $f(x_1, x_2, \cdots, x_n)$ 表示。

注意到，$A_1, A_2, \cdots, A_n$ 的 $n$ 重笛卡儿积 $A_1 \times A_2 \times \cdots \times A_n$ 是 $n$ 元组的集合，因此 $n$ 元函数仍是在不同集合的元素间建立起了映射关系。同时，$n$ 元函数仍满足像的存在性与像的唯一性要求。

在定义 4.1.3 的基础上，定义 4.1.1 中的函数可称为一元函数。

## 4.2 函数的性质

对于熟知的实数集上的函数，我们常称某些函数为单射函数，某些函数为满射函数。显然，不同的函数在其映射特点上，体现了不同的性质。在此，我们利用谓词描述法，给出函数相关性质的定义。

**【定义 4.2.1】** 设 $f: A \mapsto B$ 是函数，若对于任意 $a, b \in A$ 且 $a \neq b$，都有 $f(a) \neq f(b)$，则称从 $A$ 到 $B$ 的函数 $f$ 是**单射函数**，或称函数 $f: A \mapsto B$ 是单射的。换言之，对于任意 $a, b \in A$，若 $f(a) = f(b)$ 则必有 $a = b$，则 $f$ 是单射函数。利用谓词描述法表示为：

$$\forall x \forall y(x \in A \wedge y \in A \wedge x \neq y \rightarrow f(x) \neq f(y))$$

或

$$\forall x \forall y(x \in A \wedge y \in A \wedge f(x) = f(y) \rightarrow x = y)$$

**【定义 4.2.2】** 设 $f: A \mapsto B$ 是函数，若 $f(A) = B$，即对于任意 $b \in B$，必存在 $a \in A$，使得 $f(a) = b$，则称从 $A$ 到 $B$ 的函数 $f$ 是**满射函数**，或称函数 $f: A \mapsto B$ 是满射的。利用谓词描述法表示为：

$$\forall y(y \in B \rightarrow \exists x(x \in A \wedge f(x) = y))$$

**【定义 4.2.3】** 设 $f: A \mapsto B$ 是函数，若 $f$ 既是单射函数又是满射函数，则称从 $A$ 到 $B$ 的函数 $f$ 是**双射函数**，或称函数 $f: A \rightarrow B$ 是双射的。

从上述定义可以看出，对于单射函数，其定义域 $A$ 中不同的元素在 $B$ 中的像也是不同的。因此对于集合 $A, B$，若存在单射函数 $f: A \mapsto B$，则 $|A| \leqslant |B|$。

对于满射函数，$B$ 中的任意一个元素 $b$，至少是 $A$ 中某一个元素 $a$ 的像。因此对于集合 $A, B$，若存在满射函数 $f: A \mapsto B$，则 $|A| \geqslant |B|$。

那么对于双射函数，$B$ 中任意一个元素 $b$ 是且仅是 $A$ 中某一个元素 $a$ 的像。因此对于集合 $A, B$，若存在双射函数 $f: A \mapsto B$，则 $|A| = |B|$。

【例 4.2.1】　分析下述函数的性质。

(1) $f:\{a,b\}\mapsto\{2,4,6\}$，$f(a)=2$，$f(b)=6$；

(2) $g:\{a,b,c,d\}\mapsto\{1,2,3\}$，$g(a)=1$，$g(b)=1$，$g(c)=3$，$g(d)=2$；

(3) $h:\{a,b\}\mapsto\{1,2\}$，$h(a)=1$，$h(b)=2$。

**解**　由定义可知：

(1) $f$ 是单射函数，但不是满射函数；

(2) $g$ 是满射函数，但不是单射函数；

(3) $h$ 既是单射函数，又是满射函数，故是双射函数。

【定义 4.2.4】　设 $f:A\mapsto B$ 是函数，若存在 $b\in B$，使得对于任意 $a\in A$ 都有 $f(a)=b$，即 $f(A)=\{b\}$，则称从 $A$ 到 $B$ 的函数 $f$ 是**常数函数**。

【定义 4.2.5】　设 $f:A\mapsto A$ 是函数，若对于任意 $a\in A$，有 $f(a)=a$，即 $f=\{\langle a,a\rangle\mid a\in A\}$，则称 $A$ 上的函数 $f$ 是**恒等函数**。

通常将 $A$ 上的恒等函数记为 $I_A$，显然，$A$ 上的恒等关系即为 $A$ 上的恒等函数，两者记号相同。

不难判断，$A$ 上的恒等函数必然是双射函数，且若 $|A|>1$，则从 $A$ 到 $B$ 的常数函数必然不是单射函数。

## 4.3　函数的运算

函数是一种特殊关系。对于关系，存在关系的复合运算与逆运算，在此基础上，对于函数，依然可以定义函数的复合运算与逆运算，运算结果也相应称为复合函数与逆函数。

【定义 4.3.1】　设 $f:A\mapsto B$，$g:B\mapsto C$ 是函数。通过复合运算 $\circ$，可以得到从 $A$ 到 $C$ 的函数 $g\circ f:A\mapsto C$，称 $g\circ f$ 为 $f$ 与 $g$ 的**复合函数**。利用谓词描述法表示为：

$$g\circ f=\{\langle x,z\rangle\mid x\in A\wedge z\in C\wedge\exists y(y\in B\wedge f(x)=y\wedge g(y)=z)\}$$

出于习惯，对于复合函数 $g\circ f:A\mapsto C$ 以及任意 $x\in A$，$g\circ f(x)=g(f(x))$。

因为函数是一种关系，故函数的复合运算采用了关系的复合运算记号"$\circ$"。但应特别注意，函数的复合运算采用了"**左复合**"的形式，而关系的复合运算采用了"**右复合**"的形式，两者次序相反。

例如，在定义 4.3.1 中，对于从 $A$ 到 $B$ 的函数 $f$ 以及从 $B$ 到 $C$ 的函数 $g$，若 $f(x)=y$ 且 $g(y)=z$，则 $g\circ f(x)=g(f(x))=g(y)=z$，即有 $\langle x,y\rangle\in f$，$\langle y,z\rangle\in g$，且对于复合函数 $g\circ f:A\mapsto C$，有 $\langle x,z\rangle\in g\circ f$。

但若将 $f$ 视为从 $A$ 到 $B$ 的关系，将 $g$ 视为从 $B$ 到 $C$ 的关系，即：$f\subseteq A\times B$，$g\subseteq B\times C$，那么依然有 $\langle x,y\rangle\in f$，$\langle y,z\rangle\in g$，但此时，若采用复合关系的记法，有 $f\circ g\subseteq A\times C$，且 $\langle x,z\rangle\in f\circ g$。

> **Tips**：复合函数采用左复合的记法，仅是为了符合数学中通常对于复合函数的记法。出于严谨，对于复合函数 $g \circ f$，可称为"$g$ 对 $f$ 的左复合函数"，而对于复合关系 $R \circ S$，可称为"$S$ 对 $R$ 的右复合关系"。

在函数复合运算的基础上，不难看出对于 $A$ 上的函数，类似于非空集合 $A$ 上的二元关系 $R$，可相应定义函数的幂运算。

**【定义 4.3.2】** 设 $f: A \mapsto A$ 是函数，则 $f$ 的 $n$ 次复合运算，即 **$f$ 的 $n$ 次幂** 定义为：

(1) $f^0 = I_A$，$I_A$ 是集合 $A$ 上的恒等函数；

(2) $f^1 = f$；

(3) $f^{n+1} = f^n \circ f$，$n \in \mathbf{N}$。

**【定义 4.3.3】** 设 $f: A \mapsto B$ 是函数，如果 $f$ 的逆关系也是函数，即满足像的存在性和像的唯一性，则称 $f$ 的 **逆函数** 存在，记为 $f^{-1}: B \mapsto A$。利用谓词描述法表示为：

$$f^{-1} = \{\langle y, x \rangle \mid y \in B \wedge x \in A \wedge y = f(x)\}$$

若函数 $f$ 的逆函数存在，则称函数 $f$ 是可逆的。由定义可知，若 $y = f(x)$，则 $x = f^{-1}(y)$。

注意到，复合函数和逆函数的定义，类似于复合关系和逆关系。但函数因其应满足：像的存在性与像的唯一性，故呈现出有别于复合关系和逆关系的特点。

例如，设 $A = \{a_1, a_2\}$，$B = \{b_1, b_2\}$，$C = \{c_1, c_2\}$，已知从 $A$ 到 $B$ 的二元关系 $F = \{\langle a_1, b_1 \rangle, \langle a_2, b_1 \rangle\}$，从 $B$ 到 $C$ 的二元关系 $G = \{\langle b_2, c_1 \rangle\}$，则 $F \circ G = \varnothing$，即 $F$ 与 $G$ 的复合关系是从 $A$ 到 $C$ 的空关系 $\varnothing$。

同时，关系 $F$ 的逆关系 $F^{-1}$ 是从 $B$ 到 $A$ 的二元关系 $F^{-1} = \{\langle b_1, a_1 \rangle, \langle b_1, a_2 \rangle\}$，关系 $G$ 的逆关系 $G^{-1}$ 是从 $C$ 到 $B$ 的二元关系 $G^{-1} = \{\langle c_1, b_2 \rangle\}$。显然，$F^{-1}$ 和 $G^{-1}$ 都不是函数。

那么，对于任意从 $A$ 到 $B$ 的函数 $f: A \mapsto B$ 和从 $B$ 到 $C$ 的函数 $g: B \mapsto C$，其复合函数 $g \circ f$ 是否存在，以及 $f$ 或 $g$ 的逆函数是否存在，都是需要关注的问题。因此，对于函数的复合运算以及逆运算，应特别注意对应的复合函数以及逆函数是否存在，即应判断像的存在性与像的唯一性是否满足。

**【定理 4.3.1】** 复合函数存在性定理

设 $f: A \mapsto B$，$g: B \mapsto C$ 是函数，则复合函数 $g \circ f: A \mapsto C$ 存在。

**【定理 4.3.2】** 逆函数存在性定理

若 $f: A \mapsto B$ 是双射函数，则逆函数 $f^{-1}: B \mapsto A$ 存在且是双射函数。

上述定理的证明，将采用非形式化逻辑演算，即采用自然语言，表述逻辑演算过程，替代使用 $\forall$、$\exists$、$\Leftrightarrow$、$\Rightarrow$ 等符号。在本章后续内容中，也将大量使用非形式化逻辑演算。

此外，对于前述内容中函数的有关性质，我们将在使用非形式化逻辑演算时的证明思路归纳列于表 4.3.1 中。

表 4.3.1　函数有关性质的证明

| $f:A\mapsto B$ | 非形式化逻辑演算时的证明思路 |
|---|---|
| 证明 $f$ 满足像的存在性 | 对于任意 $x\in A$,证明:必然存在 $y\in B$,使得 $f(x)=y$ |
| 证明 $f$ 满足像的唯一性 | 对于任意 $y_1,y_2\in B$,若 $f(x)=y_1$ 且 $f(x)=y_2$,证明:必有 $y_1=y_2$ |
| 证明 $f$ 是单射函数 | 对于任意 $x_1,x_2\in A$,若 $f(x_1)=f(x_2)$,证明:必有 $x_1=x_2$;<br>对于任意 $x_1,x_2\in A$,若 $x_1\neq x_2$,证明:必有 $f(x_1)\neq f(x_2)$ |
| 证明 $f$ 是满射函数 | 对于任意 $y\in B$,证明:必然存在 $x\in A$,使得 $f(x)=y$ |

**证明定理 4.3.1**:即证明 $g\circ f$ 满足像的存在性与像的唯一性。

对于任意 $x\in A$,已知 $f$ 是函数,故必然存在唯一的 $y\in B$,使得 $f(x)=y$。

同理,对于任意 $y\in B$,已知 $g$ 是函数,故必然存在唯一的 $z\in C$,使得 $g(y)=z$。

综上所述,对于任意 $x\in A$,必然存在唯一的 $z\in C$,使得 $g\circ f(x)=g(f(x))=g(y)=z$,即满足像的存在性与像的唯一性,故复合函数 $g\circ f:A\mapsto C$ 必然存在。

**证明定理 4.3.2**:将 $f$ 视为从 $A$ 到 $B$ 的二元关系,即 $f\subseteq A\times B$,则其逆关系 $f^{-1}$ 必然存在,即 $f^{-1}\subseteq B\times A$。

首先,证明逆关系 $f^{-1}\subseteq B\times A$ 是函数。

证明像的存在性(使用 $f$ 是满射函数的性质):

对于任意 $y\in B$,已知 $f$ 是双射函数,故 $f$ 是满射函数,必然存在 $x\in A$,使得 $\langle x,y\rangle\in f$。根据关系的逆运算,有 $\langle y,x\rangle\in f^{-1}$。

即对于任意 $y\in B$,必然存在 $x\in A$,使得 $f^{-1}(y)=x$,满足像的存在性。

证明像的唯一性(使用 $f$ 是单射函数的性质):

对于任意 $x_1,x_2\in A$,若 $\langle y,x_1\rangle\in f^{-1}$ 且 $\langle y,x_2\rangle\in f^{-1}$,根据关系的逆运算,有 $\langle x_1,y\rangle\in f$ 且 $\langle x_2,y\rangle\in f$。已知 $f$ 是双射函数,故 $f$ 是单射函数,必有 $x_1=x_2$。

即对于任意 $x_1,x_2\in A$,若 $f^{-1}(y)=x_1$ 且 $f^{-1}(y)=x_2$,必有 $x_1=x_2$,满足像的唯一性。

综上所述,$f^{-1}:B\mapsto A$ 是函数。

其次,证明 $f^{-1}:B\mapsto A$ 是双射函数。

证明 $f^{-1}$ 是单射函数(使用 $f$ 满足像的唯一性):

对于任意 $y_1,y_2\in B$,若 $f^{-1}(y_1)=f^{-1}(y_2)=x$,即 $\langle y_1,x\rangle\in f^{-1}$ 且 $\langle y_2,x\rangle\in f^{-1}$,根据关系的逆运算,有 $\langle x,y_1\rangle\in f$ 且 $\langle x,y_2\rangle\in f$。已知 $f$ 是函数,满足像的唯一性,故必有 $y_1=y_2$。

即对于任意 $y_1,y_2\in B$,若 $f^{-1}(y_1)=f^{-1}(y_2)$,必有 $y_1=y_2$,故 $f^{-1}$ 是单射函数。

证明 $f^{-1}$ 是满射函数(使用 $f$ 满足像的存在性):

对于任意 $x\in A$,已知 $f$ 是函数,满足像的存在性,故必然存在 $y\in B$,使得 $\langle x,y\rangle\in f$。根据关系的逆运算,有 $\langle y,x\rangle\in f^{-1}$。

即对于任意 $x \in A$,必然存在 $y \in B$,使得 $f^{-1}(y)=x$,故 $f^{-1}$ 是满射函数。

综上所述,$f^{-1}:B \mapsto A$ 是双射函数。

> **Tips**:定理 4.3.1 和定理 4.3.2 的证明过程看似简单,但充分体现了像的存在性、像的唯一性、单射函数、满射函数的定义,请认真体会。

基于定理 4.3.2,我们不难理解,反三角函数中为何要限定相应的主值区间。例如,当 $A=[-\pi/2,\pi/2]$,$B=[-1,1]$ 时,$f:A \mapsto B$,$f(x)=\sin x$ 是双射函数,故 $f$ 的逆函数存在且为双射函数,$f^{-1}:B \mapsto A$,$f^{-1}(x)=\arcsin x$,$[-\pi/2,\pi/2]$ 称为反正弦函数的主值区间。

在明确复合函数和逆函数存在性的基础上,进而可结合函数的性质,讨论函数的复合运算具有的常见性质,如定理 4.3.3～定理 4.3.6 所示。

**【定理 4.3.3】** 设 $f:A \mapsto B$,$g:B \mapsto C$ 是函数,则

(1)若 $f,g$ 都是单射函数,则 $g \circ f:A \mapsto C$ 是单射函数;

(2)若 $f,g$ 都是满射函数,则 $g \circ f:A \mapsto C$ 是满射函数;

(3)若 $f,g$ 都是双射函数,则 $g \circ f:A \mapsto C$ 是双射函数。

**证明定理 4.3.3(1)**:

对于任意 $x_1,x_2 \in A$,若 $g \circ f(x_1)=g \circ f(x_2)$,即 $g(f(x_1))=g(f(x_2))$,已知 $g$ 是单射函数,故必有 $f(x_1)=f(x_2)$。

同理,若 $f(x_1)=f(x_2)$,已知 $f$ 是单射函数,故必有 $x_1=x_2$。

综上所述,对于任意 $x_1,x_2 \in A$,若 $g \circ f(x_1)=g \circ f(x_2)$,必有 $x_1=x_2$,故 $g \circ f:A \mapsto C$ 是单射函数。

**证明定理 4.3.3(2)**:

对于任意 $z \in C$,已知 $g$ 是满射函数,故必然存在 $y \in B$,使得 $g(y)=z$。

同理,对于任意 $y \in B$,已知 $f$ 是满射函数,故必然存在 $x \in A$,使得 $f(x)=y$。

综上所述,对于任意 $z \in C$,必然存在 $x \in A$,使得 $g \circ f(x)=g(f(x))=g(y)=z$,故 $g \circ f:A \mapsto C$ 是满射函数。

根据上述证明,可知定理 4.3.3(3)成立。

**【定理 4.3.4】** 设 $f:A \mapsto B$,$g:B \mapsto C$ 是函数,$g \circ f:A \mapsto C$ 是 $f$ 与 $g$ 的复合函数,则有:

(1)若 $g \circ f:A \mapsto C$ 是单射函数,则 $f$ 是单射函数;

(2)若 $g \circ f:A \mapsto C$ 是满射函数,则 $g$ 是满射函数;

(3)若 $g \circ f:A \mapsto C$ 是双射函数,则 $f$ 是单射函数且 $g$ 是满射函数。

**证明定理 4.3.4(1)**:

对于任意 $x_1,x_2 \in A$,若 $f(x_1)=f(x_2)=y$,已知 $g$ 是函数,满足像的唯一性,故 $g(y)=g(f(x_1))=g(f(x_2))$。当 $g(f(x_1))=g(f(x_2))$,即 $g \circ f(x_1)=g \circ f(x_2)$ 时,已知 $g \circ f$ 是单射函数,故必有 $x_1=x_2$。

综上所述,对于任意 $x_1,x_2 \in A$,若 $f(x_1)=f(x_2)$,必有 $x_1=x_2$,故 $f:A \mapsto B$ 是单射函数。

**证明定理 4.3.4(2)：**

对于任意 $z \in C$，已知 $g \circ f$ 是满射函数，故必然存在 $x \in A$，使得 $g \circ f(x) = g(f(x)) = z$。对于任意 $x \in A$，已知 $f$ 是函数，满足像的存在性，故必然存在 $y \in B$，使得 $f(x) = y$。

综上所述，对于任意 $z \in C$，必然存在 $y \in B$，使得 $g(y) = g(f(x)) = z$，故 $g : B \mapsto C$ 是满射函数。

根据上述证明，可知定理 4.3.4(3) 成立。

注意，如图 4.3.1 所示，复合函数 $g \circ f : A \mapsto C$ 是双射函数，但此时，$f : A \mapsto B$ 是单射函数但不是满射函数，$g : B \mapsto C$ 是满射函数但不是单射函数，符合定理 4.3.4(3) 中的结论。所以必须认真区别定理 4.3.3 与定理 4.3.4 中的前提与结论，避免混淆。

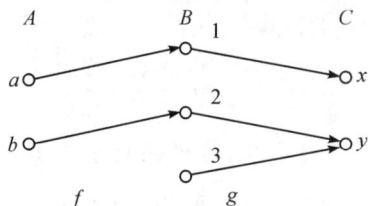

**图 4.3.1　函数 $f$ 与函数 $g$ 的复合运算**

【**定理 4.3.5**】　设 $f, g, h$ 是函数，则 $(f \circ g) \circ h = f \circ (g \circ h)$，即函数的复合运算满足结合律。

【**定理 4.3.6**】　设 $f : A \mapsto B$ 是函数，则 $f = f \circ I_A = I_B \circ f$，其中 $I_A$ 表示 $A$ 上的恒等函数，$I_B$ 表示 $B$ 上的恒等函数。

特别地，对于 $A$ 上的函数 $f : A \mapsto A$，$f = f \circ I_A = I_A \circ f$。

同时，函数的逆运算具有的常见性质，如定理 4.3.7、定理 4.3.8 所示。

【**定理 4.3.7**】　设 $f : A \mapsto B$ 是双射函数，则 $(f^{-1})^{-1} = f$。

【**定理 4.3.8**】　设 $f : A \mapsto B$，$g : B \mapsto C$ 都是双射函数，则 $(g \circ f)^{-1} : C \mapsto A$ 是双射函数，且 $(g \circ f)^{-1} = f^{-1} \circ g^{-1}$。

定理 4.3.5～定理 4.3.8 的结论较为直观，读者可尝试利用非形式化逻辑演算予以证明。

## 4.4　函数的应用

在第 3 章中，我们已初步了解了有限集、无限集、集合的基数（集合的势）等概念。在此，我们将利用双射函数的性质，初步探讨如何比较集合的基数。

【**定义 4.4.1**】　设 $A, B$ 是集合，若存在双射函数 $f : A \mapsto B$，则称集合 $A$ 与 $B$ **等势**，也称为集合 $A$ 与 $B$ 基数相等，记为 $A \approx B$；否则，则称集合 $A$ 与 $B$ **不等势**。

由定义 4.4.1 可见，如何构造双射函数，是验证不同集合（特别是无限集）等势的必然要求。

**【例 4.4.1】** 证明自然数集 **N** 与整数集 **Z** 等势。

**证明** 构造函数 $f: \mathbf{Z} \mapsto \mathbf{N}$,即

$$f(x) = \begin{cases} 2x, & x \geqslant 0, x \in \mathbf{Z} \\ -2x-1, & x < 0, x \in \mathbf{Z} \end{cases}$$

不难验证,$f: \mathbf{Z} \mapsto \mathbf{N}$ 是双射函数,其逆函数 $f^{-1}: \mathbf{N} \mapsto \mathbf{Z}$ 为:

$$f^{-1}(x) = \begin{cases} \dfrac{1}{2}x, & x = 2k, k \in \mathbf{N} \\ -\dfrac{1}{2}(x+1), & x = 2k+1, k \in \mathbf{N} \end{cases}$$

**【例 4.4.2】** 证明开集 $(0,1) = \{x \mid x \in \mathbf{R} \land 0 < x < 1\}$ 与实数集 **R** 等势。

**证明** 构造函数 $f: (0,1) \mapsto \mathbf{R}$,即

$$f(x) = \tan\left(\frac{2x-1}{2}\pi\right)$$

不难验证,$f: (0,1) \mapsto \mathbf{R}$ 是双射函数,其逆函数 $f^{-1}: \mathbf{R} \mapsto (0,1)$ 为:

$$f^{-1}(x) = \frac{\arctan x}{\pi} + \frac{1}{2}$$

**【例 4.4.3】** 证明自然数集 **N** 与集合 $A = \mathbf{N} \times \mathbf{N}$ 等势。

**证明** 集合 $A$ 表示由自然数构成的序偶的集合,即

$$A = \{\langle 0,0 \rangle, \langle 0,1 \rangle, \langle 1,0 \rangle, \langle 0,2 \rangle, \langle 1,1 \rangle, \langle 2,0 \rangle, \cdots\}$$

注意到,对于列举法表示的无穷集 $A$,可规定各元素出现的顺序如图 4.4.1 中箭头虚线所示。不妨令:

$$f(\langle 0,0 \rangle) = 0, \quad f(\langle 0,1 \rangle) = 1, \quad f(\langle 1,0 \rangle) = 2, \quad f(\langle 0,2 \rangle) = 3$$
$$f(\langle 1,1 \rangle) = 4, \quad f(\langle 2,0 \rangle) = 5, \quad \cdots$$

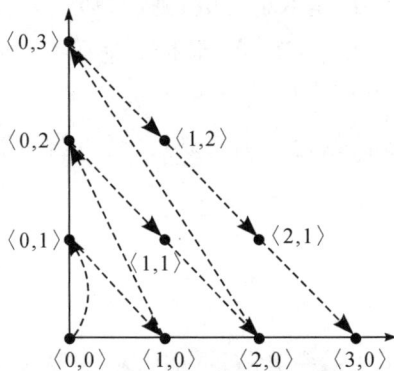

**图 4.4.1 例 4.4.3 示意图**

显然,对于 $A$ 中任意元素 $\langle m,n \rangle$,其所在斜线上,共有 $m+n+1$ 个元素,分别为 $\langle 0,m+n \rangle, \langle 1,m+n-1 \rangle, \cdots, \langle m+n,0 \rangle$。

$\langle m,n \rangle$ 所在斜线下方,已出现了 $1+2+\cdots+(m+n)$ 个 $A$ 中元素;其所在斜线上,在

$\langle m,n \rangle$ 前，已出现了 $m$ 个元素。因此可以构造函数 $f:A \mapsto \mathbf{N}$，即

$$f(\langle m,n \rangle) = \frac{(1+m+n)(m+n)}{2} + m$$

可以验证，$f:A \mapsto \mathbf{N}$ 是双射函数，故自然数集 $\mathbf{N}$ 与集合 $A = \mathbf{N} \times \mathbf{N}$ 等势。

例 4.4.1 说明，虽然自然数集与整数集都是无限集，且自然数集是整数集的真子集，但两个集合等势。同理，例 4.4.2 与例 4.4.3 也都说明了，无限集可以与其真子集等势。但显然，有限集不会与其真子集等势。

借助构造双射函数的方式，例 4.4.1 证明了自然数集 $\mathbf{N}$ 与整数集 $\mathbf{Z}$ 等势，例 4.4.3 证明了自然数集 $\mathbf{N}$ 与 $\mathbf{N} \times \mathbf{N}$ 等势。同理，可证明自然数集 $\mathbf{N}$ 与有理数集 $\mathbf{Q}$ 等势。例 4.4.2 证明了开集 $(0,1)$ 与实数集 $\mathbf{R}$ 等势，也可证明开集 $(0,1)$ 与闭集 $[0,1]$ 等势，实数集 $\mathbf{R}$ 与正实数集 $\mathbf{R}^+$ 等势。

根据等势的定义，以及双射函数的性质，不难看出，对于任意集合 $A,B,C$，具有下述等势关系：

(1) $A \approx A$；

(2) 若 $A \approx B$，则 $B \approx A$；

(3) 若 $A \approx B$ 且 $B \approx C$，则 $A \approx C$。

因此，一般情况下，集合间的等势关系也是一种等价关系。

但应注意，自然数集 $\mathbf{N}$ 与实数集 $\mathbf{R}$ 不等势。对于任意集合 $A$，$A$ 与其幂集 $P(A)$ 不等势。有兴趣的读者可查阅资料，了解上述结论的思想。

# 习　题

**1.** 设集合 $A = \{a,b,c\}$，判断 $A$ 上的空关系 $\varnothing$、全域关系 $E_{A \times A}$、恒等关系 $I_A$ 能否构成函数，并说明理由。

**2.** 判断下列函数是否为单射函数、满射函数、双射函数，并说明理由：

(1) $f:\mathbf{N} \mapsto \mathbf{N}$，$f(x) = 2x$；

(2) $f:\mathbf{R} \mapsto \mathbf{R}$，$f(x) = 2x$；

(3) $A = \{-2,-1,0,1,2\}$，$B = \{x \mid x < 5 \text{ 且 } x \in \mathbf{N}\}$，$f:A \mapsto B$，$f(x) = x^2$。

**3.** 已知函数 $f:\mathbf{R} \times \mathbf{R} \mapsto \mathbf{R} \times \mathbf{R}$，$f(\langle x,y \rangle) = \langle 2x-y, 2x+y \rangle$。证明：$f$ 是双射函数。

**4.** 已知函数 $f:A \mapsto B$，$g:B \mapsto C$，$h:C \mapsto D$。证明：$(f \circ g) \circ h = f \circ (g \circ h)$。

**5.** 已知函数 $f:A \mapsto B$，$g:B \mapsto C$ 都是双射函数。证明：$(g \circ f)^{-1}:C \mapsto A$ 是双射函数，且 $(g \circ f)^{-1} = f^{-1} \circ g^{-1}$。

**6.** 已知函数 $f:\mathbf{R} \mapsto \mathbf{R}$，$f(x) = x^2 + 2$，$g:\mathbf{R} \mapsto \mathbf{R}$，$g(x) = \sin x + 2$，试回答下列问题：

(1) 求 $g \circ f$，$f \circ g$；

(2) 判断 $f,g$ 的逆函数是否存在，若存在则写出逆函数，若不存在则说明理由。

**7.** 已知函数 $f:\mathbf{N} \mapsto \mathbf{N}$，$f(x) = x^2$，$g:\mathbf{R}^+ \mapsto \mathbf{R}^+$，$g(x) = x^2$，$\mathbf{R}^+$ 表示正实数集。

(1)求 $g \circ f, f \circ g$;

(2)判断 $f, g$ 的逆函数是否存在,若存在则写出逆函数,若不存在则说明理由。

**8.** 已知 $A, B$ 是非空集合,且 $|A| = m, |B| = n$,试求:

(1)从 $A$ 到 $B$ 有多少种不同的二元关系;

(2)从 $A$ 到 $B$ 有多少种不同的函数。

**9.** 已知 $A, B$ 是非空集合,且 $|A| = m, |B| = n$,试回答下列问题:

(1)若 $m \leqslant n$,求从 $A$ 到 $B$ 有多少种不同的单射函数;

(2)若 $m \geqslant n$,求从 $A$ 到 $B$ 有多少种不同的满射函数;

(3)若 $m = n$,求从 $A$ 到 $B$ 有多少种不同的双射函数。

# 第5章　代数系统

代数系统,作为数学领域中的一块基石,是构建于集合之上并融合了特定运算规则的一种抽象结构。代数系统通过定义集合中的元素及其上的运算,揭示了数学对象之间的内在联系和规律。代数系统的概念和方法在信息安全、密码学和许多计算机科学甚至物理学的领域都展现出非凡的应用价值。代数系统的内容非常丰富,本章主要介绍群、环、域的基本概念和性质,同时也简单介绍格和布尔代数的基本概念。

## 导图

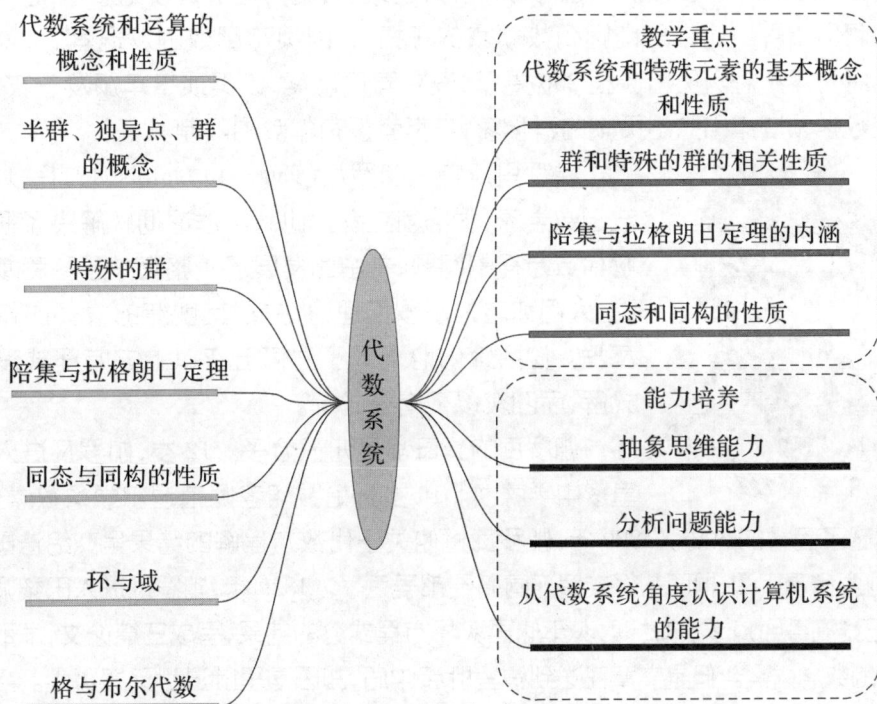

**历史人物**

尼尔斯·亨利克·阿贝尔（Niels Henrik Abel, 1802—1829），挪威数学家，在很多数学领域做出了开创性的工作。阿贝尔出生在一个贫困家庭。他的数学才华很早便显露出来。1821 年，阿贝尔在其老师霍尔姆伯的资助下进入克里斯丁亚那大学（今奥斯陆大学）就读。1823 年，当阿贝尔的第一篇论文发表后，他的朋友便力请挪威政府资助他到德国及法国进修。1824 年，他发表《一元五次方程没有代数一般解》的论文。该问题是当时最著名的未解决问题之一，悬疑达 250 多年。1826 年，他在巴黎造访了当时最顶尖的数学家。遗憾的是，他在德国和法国都没有受到重视，只好辗转回到挪威，靠教书的微薄津贴为生。1829 年 4 月 6 日，阿贝尔因肺结核去世。直到阿贝尔去世前不久，人们才认识到他的价值，但为时已晚。阿贝尔去世以后荣誉接踵而来，1830 年他和卡尔·雅可比共同获得法国科学院大奖。

阿贝尔在数学方面的成就是多方面的。除了五次方程之外，他还研究了更广的一类代数方程，后人发现这是具有交换性的伽罗瓦群的方程。为了纪念他，后人称交换群为阿贝尔群。他也是椭圆函数领域的开拓者、阿贝尔函数的发现者。2002 年，挪威政府为了纪念阿贝尔诞辰 200 周年，设立阿贝尔奖，该奖项每年颁发一次，奖励那些在数学领域作出杰出贡献的科学家，获奖者没有年龄的限制。

埃瓦里斯特·伽罗瓦（Evariste Galois, 1811—1832），法国数学家，群论创立者。他利用群论彻底解决了根式求解代数方程的问题，并由此发展了一整套关于群和域的理论，人们称之为伽罗瓦理论，并把其创造的"群"叫作伽罗瓦群。他系统化地阐释了为何五次以上之方程式没有公式解，而四次以下有公式解。

伽罗瓦的父母都是知识分子。12 岁，伽罗瓦进入路易皇家中学就读。16 岁开始跟随老师范涅尔学习数学，并对数学燃起了巨大的热情。1829 年，伽罗瓦将他关于代数方程解的结果呈交给法国科学院，由柯西负责审阅，柯西却将文章连同摘要都弄丢了。1829 年，伽罗瓦进入巴黎师范学校（今巴黎高等师范学校）就读，次年他再次将方程式论的结果，写成三篇论文，争取当年科学院的数学大奖。但是文章在送到傅里叶手中后，却因傅里叶过世又遭蒙尘。当年的获奖者是阿贝尔与卡尔·雅可比。1832 年 5 月，他死于一场决斗。在去世的前一天晚上，伽罗瓦仍然奋笔疾书，总结他的学术思想，整理、概述他的数学工作。他希望有朝一日自己的研究成果能大白于天下。他的朋友将他的数学论文寄给高斯与雅可比，但是都石沉大海，直到 1843 年，刘维尔才肯定伽罗瓦结果之正确、独创与深邃，并在 1846 年将它发表。

## 5.1　代数系统概述

初等代数中涉及了各种数集的运算,例如基本的加、减、乘、除四则运算等。在前面的章节中,我们所使用的命题上的逻辑运算,例如否定、合取、析取等,还有集合上的各种运算,如交、并、补、差、对称差、笛卡儿积等,这些都是运算。运算是代数中的核心问题之一。但是,代数系统中的运算比初等数学中所提到的运算更加抽象和严密,同时也更加复杂。在展开代数系统的讨论之前,我们先介绍一下代数系统中关于运算及其性质的基本概念。

### 5.1.1　代数运算的定义

代数运算中最常见的运算是二元运算。

【定义 5.1.1】　设 $A$ 是一个非空集合,从 $A \times A$ 到 $A$ 的一个映射 $f: A \times A \rightarrow A$ 称为 $A$ 上的一个**二元代数运算**,简称**二元运算**。

此处的映射即是我们在第四章中讨论的函数。需要注意的是,映射有像的存在性和唯一性要求,运算作为映射也需要满足这两个要求:

(1)存在性,$\forall x, y \in A$,$x * y$ 要有结果 $z$,且此结果 $z \in A$;

(2)唯一性,$\forall x, y \in A$,$x * y$ 只能有一个结果 $z$,且 $z \in A$。

【例 5.1.1】　(1)自然数集合 **N** 上的加法和乘法是二元运算,但是减法和除法不是。因为自然数集合 **N** 上减法和除法运算的结果可能不属于自然数集合 **N**。

(2)整数集合 **Z** 上的加法、乘法、减法是二元运算,但除法不是 **Z** 上的二元运算,因为 0 不能作为分母,且除法的结果可能不是整数,即在 **Z** 上没有结果。

> **Tips**:在判断一个运算是否为集合 $A$ 上的二元运算时,需要注意是否满足存在性和唯一性要求。如果不能同时满足这两个要求,则该运算不是集合 $A$ 上的二元运算。

类似地,也可以定义一元运算。

【定义 5.1.2】　设 $A$ 是一个非空集合,$A \rightarrow A$ 的一个映射 $f: A \rightarrow A$ 称为 $A$ 上的一个**一元代数运算**,简称**一元运算**。

【例 5.1.2】　(1)求一个数的相反数运算分别是整数集合、实数集合、有理数集合上的一元运算。

(2)求一个数的倒数运算是非零有理数、非零实数集上的一元运算,但其不是非零整数集上运算。

类似地,可以定义 $n$ 元运算。

【定义 5.1.3】　设 $A$ 是非空集合,如果 $A^n \rightarrow A$ 是从 $A^n$ 到 $A$ 的一个映射 $f: A^n \rightarrow A$ 称为 $A$ 上的一个 $n$ 元代数运算,简称 $n$ 元运算。

通常用＋、×、∧、∨、∩、∪等符号来表示二元运算,称为**运算符**。

> **Tips:**我们经常采用 ∗、。、☆等运算符来定义运算,但是运算符的具体含义和运算规则需要根据运算定义的上下文来确定。

例如,对于集合 $A$ 上的二元运算 $f: A \times A \rightarrow A, \forall x, y \in A, f(\langle x, y \rangle) = z \in A$,用运算符 ∗ 可表示为 $x * y = z$。

下面给出一些关于运算的例子。

【例 5.1.3】 (1)在实数集 $\mathbf{R}$ 上定义二元运算 ∗,对于任意的 $x, y \in \mathbf{R}, x * y = y$。

根据二元运算 ∗ 的定义,可知对于 $\mathbf{R}$ 中的一些元素有 $2 * 3 = 3, 50 * 0 = 0$,而 $0 * 50 = 50$。

(2)在正整数集合 $\mathbf{I}_+$ 上定义两种运算 ∗、。,对于任意的 $x, y \in \mathbf{I}_+, x * y = (x$ 和 $y$ 的最大公约数),$x \circ y = (x$ 和 $y$ 的最小公倍数)。

例如,有 $6 * 8 = 2, 6 \circ 8 = 24, 12 * 15 = 3, 12 \circ 15 = 60$。

(3)在实数集合 $\mathbf{R}$ 上的除法运算 ÷,不是一个二元运算,因为 0 不能作为除数,不满足运算结果的存在性。但是,如果我们讨论非零实数集合即从实数集合 $\mathbf{R}$ 中把 0 除掉,使得 $\mathbf{R}^* = \mathbf{R} - \{0\}$,则此时的除法运算 ÷ 就是二元运算。

类似地,在实数集合 $\mathbf{R}$ 上的求平方根运算(它是一元运算),也不是一个代数运算。因为$-9$不存在平方根,不满足存在性条件。而 9 有两个平方根:3 和$-3$,不满足唯一性条件。但在正实数集合 $\mathbf{R}_+$ 上求平方根运算就是一个一元运算。

【例 5.1.4】 (1)设 $M_n(\mathbf{R})$ 是 $n$ 阶实矩阵的全体,那么矩阵的乘法是 $M_n(\mathbf{R})$ 上的二元运算。

(2)集合 $A$ 的子集的交、并、对称差是集合 $A$ 的幂集上的二元运算。

(3)合取、析取、蕴含、等价、异或都是命题公式集合上的二元运算,而否定是一元运算。

【例 5.1.5】 $\mathbf{Z}_m = \{[0], [1], \cdots, [m-1]\}$ 是模 $m$ 同余关系所有同余类组成的集合,在 $\mathbf{Z}_m$ 上定义运算 $+_m$ 和 $\times_m$ 为:对于任意的 $[a], [b] \in \mathbf{Z}_m, [a] +_m [b] = [a+b], [a] \times_m [b] = [a \times b]$,则 $+_m$ 和 $\times_m$ 是 $\mathbf{Z}_m$ 上的二元运算。

$\mathbf{Z}_m$ 是一类重要的集合,其上的 $+_m$ 和 $\times_m$ 两种二元运算也是非常重要的二元运算,后续我们会多次用到这个集合和它的某些特例(例如 $\mathbf{Z}_4$、$\mathbf{Z}_6$ 等),并讨论其上的运算性质。需要说明 $\mathbf{Z}_m$ 上的运算结果是唯一确定的,即与代表元的选取无关。

## 5.1.2 运算表

为了便于研究二元运算的性质,在有限集上可以将运算的结果一一列出,这种简便明了的表示方法就是运算表。

【例 5.1.6】 设 $S = \{a, b\}, P(S) = \{\varnothing, \{a\}, \{b\}, \{a, b\}\}$,在 $P(S)$ 上的一元运算补

运算～和二元运算对称差运算⊕的运算表分别如表 5.1.1 和表 5.1.2 所示。

**表 5.1.1　一元运算～的运算表**

| $A$ | $\sim A$ |
|---|---|
| $\varnothing$ | $\{a,b\}$ |
| $\{a\}$ | $\{b\}$ |
| $\{b\}$ | $\{a\}$ |
| $\{a,b\}$ | $\varnothing$ |

对于集合 $A\in P(S)$ 而言，$A$ 的补运算为 $\sim A$。例如，当 $A=\{b\}$ 时，$\sim A=\{a\}$。

**表 5.1.2　二元运算对称差⊕的运算表**

| ⊕ | $\varnothing$ | $\{a\}$ | $\{b\}$ | $\{a,b\}$ |
|---|---|---|---|---|
| $\varnothing$ | $\varnothing$ | $\{a\}$ | $\{b\}$ | $\{a,b\}$ |
| $\{a\}$ | $\{a\}$ | $\varnothing$ | $\{a,b\}$ | $\{b\}$ |
| $\{b\}$ | $\{b\}$ | $\{a,b\}$ | $\varnothing$ | $\{a\}$ |
| $\{a,b\}$ | $\{a,b\}$ | $\{b\}$ | $\{a\}$ | $\varnothing$ |

我们看到二元运算对称差⊕的第 4 行第 5 列表示 $\{b\}\oplus\{a,b\}=\{a\}$。同理，第 5 行第 3 列表示 $\{a,b\}\oplus\{a\}=\{b\}$。

通过运算表可以发现一些常见的运算性质，例如交换性，在运算表中的特征表现为运算表中的元素关于主对角线对称。当然，除此之外，还有一些其他的运算性质，我们接下来进行逐一介绍。

> **Tips**：在对运算表中的元素进行二元运算的时候，行表头即运算表中第一列的元素是运算的第一元素，列表头即运算表中第一行元素是运算的第二元素。行和列交叉位置上的元素是行表头和列表头的元素进行二元运算的结果。

### 5.1.3　运算的性质

#### 1. 封闭性

【定义 5.1.4】　设 $*$ 是 $A$ 上的二元运算，如果对于任意的 $x,y\in A$，均有 $x*y\in A$，则称 $*$ 运算在集合 $A$ 上满足封闭性。

【例 5.1.7】　(1)考虑自然数集合 **N** 上的加法和减法运算。对于任意的 $x,y\in\mathbf{N}$，都有 $x+y\in\mathbf{N}$，所以加法在 **N** 上是封闭的。但是，对于任意的 $x,y\in\mathbf{N}$，可能有 $x-y\notin\mathbf{N}$，

所以减法在 **N** 上不是封闭的。

（2）除法是非零实数集 $\mathbf{R}^* = \mathbf{R} - \{0\}$ 上的二元运算,但在其子集非零整数集 $I^* = I - \{0\}$ 上却不是封闭的。

（3）设集合 $A = \{x \mid x = 2^n, n \in \mathbf{N}\}$,请问集合 $A$ 上的乘法运算和加法运算是否封闭?

答:对于任意的 $2^r, 2^s \in A$,其中 $r, s \in \mathbf{N}$,因为 $2^r \cdot 2^s = 2^{r+s} \in A$,所以集合 $A$ 对乘法运算是封闭的。而集合 $A$ 对于加法运算是不封闭的,因为不一定有 $2^r + 2^s = 2^{r+s}$,例如 $2 + 2^2 = 6 \notin A$。

封闭性是二元运算非常基础的性质,因为定义 5.1.1 中已经说明,从 $A \times A$ 到 $A$ 的一个映射 $f: A \times A \rightarrow A$ 称为 $A$ 上的二元运算。即运算 $*$ 所得到的结果应该仍在 $A$ 中,所以,如果运算 $*$ 的结果不在 $A$ 中,则运算 $*$ 不能称为二元运算。

例如,加法运算对自然数集合 **N** 封闭,因而它是自然数集合上的二元运算;减法运算关于自然数集合不封闭,因为两个自然数相减可能为负数,而负数不是自然数。加、减、乘法运算是整数集合 **Z** 上的二元运算,也是实数集合 **R** 上的二元运算,但除法不是这些集合上的二元运算,因为除数等于零时无意义。乘法和除法运算是非零实数集合 $\mathbf{R} - \{0\}$ 上的二元运算,但加法和减法运算不是该集合上的二元运算,因为两个互为相反的数相加为零,而两个相同的数相减为零。集合 $A$ 的子集的交、并、对称差都是 $A$ 的幂集上的二元运算,补运算是 $A$ 的幂集上的一元运算。

### 2. 交换律

**【定义 5.1.5】** 设 $*$ 是 $A$ 上的二元运算,如果对于任意的 $x, y \in A$,均有 $x * y = y * x$,则称 $*$ 运算在 $A$ 上是可交换的,或者说 $*$ 运算在 $A$ 上满足交换律。

例如,实数中的加法和乘法是可交换的,但减法不是可交换的。集合上的 $\cap$、$\cup$、$\oplus$ 运算均是可交换的,但集合上的笛卡儿积运算不是可交换的。

**【例 5.1.8】** 设 $\mathbf{Q}$ 是有理数集合,$\triangle$ 是 $\mathbf{Q}$ 上的二元运算,对于任意 $a, b \in \mathbf{Q}$,$a \triangle b = a + b - a \cdot b$,问:运算 $\triangle$ 是否可交换?

**解** 因为对于任意 $a, b \in \mathbf{Q}$,有

$$a \triangle b = a + b - a \cdot b = b + a - b \cdot a = b \triangle a$$

因此,运算 $\triangle$ 是可交换的。

### 3. 结合律

**【定义 5.1.6】** 设 $*$ 是 $A$ 上二元运算,如果对于任意的 $x, y, z \in A$,均有 $(x * y) * z = x * (y * z)$,则称运算 $*$ 在 $A$ 上是可结合的,或称 $*$ 在 $A$ 上满足结合律。

**【例 5.1.9】** 实数上的加法和乘法是可结合的,减法则不是可结合的。矩阵的乘法满足结合律。集合上的 $\cap$、$\cup$、$\oplus$ 运算均是可结合的,但集合上的笛卡儿积运算不是可结合的。

**【例 5.1.10】** 设 $A$ 是一个非空集合,$\bigstar$ 是 $A$ 上的二元运算,对于任意 $a, b \in A$,有

$a \bigstar b = b$,证明★是可结合运算。

**证明**　因为对于任意的 $a, b, c \in A$,有

$$(a \bigstar b) \bigstar c = b \bigstar c = c, \quad a \bigstar (b \bigstar c) = a \bigstar c = c$$

所以,

$$(a \bigstar b) \bigstar c = a \bigstar (b \bigstar c)$$

所以,★是可结合运算。

#### 4. 幂等律

【定义 5.1.7】　设 * 是 $A$ 上二元运算,如果对于任意的 $x \in A$,均有 $x * x = x$,则称运算 * 在 $A$ 上是幂等的,或称运算 * 在 $A$ 上满足幂等律。

【例 5.1.11】　集合上的 $\bigcap$、$\bigcup$ 运算,逻辑中的 $\wedge$、$\vee$ 运算都满足幂等律。实数中的加法、乘法不满足幂等律。

例如,对于任何集合 $A$ 均有 $A \bigcap A = A, A \bigcup A = A$。

对于任何命题公式均有 $A \vee A = A, A \wedge A = A$。

但对于实数集合上的加法运算,除 $0 + 0 = 0$ 外,没有其他元素满足 $a + a = a$。

同样,对于乘法运算,除 $0 \times 0 = 0$ 和 $1 \times 1 = 1$ 外,没有其他元素满足 $a \times a = a$。而幂等律要求集合 $A$ 上的所有元素均满足 $x * x = x$。所以实数中的加法、乘法不满足幂等律。

表 5.1.3 中的运算△也符合幂等律。

表 5.1.3　关于运算△的运算表

| △ | $a$ | $b$ |
|---|-----|-----|
| $a$ | $a$ | $a$ |
| $b$ | $a$ | $b$ |

> **Tips**:对于有限集合,要在集合上验证幂等律,可以直接查看对角线上的元素是否与表头元素均一致,如果对角线上的元素与表头元素均一致,则该集合上幂等律成立。对于无限集合而言,则需判定对于所有元素 $x$ 均有 $x * x = x$,才能确定。

#### 5. 分配律

【定义 5.1.8】　设△和 * 是 $A$ 上的两个二元运算,如对于任意的 $x, y, z \in A$,均有

$$x * (y \triangle z) = (x * y) \triangle (x * z)$$
$$(y \triangle z) * x = (y * x) \triangle (z * x)$$

则称 * 对△在 $A$ 上分配律成立。

【例 5.1.12】　(1)实数集合上的乘法对加法满足分配律,但加法对乘法不满足分

配律。

（2）非空集合上的 $\cap$ 和 $\cup$ 互相满足分配律。命题逻辑中的合取 $\wedge$ 和析取 $\vee$ 运算互相满足分配律。

【例 5.1.13】 设 $A=\{a,b\}$，二元运算 $*$、$\triangle$ 的定义分别如表 5.1.4 和表 5.1.5 所示，请问分配律成立否？

<table>
<tr><td colspan="3">表 5.1.4 关于运算 $*$ 的运算表</td></tr>
<tr><td>$\triangle$</td><td>$a$</td><td>$b$</td></tr>
<tr><td>$a$</td><td>$a$</td><td>$a$</td></tr>
<tr><td>$b$</td><td>$a$</td><td>$b$</td></tr>
</table>

<table>
<tr><td colspan="3">表 5.1.5 关于运算 $\triangle$ 的运算表</td></tr>
<tr><td>$*$</td><td>$a$</td><td>$b$</td></tr>
<tr><td>$a$</td><td>$a$</td><td>$b$</td></tr>
<tr><td>$b$</td><td>$b$</td><td>$a$</td></tr>
</table>

**解** （1）运算 $\triangle$ 对运算 $*$ 可分配，即证对于任意的 $x,y,z\in A$，均有

$$x\triangle(y*z)=(x\triangle y)*(x\triangle z)$$

当 $x=a$ 时，对照运算表可知

$$x\triangle(y*z)=x=a, \quad (x\triangle y)*(x\triangle z)=x*x=x=a$$

当 $x=b$ 时，对照运算表可知

$$x\triangle(y*z)=y*z, \quad (x\triangle y)*(x\triangle z)=y*z$$

所以，对于任意的 $x,y,z\in A$，均有

$$x\triangle(y*z)=(x\triangle y)*(x\triangle z)$$

即运算 $\triangle$ 对运算 $*$ 可分配。

（2）运算 $*$ 对运算 $\triangle$ 不可分配。因为

$$b*(a\triangle b)=b*a=b,$$

而

$$(b*a)\triangle(b*b)=b\triangle a=a$$

所以

$$b*(a\triangle b)\neq(b*a)\triangle(b*b)$$

则运算 $*$ 对运算 $\triangle$ 不可分配。

【例 5.1.14】 对代数系统 $\langle \mathbf{Z}_m,+_m,\times_m\rangle$，$\times_m$ 对 $+_m$ 满足分配律。

**证明** 对于任意的 $[a],[b],[c]\in\mathbf{Z}_m$，有

$$([a]+_m[b])\times_m[c]=[a+b]\times_m[c]=[(a+b)\times c]=[a\times c+b\times c]$$
$$=[a\times c]+_m[b\times c]=([a]\times_m[c])+_m([b]\times_m[c])$$

同理可证

$$[c]\times_m([a]+_m[b])=[c]\times_m[a]+_m[c]\times_m[b]$$

因此，$\times_m$ 对 $+_m$ 满足分配律。

**6. 吸收律**

【定义 5.1.9】 设 $*$ 和 $\triangle$ 是 $A$ 上的两个可交换的二元运算，如果对于任意的 $x,y\in$

$A$,均有 $x*(x\triangle y)=x$,而且有 $(x\triangle y)*x=x$,则称 $*$ 和 $\triangle$ 满足吸收律。

例如命题逻辑中的 $\vee$ 运算和 $\wedge$ 运算,以及集合上的 $\cup$ 运算和 $\cap$ 运算均满足吸收律:

$$A\vee(A\wedge B)\Leftrightarrow A,A\wedge(A\vee B)\Leftrightarrow A$$
$$A\cup(A\cap B)=A,A\cap(A\cup B)=A$$

【例 5.1.15】 设 **N** 为自然数集,对于任意的 $x,y\in\mathbf{N}$,定义

$$x*y=\max\{x,y\}, \quad x\triangle y=\min\{x,y\}$$

试证:运算 $*$、$\triangle$ 满足吸收律。

**证明**　对于任意的 $x,y\in\mathbf{N}$,有

$$x*(x\triangle y)=\max\{x,\min\{x,y\}\}=x$$

所以运算 $*$ 满足吸收律。

对于任意的 $x,y\in\mathbf{N}$,有

$$x\triangle(x*y)=\min\{x,\max\{x,y\}\}=x$$

所以运算 $\triangle$ 满足吸收律。

【例 5.1.16】 设 $P(S)$ 是集合 $S$ 的幂集,在 $P(S)$ 上定义的两个二元运算,集合的"并"运算 $\cup$ 和集合的"交"运算 $\cap$,验证 $\cup$、$\cap$ 满足幂等律。

**证明**　对于任意的 $A\in P(S)$,有

$$A\cup A=A \quad 和 \quad A\cap A=A$$

因此运算 $\cup$ 和 $\cap$ 都满足等幂律。

【例 5.7.17】 普通的加法和乘法不适合幂等律。但 0 是加法的幂等元,0 和 1 是乘法的幂等元。

【例 5.1.18】 设 $*$ 是实数集 **R** 上的二元运算,$+$ 和 $-$ 是四则运算的加法和减法,对于任意的 $x,y\in\mathbf{R}$,有 $x*y=x+y-2xy$。试问:运算 $*$ 是否满足交换律、结合律、幂等律?

**解**　(1)对于任意的 $x,y,z\in\mathbf{R}$,因为

$$(x*y)*z=(x+y-2xy)*z=x+y-2xy+z-2(x+y-2xy)z$$
$$=x+y+z-2xy-2xz-2yz+4xyz$$
$$x*(y*z)=x*(y+z-2yz)=x+(y+z-2yz)-2x(y+z-2yz)$$
$$=x+y+z-2xy-2xz-2yz+4xyz$$

即 $(x*y)*z=x*(y*z)$,所以运算 $*$ 在 **R** 上满足结合律。

(2)对于任意的 $x,y\in\mathbf{R}$,因为

$$x*y=x+y-2xy, \quad y*x=y+x-2yx$$

即 $x*y=y*x$,所以运算 $*$ 在 **R** 上满足交换律。

(3)对于任意的 $x\in\mathbf{R}$,因为

$$x*x=x+x-2x^2=2x-2x^2$$

由于 $2x-2x^2=x$ 仅在 $x=0$ 或 $x=1/2$ 时成立,即 0 和 1/2 是两个幂等元。

但在实数范围内,显然 $x*x\neq x$,所以运算 $*$ 在 **R** 上不满足幂等律。

### 5.1.4 运算中的特殊元素

**1. 单位元**

【定义 5.1.10】 设 $*$ 是 $A$ 上的二元运算,如果存在元素 $e_l$(或 $e_r$)$\in A$,使得对于任意的 $x \in A$,均有 $e_l * x = x$(或 $x * e_r = x$),则称 $e_l$(或 $e_r$)是 $A$ 中关于运算 $*$ 的一个左单位元(或右单位元);如果元素 $e$ 既是左单位元,又是右单位元,即有 $e_l = e_r = e$,则称 $e$ 是 $A$ 中关于运算 $*$ 的一个单位元,也称幺元。

【例 5.1.19】 (1)对于实数集 $\mathbf{R}$ 上的加法运算,0 是单位元;对于乘法运算,则 1 是单位元。对于 $n$ 阶实矩阵的全体 $\boldsymbol{M}_n(\mathbf{R})$ 上的矩阵加法运算,零矩阵是单位元;对于乘法运算,则单位矩阵是单位元。

(2)对于集合 $A$ 的幂集 $P(A)$ 上的 $\bigcap$ 运算,单位元是全集(零元是 $\varnothing$);而对于 $\bigcup$ 运算,单位元是 $\varnothing$(零元是全集)。

(3)在实数集 $\mathbf{R}$ 上定义运算 $*$,其满足 $\forall a, b \in \mathbf{R}, a * b = a$,则不存在左单位元 $e_l$,使得 $\forall b \in \mathbf{R}, e_l * b = b$;而 $\forall a, b \in \mathbf{R}$,则 $b * a = b$,$a$ 都满足右单位元的条件,即 $\mathbf{R}$ 中任意数均是右单位元。显然 $\mathbf{R}$ 中不存在单位元。

(4)在 $\langle \mathbf{Z}_m, +_m, \times_m \rangle$ 中,运算 $+_m$ 的幺元是 $[0]$,运算 $\times_m$ 的幺元是 $[1]$。

【定理 5.1.1】 设 $*$ 是集合 $A$ 上的二元运算,$e_l, e_r$ 分别是运算 $*$ 的左单位元和右单位元,则有 $e_l = e_r = e$,且 $e$ 是 $A$ 上唯一的单位元。

**证明** (1)因为 $e_l$ 是左单位元,所以 $e_l * e_r = e_r$;又因为 $e_r$ 是右单位元,所以 $e_l * e_r = e_l$。

由此可知 $e_l = e_r$,记 $e_l = e_r = e$,则 $e$ 是单位元。

(2)如果存在 $e'$ 也是 $A$ 上关于 $*$ 的单位元,则 $e' = e' * e = e$,因此单位元是唯一的。

**2. 零元**

【定义 5.1.11】 设 $*$ 是 $A$ 上的二元运算,如果存在元素 $\theta_l$(或 $\theta_r$)$\in A$,使得对于任意的 $x \in A$,均有 $\theta_l * x = \theta_l$(或 $x * \theta_r = \theta_r$),则称 $\theta_l$(或 $\theta_r$)是 $A$ 中关于运算 $*$ 的一个左零元(或右零元);如果元素 $\theta$ 既是左零元,又是右零元,即有 $\theta_l = \theta_r = \theta$,则称 $\theta$ 是 $A$ 中关于运算 $*$ 的一个零元。

【例 5.1.20】 (1)实数集上的加法运算不存在零元,乘法运算的零元是 0。

(2)对于 $n$ 阶实矩阵的全体 $\boldsymbol{M}_n(\mathbf{R})$ 上的矩阵乘法运算,零矩阵就是零元。

【定理 5.1.2】 设 $*$ 是集合 $A$ 上的二元运算,$\theta_l, \theta_r$ 分别是运算 $*$ 的左零元和右零元,则有 $\theta_l = \theta_r = \theta$,且 $\theta$ 是 $A$ 上唯一的零元。

**证明** (1)因为 $\theta_l$ 是左零元,所以 $\theta_l * \theta_r = \theta_l$;又因为 $\theta_r$ 是右零元,所以 $\theta_l * \theta_r = \theta_r$。

由此可知 $\theta_l = \theta_r$,记 $\theta_l = \theta_r = \theta$,则 $\theta$ 是零元。

(2)如果存在 $\theta'$ 也是 $A$ 上关于 $*$ 的零元,则 $\theta' = \theta' * \theta = \theta$,因此零元是唯一的。

**【定理 5.1.3】**　设在代数系统 $\langle A, * \rangle$ 中，$e$ 和 $\theta$ 分别为运算 $*$ 的幺元和零元，如果 $A$ 中元素个数大于 1，则 $e \neq \theta$。

**证明**　用反证法。假设 $e = \theta$，则 $\forall x \in A$ 有

$$x = x * e = x * \theta = \theta$$

这表示 $A$ 中元素都是相同的，全都为 $\theta$。这与 $A$ 中至少含有两个元素矛盾。

所以，假设不成立，即 $e \neq \theta$。

### 3. 逆元

**【定义 5.1.12】**　设 $*$ 是集合 $A$ 上的二元运算，$e \in A$ 是运算 $*$ 的单位元，对于任意的 $x \in A$，如果存在一个元素 $y \in A$，使得 $x * y = e, y * x = e$，则称 $y$ 是 $x$ 的逆元，记 $y = x^{-1}$。如果 $x$ 的逆元存在，则称 $x$ 是可逆的。

**【例 5.1.21】**　对于整数集合 $\mathbf{Z}$ 上的加法运算，每个数 $a$ 的逆元就是其相反数；而对于自然数集合 $\mathbf{N}$ 上的加法运算，只有 0 存在逆元，且它的逆元就是它本身。

**【例 5.1.22】**　$n$ 阶实矩阵的全体 $M_n(\mathbf{R})$ 上的矩阵乘法，单位元是单位矩阵 $\boldsymbol{I}$，而逆元就是逆矩阵，因而只有当矩阵 $\boldsymbol{A}$ 是非奇异矩阵时，才可逆。

**【例 5.1.23】**　设集合 $A = \{a, b, c\}$，$A$ 上的二元运算 $*$ 如表 5.1.6 所示。请说明 $*$ 满足的运算性质，并指出其中的单位元和可逆元素的逆元。

表 5.1.6　关于二元运算 $*$ 的运算表

| $*$ | $a$ | $b$ | $c$ |
| --- | --- | --- | --- |
| $a$ | $a$ | $b$ | $c$ |
| $b$ | $b$ | $c$ | $a$ |
| $b$ | $c$ | $a$ | $b$ |

**解**　根据运算性质的定义，不难验证 $*$ 运算满足交换律、结合律和消去律，不满足幂等律。单位元是 $a$，没有零元，且 $a^{-1} = a, b^{-1} = c, c^{-1} = b$。

**【定理 5.1.4】**　设 $*$ 是定义在 $A$ 上的二元运算，$A$ 中存在单位元 $e$，且对于任意的 $x \in A$，都存在左逆元，如果 $*$ 是可结合的运算，那么 $A$ 中任何一个元素的左逆元必定也是该元素的右逆元，且每个元素的逆元唯一。

**证明**　设 $\forall a, b, c \in A$，且 $b$ 是 $a$ 的左逆元，$c$ 是 $b$ 的左逆元。

（1）因为 $\qquad b = e * b = (b * a) * b$

所以 $\qquad a * b = (e * a) * b = ((c * b) * a) * b = c * (b * a * b) = c * b = e$

所以 $b$ 也是 $a$ 的右逆元，即 $b$ 是 $a$ 的逆元。

（2）设任意元素 $a$ 除了逆元 $b$ 外，还存在一个逆元 $t$，那么

$$b = b * e = b * (a * t) = (b * a) * t = e * t = t$$

所以，任意元素的逆元唯一。

> **Tips**：(1)代数系统中幺元 $e$ 和零元 $\theta$ 是全局的概念。而且，如果幺元和零元存在，一定是唯一的。
>
> (2)左逆元、右逆元、逆元是局部的概念，其仅针对集合 $A$ 中的某一元素。
>
> (3)一个元素的左逆元不一定等于该元素的右逆元，一个元素可以有左逆元而没有右逆元，一个元素的左(右)逆元可以不止一个。但对于一个元素而言，若有逆元，则唯一。

**【例 5.1.24】** 设 $*$ 是实数集 **R** 上的二元运算，$+$ 和 $-$ 是四则运算的加法和减法，对于任意的 $x,y\in$ **R**，有 $x*y=x+y-2xy$。求 $*$ 运算的单位元、零元和所有可逆元。

**解** 设 $*$ 运算的单位元和零元分别为 $e$ 和 $\theta$，则对于任意 $x$ 有 $x*e=x$ 成立，即

$$x+e-2xe=x\Rightarrow e=0$$

由于 $*$ 运算可交换，所以 0 是幺元。

对于任意的 $x$ 有 $x*\theta=\theta$ 成立，即

$$x+\theta-2x\theta=\theta\Rightarrow x-2x\theta=0\Rightarrow\theta=1/2$$

给定 $x$，设 $x$ 的逆元为 $y$，则有 $x*y=0$ 成立，即

$$x+y-2xy=0\Rightarrow y=x/(1+2x)(x\neq-1/2)$$

因此当 $x\neq-1/2$ 时，$y=x/(1+2x)$ 是 $x$ 的逆元。

## 5.1.5 代数系统的定义

**【定义 5.1.13】** 设 $S$ 是非空集合，$f_1,f_2,\cdots,f_n$ 是 $S$ 上的运算，由 $S$ 和 $f_1,f_2,\cdots,$ $f_n$ 组成的结构称为代数系统，或称为代数结构，记为 $\langle S,f_1,f_2,\cdots,f_n\rangle$。

代数系统中非空集合 $S$ 的基数用 $|S|$ 表示。如果 $S$ 是有限集合，则称代数系统为有限代数系统，否则称为无限代数系统。

由定义 5.1.14 可知，一个代数系统需满足以下三个条件：

(1)有一个非空集合 $S$；

(2)有建立在 $S$ 上的一些运算；

(3)这些运算在 $S$ 上是封闭的。

**【例 5.1.25】** 下面给出若干代数系统的例子：

(1)整数集合 **Z** 及其上的加法运算构成一个代数系统 $\langle$**Z**$,+\rangle$。

(2)自然数集合 **N** 及其上的减法运算不能构成一个代数系统，因为减法不是集合上的代数运算。

(3)实数集合 **R** 及其上的加法和乘法运算构成一个代数系统 $\langle$**R**$,+,\times\rangle$。

(4)实数集合 **R** 及其上的乘法和除法运算不能构成一个代数系统，因为除法不是集合上的代数运算。

在大多数情况下，我们讨论的代数系统中的运算都是一元运算和二元运算。

在比较两个代数系统时,主要比较的是它们的运算。

**【定义 5.1.14】**　给定两个代数系统 $\langle S, f_1, f_2, \cdots, f_n \rangle$ 和 $\langle S, g_1, g_2, \cdots, g_n \rangle$,如果对于所有的 $1 \leqslant i \leqslant n$,$f_i$ 和 $g_i$ 都具有相同的元数,则称这两个代数系统是同类型的。

也就是说,看两个代数系统是否同类型,主要考察其运算的个数和元数。

**【例 5.1.26】**　设 $S$ 为非空集合,$P(S)$ 是它的幂集,对于任意集合 $A, B \in P(S)$,定义 $A \oplus B = (A - B) \bigcup (B - A)$,$A \otimes B = A \bigcap B$,则 $\langle P(S), \oplus, \otimes \rangle$ 是一个代数系统,且它与 $\langle \mathbf{R}, +, \times \rangle$ 是同类型的。

**【定义 5.1.15】**　设 $\langle S, f_1, f_2, \cdots, f_n \rangle$ 是一个代数系统,且非空集合 $T \subseteq S$ 在运算 $f_1, f_2, \cdots, f_n$ 下都是封闭的,且 $T$ 中含有与 $S$ 中相同的特殊元素(包括单位元和零元),则称 $\langle T, f_1, f_2, \cdots, f_n \rangle$ 是 $\langle S, f_1, f_2, \cdots, f_n \rangle$ 的子代数系统,简称为子代数,记为

$$\langle T, f_1, f_2, \cdots, f_n \rangle \subseteq \langle S, f_1, f_2, \cdots, f_n \rangle$$

**【例 5.1.27】**　考虑整数集合 $\mathbf{Z}$、偶数集合 $\mathbf{Z}_E$ 和奇数集合 $\mathbf{Z}_O$。则 $\langle \mathbf{Z}_E, + \rangle$ 是 $\langle \mathbf{Z}, + \rangle$ 的子代数,而 $\langle \mathbf{Z}_O, + \rangle$ 不是 $\langle \mathbf{Z}, + \rangle$ 的子代数,因为 $\mathbf{Z}_O$ 中不包含 $+$ 运算的单位元 $0$。对于代数系统 $\langle \mathbf{Z}, \times \rangle$ 而言,$\langle \mathbf{Z}_O, \times \rangle$ 和 $\langle \mathbf{Z}_E, \times \rangle$ 都不是它的子代数,因为 $\mathbf{Z}_O$ 中不包含 $\times$ 运算的零元 $0$,$\mathbf{Z}_E$ 中不包含 $\times$ 运算的单位元 $1$。

## 5.2　常见的代数系统

下面我们将介绍两种特殊的代数系统:半群和独异点。这两个代数系统虽然相对比较简单,但是其在计算机科学的形式语言和自动机理论等方面有着广泛的应用。

### 5.2.1　半　群

**【定义 5.2.1】**　设 $\langle S, * \rangle$ 是一个代数系统,其中 $S$ 是非空集合,$*$ 为 $S$ 上的二元运算,如果运算 $*$ 在 $S$ 上满足封闭律,则称 $\langle S, * \rangle$ 为**广群**。

**【定义 5.2.2】**　设 $\langle S, * \rangle$ 是一个代数系统,其中 $S$ 是非空集合,$*$ 是 $S$ 上的二元运算,如果运算 $*$ 在 $S$ 上满足封闭律和结合律,则称 $\langle S, * \rangle$ 为**半群**。

**【例 5.2.1】**　下面给出一些半群的例子:

(1) $\langle \mathbf{Z}_+, + \rangle$,$\langle \mathbf{Z}, + \rangle$,$\langle \mathbf{N}, + \rangle$,$\langle \mathbf{Z}_+, \times \rangle$,$\langle \mathbf{N}, \times \rangle$,$\langle \mathbf{Q}, \times \rangle$ 等都是半群。用 $\mathbf{R}_+$ 表示正实数集合,则 $\langle \mathbf{R}_+, + \rangle$,$\langle \mathbf{R}_+, \times \rangle$ 是半群。

(2) $\langle \mathbf{M}_n(\mathbf{R}), + \rangle$ 是半群,$+$ 为 $n$ 阶实矩阵的全体 $\mathbf{M}_n(\mathbf{R})$ 上的矩阵加法运算。

(3) $P(A)$ 为集合 $A$ 的幂集,$\oplus$ 是集合 $A$ 上的对称差运算,则 $\langle P(A), \oplus \rangle$ 是半群。

(4) 在 $\mathbf{R}_+$ 上定义两个二元运算 $*$ 和 $\circ$,$\forall a, b \in \mathbf{R}_+$,有 $a * b = ab$,$a \circ b = 2a + b$,则运算 $*$ 满足封闭律和结合律,$\langle \mathbf{R}_+, * \rangle$ 是半群;而 $\circ$ 不满足结合律,$\langle \mathbf{R}_+, \circ \rangle$ 不是半群。

**【例 5.2.2】**　设 $A = \{a, b, c\}$,$A$ 上的二元运算 $*$ 如表 5.2.1 所示,验证 $\langle A, * \rangle$ 是一个半群。

表 5.2.1   $A$ 上的二元运算 $*$ 运算表

| $*$ | $a$ | $b$ | $c$ |
|-----|-----|-----|-----|
| $a$ | $a$ | $b$ | $c$ |
| $b$ | $b$ | $c$ | $a$ |
| $b$ | $c$ | $a$ | $b$ |

**解**   从表 5.2.1 可以知道运算 $*$ 是封闭的,同时根据运算性质的定义,不难验证对于任意的 $x,y,z\in A$,有 $(x*y)*z=x*(y*z)$,即结合律成立,因此 $\langle A,*\rangle$ 是一个半群。

对于半群中的元素,我们有一种简便的记法。由于半群 $\langle S,*\rangle$ 中的运算是可结合的,可以定义元素的幂,对于任意的 $x\in S$,规定:

$$\begin{cases} x^1=x, \\ x^{n+1}=x^n*x, \end{cases} n\in \mathbf{Z}^+$$

用数学归纳法不难证明 $x$ 的幂遵从以下运算规则:

$$\begin{cases} x^n*x^m=x^{n+m}, \\ (x^n)^m=x^{nm}, \end{cases} m,n\in \mathbf{Z}^+$$

普通乘法的幂、关系的幂、矩阵乘法的幂等都遵从这个幂运算规则。

如果有 $a^2=a$,则称 $a$ 为半群中的幂等元。

**【定理 5.2.1】**   设 $\langle S,*\rangle$ 是一个半群,如果 $S$ 是一个有限集,则必存在 $a\in S$,有

$$a*a=a$$

**证明**   因为 $\langle S,*\rangle$ 是一个半群,对任意的 $b\in S$,由 $*$ 的封闭性可知

$$b^2=b*b\in S, \quad b^3=b^2*b\in S, \quad \cdots, \quad b^n\in S, \quad \cdots$$

因为 $S$ 是有限集,所以必存在 $j>i$,使得 $b^i=b^j$。令 $p=j-i$,则 $b^i=b^p*b^i$。所以对 $q\geq i$,有 $b^q=b^p*b^q$。

因为 $p\geq 1$,所以总可找到 $k\geq 1$,使得 $kp\geq i$。对于任意的 $b\in S$,有

$$b^{kp}=b^p*b^{kp}=b^p*(b^p*b^{kp})=\cdots=b^{kp}*b^{kp}$$

令 $a=b^{kp}$,则 $a\in S$ 且 $a*a=a$。

上述定理也可以简述为:有限半群必有幂等元。

**【定义 5.2.3】**   设 $\langle S,*\rangle$ 是一个半群,$B$ 是 $S$ 的非空子集,且运算 $*$ 在 $B$ 上是封闭的,则 $\langle B,*\rangle$ 也是一个半群,并称 $\langle B,*\rangle$ 是 $\langle S,*\rangle$ 的子半群。

由于运算 $*$ 在 $B$ 上封闭且在 $S$ 上是可结合的,并且 $B$ 是 $S$ 的子集,所以 $*$ 在 $B$ 上也是可结合的,因而 $\langle B,*\rangle$ 也是半群。

**【例 5.2.3】**   $\langle \mathbf{N},+\rangle$ 是 $\langle \mathbf{I},+\rangle$ 的子半群,$\langle \mathbf{I},+\rangle$ 是 $\langle \mathbf{R},+\rangle$ 的子半群。

## 5.2.2   独异点

**【定义 5.2.4】**   含有单位元的半群称为独异点,或者含幺半群。

设半群$\langle S,*\rangle$中的单位元为$e$,则独异点也常常记作$\langle S,*,e\rangle$。

**【定义 5.2.5】**　设$\langle S,*,e\rangle$是一个独异点,$B$是$S$的非空子集,运算$*$在$B$上是封闭的,且$e\in B$,则$\langle B,*,e\rangle$也是一个独异点,并称$\langle B,*,e\rangle$是$\langle S,*,e\rangle$的子独异点。

**【例 5.2.4】**　设$P(A)$为集合$A$的幂集,$\oplus$是集合上的对称差运算,前面已知$\langle P(A),\oplus\rangle$是半群。而对于运算$\oplus$而言,其单位元是空集,因而$\langle P(A),\oplus\rangle$也是独异点。

类似地,在$\langle \mathbf{Z}_+,+\rangle$,$\langle \mathbf{Z},+\rangle$,$\langle \mathbf{N},+\rangle$,$\langle \mathbf{Z}_+,\times\rangle$,$\langle \mathbf{N},\times\rangle$,$\langle \mathbf{Q},\times\rangle$这些半群中,除了$\langle \mathbf{Z}_+,+\rangle$之外,其他都是独异点。请读者自己找出这些独异点中的单位元。

从这个定义我们不难看出,独异点是特殊的半群,但是由于独异点中含有单位元,因而它具有一些半群所不具有的性质。

独异点是特殊的半群,可以把半群的幂运算推广到独异点中去。

由于独异点$V$中含有单位元$e$,对于任意的$x\in S$,可以定义$x$的零次幂,即

$$\begin{cases} x^0=e, \\ x^n*x^m=x^{n+m}, \quad n\in \mathbf{N} \\ (x^n)^m=x^{nm}, \end{cases}$$

不难证明,独异点的幂运算也遵从半群的幂运算规则,只不过$m$和$n$不一定限于正整数,只要是自然数就成立。

**【定理 5.2.2】**　设$\langle S,*\rangle$是独异点,则对于任意的$a,b\in S$,若$a,b$均有逆元,则有:

(1)$(a^{-1})^{-1}=a$;

(2)$(a*b)^{-1}=b^{-1}*a^{-1}$。

**证明**　(1)因为

$$a*a^{-1}=e,\quad a^{-1}*a=e$$

这说明了$a^{-1}$和$a$互为逆元,所以$(a^{-1})^{-1}=a$。

(2)因为

$$(a*b)*(b^{-1}*a^{-1})=a*(b*b^{-1})*a^{-1}=a*e*a^{-1}=a*a^{-1}=e$$

同时

$$(b^{-1}*a^{-1})*(a*b)=b^{-1}*(a^{-1}*a)b=b^{-1}*e*b=b^{-1}*b=e$$

上述两式说明了$a*b$和$b^{-1}*a^{-1}$互为逆元,所以$(a*b)^{-1}=b^{-1}*a^{-1}$。

**【定理 5.2.3】**　设$\langle S,*\rangle$是一个独异点,则在关于$*$的运算表中,任何两行和两列都是不相同的。

**证明**　设$S$中关于$*$运算的单位元是$e$。因为对于任意的$a,b\in S$且$a\neq b$时,总有$e*a=a\neq b=e*b$,这说明没有两列是相同的。

同理,有$a*e=a\neq b=b*e$,这说明没有两行是相同的。

所以,在$*$运算表中不可能有两行或者两列是相同的。

**【例 5.2.5】**　设$A=\{a,b,c\}$,$A$上的二元运算$*$如表 5.2.2 所示,验证$\langle A,*\rangle$是一

个独异点。

表 5.2.2　A 上的二元运算 * 运算表

| * | $a$ | $b$ | $c$ |
|---|---|---|---|
| $a$ | $a$ | $b$ | $c$ |
| $b$ | $b$ | $c$ | $a$ |
| $c$ | $c$ | $a$ | $b$ |

从运算表 5.2.2 容易地看出，$\langle A, * \rangle$ 是一个半群。不难发现，在这个运算表中，$a$ 是运算 * 的单位元，所以 $\langle A, * \rangle$ 也是一个独异点。容易看到，这个运算表没有两行或两列是相同的。

## 5.2.3　可交换半群和循环半群

【定义 5.2.6】　设 $\langle S, * \rangle$ 是一个半群，如果 * 是可交换的，则称 $\langle S, * \rangle$ 是可交换半群。

比如，例 5.2.5 中的代数系统，就是一个可交换半群。

从运算表 5.2.2 中可以看出，可交换半群的特征就是运算表关于主对角线对称。

【例 5.2.6】　$\langle \mathbf{Z}, + \rangle, \langle \mathbf{N}, + \rangle, \langle \mathbf{Q}, \times \rangle, \langle \mathbf{R}, \times \rangle$ 都是可交换半群。

类似地，可定义可交换独异点的概念。

【定义 5.2.7】　设 $\langle S, *, e \rangle$ 是一个独异点，如果 * 是可交换的，则称 $\langle S, *, e \rangle$ 是可交换独异点。

比如，例 5.2.5 中的代数系统，也是一个可交换独异点。

从运算表 5.2.2 中可以看出，可交换独异点的特征就是运算表除了关于主对角线对称以外，幺元所在的行和列与表头的元素一样。

【例 5.2.7】　$\langle \mathbf{Z}, +, 0 \rangle, \langle \mathbf{N}, +, 0 \rangle, \langle \mathbf{Q}, \times, 1 \rangle, \langle \mathbf{R}, \times, 1 \rangle$ 都是可交换独异点。

【例 5.2.8】　证明代数系统 $\langle \mathbf{Z}_m, +_m \rangle$ 是独异点，且是可交换独异点。

证明　因为对于任意的 $[a], [b], [c] \in \mathbf{Z}_m$，有

$$[a] +_m ([b] +_m [c]) = [a] +_m [b+c] = [a+b+c]$$
$$= [a+b] +_m [c] = ([a] +_m [b]) +_m [c]$$

所以 $+_m$ 满足结合律。

又因为 $[0]$ 是关于 $+_m$ 的幺元，所以 $\langle \mathbf{Z}_m, +_m \rangle$ 是独异点。

而

$$[a] +_m [b] = [a+b] = [b+a] = [b] +_m [a]$$

所以 $+_m$ 是可交换的。

故 $\langle \mathbf{Z}_m, +_m \rangle$ 是可交换独异点。

【定义 5.2.8】　给定半群 $\langle S, * \rangle$ 和 $g \in S$，以及自然数集合 $\mathbf{N}$，如果对于任意的 $x \in$

$S$,都存在一个自然数 $n\in\mathbf{N}$,使得 $x=g^n$,则称 $\langle S,*\rangle$ 是循环半群,并称 $g$ 为 $\langle S,*\rangle$ 的生成元。

类似地,可定义循环独异点及其生成元的概念,并规定 $g^0=e$。

**【例 5.2.9】** $\langle\mathbf{N},+\rangle$ 是一个循环半群,也是一个循环独异点,其生成元为 1。因为对于任意的 $n\in\mathbf{N}$,都有 $n=1^n$(这里 $1^n$ 表示在 1 上应用 $n$ 次加法)。

**【定理 5.2.4】** 循环半群都是可交换的。

**证明** 设 $\langle S,*\rangle$ 为循环半群且 $g$ 为其生成元。那么对于任意的 $a,b\in S$ 都存在 $m$,$n\in\mathbf{N}$,使得 $a=g^m,b=g^n$。因此有:

$$a*b=g^m*g^n=g^{m+n}=g^{n+m}=g^n*g^m=b*a$$

由此可知 $\langle S,*\rangle$ 是可交换的。

类似可证,循环独异点也是可交换的。

**【定理 5.2.5】** 给定半群 $\langle S,*\rangle$ 及任意的 $a\in S$,则 $\langle\{a,a^2,a^3,\cdots\},*\rangle$ 是循环子半群。

**证明** 首先 $\langle S,*\rangle$ 是半群,那么对于任意的 $a\in S$ 和 $n\in\mathbf{N}$ 都有 $a^n\in S$,因此 $\{a,a^2,a^3,\cdots\}\subseteq S$,$\langle\{a,a^2,a^3,\cdots\},*\rangle$ 是 $\langle S,*\rangle$ 的子半群。

其次,显然 $a$ 是 $\langle\{a,a^2,a^3,\cdots\},*\rangle$ 的生成元,这说明 $\langle\{a,a^2,a^3,\cdots\},*\rangle$ 也是循环的。

### 5.2.4　群的定义

**【定义 5.2.9】** 设 $\langle S,*\rangle$ 是一个代数系统,其中 $S$ 是非空集合,$*$ 是 $S$ 上的一个二元运算,如果满足:

(1)运算 $*$ 是封闭的;

(2)运算 $*$ 是可结合的;

(3)$S$ 中存在单位元;

(4)$S$ 中每个元素 $x$ 存在逆元 $x^{-1}$;

则称 $\langle S,*\rangle$ 是一个群。

**【例 5.2.10】** (1)$\langle\mathbf{Z},+\rangle$ 是群,单位元是 $0$,$a$ 的逆元是其相反数。同样 $\langle\mathbf{Q},+\rangle$,$\langle\mathbf{R},+\rangle$ 也是群。$\langle\mathbf{R}_+,\times\rangle$ 是群,单位元是 1,$a$ 的逆元是它的倒数。

(2)$\langle\mathbf{M}_n(\mathbf{R}),+\rangle$ 是群,单位元是零矩阵,矩阵 $A$ 的逆元是负矩阵 $-A$。$\langle\mathbf{M}_n(\mathbf{R}),\bullet\rangle$ 不是群,存在单位元(即单位矩阵 $\mathbf{I}_n$),矩阵 $A$ 的逆元是其逆矩阵,但有的方阵是不存在逆矩阵的。如果定义 $\mathbf{M}_n(\mathbf{R})$ 的子集 $S_n(\mathbf{R})=$ 所有可逆矩阵的全体,则 $\langle S_n(\mathbf{R}),\bullet\rangle$ 是群,因为其运算是封闭的,且每个矩阵均存在逆矩阵。

**【例 5.2.11】** $\langle\mathbf{Z}_6,+_6\rangle$,其中 $\mathbf{Z}_6=\{[0],[1],[2],[3],[4],[5]\}$,$+_6$ 是定义在 $\mathbf{Z}_6$ 上的模 6 加法运算,如表 5.2.3 所示。单位元是 $[0]$。又因为

$$[1]+_6[5]=0,\quad[2]+_6[4]=[0],\quad[3]+_6[3]=[0]$$

所以 $[1]$ 和 $[5]$ 互为逆元,$[2]$ 和 $[4]$ 互为逆元,$[3]$ 的逆元是 $[3]$,$[0]$ 的逆元是 $[0]$,因此

$\langle \mathbf{Z}_6, +_6 \rangle$ 是群。

表 5.2.3 $\langle \mathbf{Z}_6, +_6 \rangle$ 的运算表

| $+_6$ | [0] | [1] | [2] | [3] | [4] | [5] |
|-------|-----|-----|-----|-----|-----|-----|
| [0] | [0] | [1] | [2] | [3] | [4] | [5] |
| [1] | [1] | [2] | [3] | [4] | [5] | [0] |
| [2] | [2] | [3] | [4] | [5] | [0] | [1] |
| [3] | [3] | [4] | [1] | [0] | [1] | [2] |
| [4] | [4] | [5] | [0] | [1] | [2] | [3] |
| [5] | [5] | [0] | [1] | [2] | [3] | [4] |

**Tips:** $\mathbf{Z}_6$ 是前面提到的 $\mathbf{Z}_m$ 当 $m=6$ 时的特例,其上的 $+_6$ 运算也是 $+_m$ 运算当 $m=6$ 时的特例。

**【定义 5.2.10】** 集合 $G$ 的元素个数称为群 $G$ 的阶(Order),记为 $|G|$。若群 $G$ 的阶有限,则称之为有限群,否则称为无限群。

例如,$\langle \mathbf{Z}_6, +_6 \rangle$ 是 6 阶群,$\langle \mathbf{Z}, + \rangle$ 是无限群。

**【例 5.2.12】** $\langle P(A), \oplus \rangle$,$P(A)$ 是 $A$ 的幂集,$\oplus$ 是对称差运算。对于任意的 $B \in P(A)$,都有 $B \oplus \varnothing = \varnothing \oplus B = B$,$B \oplus B = \varnothing$,所以单位元是 $\varnothing$,每个元素的逆元就是其本身。可知 $\langle P(A), \oplus \rangle$ 是群。

**【例 5.2.13】** 设 $G = \{e, a, b, c\}$,运算 $*$ 的运算表如表 5.2.4 所示。

表 5.2.4 运算 $*$ 的运算表

| $*$ | $e$ | $a$ | $b$ | $c$ |
|-----|-----|-----|-----|-----|
| $e$ | $e$ | $a$ | $b$ | $c$ |
| $a$ | $a$ | $e$ | $c$ | $b$ |
| $b$ | $b$ | $c$ | $e$ | $a$ |
| $c$ | $c$ | $b$ | $a$ | $e$ |

**解** 对于任意的 $x \in G$,有 $x * x = e$。

对于任意的 $x \in G$,有 $x * e = e * x = x$。

对于任意的 $x, y \in G$,若 $x \neq e$,$y \neq e$,则 $x * y = y * x = z$,其中 $z \neq e$,且 $x, y, z$ 均不相等。

由此可知,$G$ 中存在单位元 $e$;运算是封闭的;运算 $*$ 满足结合律;$G$ 的每个元素均存在逆元,而且逆元是其本身。因而可以看出 $\langle G, * \rangle$ 为四元群。

【例 5.2.14】 $\langle \mathbf{Z}, + \rangle$ 是群；但 $\langle \mathbf{Z}_+, + \rangle$ 不是群，因为其不存在单位元，且每个元素也不存在逆元；$\langle \mathbf{N}, + \rangle$ 存在单位元，但除 0 以外的每个数均不存在逆元，故只是含幺半群。

由于群 $G$ 中 $a$ 有逆元 $a^{-1}$，可以定义 $a$ 的负整数次幂，即

$$a^{-n} = (a^{-1})^n = \underbrace{a^{-1} \cdots a^{-1}}_{n\text{个}}$$

因此，在群 $G$ 中，对任意的整数 $n, m$，元素 $a$ 的幂次满足：

$$a^n a^m = a^{n+m}, \quad (a^n)^m = a^{nm}$$

到此，我们已经学习了几个基本的代数系统。简单总结一下，半群是具有封闭性和结合性的代数系统，独异点是具有单位元的半群，群则是每个元素都有逆元的独异点。即

$$\{\text{群}\} \subset \{\text{独异点}\} \subset \{\text{半群}\} \subset \{\text{广群}\}$$

【例 5.2.15】 设 $\langle G, * \rangle$ 是一个独异点，并且每个元素都有右逆元，证明 $\langle G, * \rangle$ 为群。

**证明** 设 $e$ 是 $\langle G, * \rangle$ 中的幺元。

每个元素都有右逆元，即对于任意的 $x \in G$，存在 $y \in G$ 使得 $x * y = e$；

而对于此 $y$，又有 $z \in G$ 使得 $y * z = e$。

由于对于任意的 $x \in G$ 均有 $x * e = e * x = x$，因此

$$z = e * z = x * y * z = x * e = x$$

即

$$x * y = e = y * z = y * x = e$$

所以，$y$ 既是 $x$ 的右逆元，又是 $x$ 的左逆元，故对于任意的 $x \in G$ 均有逆元，$\langle G, * \rangle$ 为群。

## 5.3 群与子群

### 5.3.1 群的性质

在第 5.2 节中，我们讨论了多种类型的代数系统。这一节，我们来讨论群的性质和子群及其判定的相关内容。

【定理 5.3.1】（消去律） 设 $\langle G, * \rangle$ 是群，对于任意的 $a, b, c \in G$，如果有 $a * b = a * c$ 或者 $b * a = c * a$，则有 $b = c$。

**证明** （1）设 $a * b = a * c$，且 $a$ 的逆元是 $a^{-1}$，则只要两边同时左 $* a^{-1}$，即有

$$a^{-1} * (a * b) = a^{-1} * (a * c)$$
$$(a^{-1} * a) * b = (a^{-1} * a) * c$$
$$e * b = e * c$$
$$b = c$$

(2)对于 $b*a=b*c$,可以用类似的方法证明。

【例 5.3.1】 设 $\langle G,*\rangle$ 为群,$a,b\in G$,且 $(a*b)^2=a^2*b^2$,证明 $a*b=b*a$。

**证明** 由 $(a*b)^2=a^2*b^2$ 得

$$(a*b)*(a*b)=(a*a)*(b*b)$$

根据群中的消去律,可得

$$a^{-1}*(a*b)*(a*b)*b^{-1}=a^{-1}*(a*a)*(b*b)*b^{-1}$$

可得
$$b*a=a*b$$

得证。

> **Tips:** 定理 5.3.1 说明了群中的运算是满足消去律的。同时也可以看出,由于在证明消去律的时候使用了逆元,所以广群、半群和独异点中的运算不能保证满足消去律。

【定理 5.3.2】 群 $G$ 中除单位元 $e$ 外无其他幂等元。

**证明** 首先对单位元 $e$,由于 $e*e=e$,所以 $e$ 是幂等元。

现假设 $a$ 是群 $G$ 中的幂等元,即 $a*a=a$,则 $a*a=a*e$,使用消去律,则有 $a=e$。因此,单位元 $e$ 是 $G$ 的唯一幂等元。

【定理 5.3.3】 阶大于 1 的群 $G$ 不可能有零元。

**证明** 假设群 $G$ 的阶大于 1 且有零元 $\theta$,则取 $G$ 中一个非零元 $\theta$ 的元素 $x$,即 $x\neq\theta$,根据零元的定义,$x*\theta=\theta$,$\theta*\theta=\theta$,从而 $x*\theta=\theta*\theta$。使用消去律,得到 $\theta=x$,这与 $x\neq\theta$ 矛盾。因此,$G$ 中无零元。

注意:如果 $|G|=1$,则此时有 $G=\{e\}$,此时 $e$ 既是单位元又是零元。

【定理 5.3.4】 群运算表中任意一行(列)都没有两个相同的元素。

**证明** 假设群运算表中某一行(列)有两个相同的元素,设为 $a$,并设它们所在的行(列)表头元素为 $b$,列(行)表头元素分别为 $c_1,c_2$,这时显然有 $c_1\neq c_2$。而

$$a=b*c_1=b*c_2(a=c_1*b=c_2*b)$$

由消去律可得 $c_1=c_2$,矛盾。因而群表中某一行(列)都没有两个相同的元素。

从例 5.2.13 的运算表(见表 5.2.4)可以看出,群表中任意一行(列)都没有两个相同的元素。

【定理 5.3.5】(可除性) 设 $\langle G,*\rangle$ 是群,则对于任意的 $a,b\in G$,若有方程 $a*x=b$ 和 $y*a=b$,则在 $S$ 中存在唯一解。

**证明** (1)存在性。因为

$$a*(a^{-1}*b)=(a*a^{-1})*b=e*b=b$$

所以 $x=a^{-1}*b$ 是方程 $a*x=b$ 的解。

(2)唯一性。设 $c$ 是方程的解,即 $a*c=b$;则两边同时左 $*a^{-1}$ 得到

$$a^{-1}*a*c=a^{-1}*b,\quad 即\ c=a^{-1}*b$$

所以方程的解只有 $a^{-1} * b$。

同理可证，$y * a = b$ 存在唯一解 $y = b * a^{-1}$。

定理 5.3.5 说明群 $\langle G, * \rangle$ 未必满足交换律，这是因为 $a^{-1} * b$ 和 $b * a^{-1}$ 未必相等，那么 $a * x = b$ 和 $y * a = b$ 的解未必相等。

【例 5.3.2】　设 $G = \langle P(\{a, b\}), \oplus \rangle$，其中 $P(\{a, b\})$ 为集合 $\{a, b\}$ 的幂集，$\oplus$ 为对称差。求解群方程：$\{a\} \oplus X = \varnothing$，$Y \oplus \{a, b\} = \{b\}$。

**解**　$X = \{a\}^{-1} \oplus \varnothing = \{a\} \oplus \varnothing = \{a\}$

$\qquad\ \ Y = \{b\} \oplus \{a, b\}^{-1} = \{b\} \oplus \{a, b\} = \{a\}$

【定义 5.3.1】　设 $S = \{1, 2, \cdots, n\}$，从集合 $S$ 到 $S$ 的一个双射称为 $S$ 的一个 $n$ 元置换。一般将 $n$ 元置换 $\sigma$ 记为：

$$\sigma = \begin{pmatrix} 1 & 2 & \cdots & n \\ \sigma(1) & \sigma(2) & \cdots & \sigma(n) \end{pmatrix}$$

【例 5.3.3】　设 $S = \{1, 2, 3, 4, 5\}$，则

$$\sigma = \begin{pmatrix} 1 & 2 & 3 & 4 & 5 \\ 2 & 1 & 4 & 5 & 3 \end{pmatrix} \quad 和 \quad \tau = \begin{pmatrix} 1 & 2 & 3 & 4 & 5 \\ 3 & 4 & 5 & 1 & 2 \end{pmatrix}$$

都是 5 元置换。

【定理 5.3.6】　群 $\langle G, * \rangle$ 的运算表中的每一行或每一列都是 $G$ 的元素的一个置换。即 $G$ 中的每个元素，在运算表的每行或每列中出现且仅出现一次。

**证明**　首先，证明运算表中的任一行所含 $G$ 中的一个元素不可能多于一次。若不然，如对 $a \in G$ 的那一行中有两个元素都是 $c$，即对于行表头的元素 $b_1$ 和 $b_2$，有 $a * b_1 = a * b_2 = c$。根据群的消去律得 $b_1 = b_2$，与 $b_1 \neq b_2$ 矛盾。

其次，证明 $G$ 中的每个元素都在运算表的每一行中出现。考察 $a \in G$ 所在的那一行，设 $b$ 是 $G$ 中的任一元素，由于 $b = a * (a^{-1} * b)$，所以 $b$ 必出现在对应于 $a$ 的那一行中。再由运算表中没有两行相同的事实，可得 $\langle G, * \rangle$ 的运算表中每一行都是 $G$ 元素的一个置换，且各行都是不同的置换。

类似地，可证同样的结论对于列也成立。

对照例 5.2.13 可以看出，在群的运算表中，上述定理的结论确实成立。

> **Tips:** 对照定理 5.3.6 和例 5.2.13 的运算表可以看出，群 $\langle G, * \rangle$ 的运算表中的每一行或每一列都是 $G$ 的元素的一个置换。但是，由于 $G$ 上的置换个数很多，而运算表的行数或者列数有限，所以，对于每个运算表而言，$G$ 的行或者列，并不是 $G$ 中元素的全体置换。

### 5.3.2　子群的定义

【定义 5.3.2】　设 $\langle G, * \rangle$ 是群，$S$ 是 $G$ 的非空子集，如果 $\langle S, * \rangle$ 也是群，则称 $\langle S, * \rangle$ 为 $\langle G, * \rangle$ 的子群。

从子群的定义中不难发现以下规律：

(1)⟨$S$,∗⟩是⟨$G$,∗⟩的子群,要求：

①运算∗在 $S$ 中封闭；

②$G$ 的单位元 $e$ 在 $S$ 内；

③$S$ 的每个元素 $a$ 的逆元 $a^{-1}$ 仍在 $S$ 内。

(2)子群⟨$S$,∗⟩中的运算∗与⟨$G$,∗⟩中相同。至于运算的确定性和结合律,由于在 $G$ 中成立,故在 $S$ 中也必然成立。

(3)如⟨$S$,∗⟩构成子群,则 $S$ 必然是非空的,至少有单位元 $e$。

**【例 5.3.4】** 对于自然数集 **R** 上的加法构成的群⟨**R**,+⟩,有理数集 **Q**、整数集 **Z** 和自然数集 **N** 都是 **R** 的子集,所以⟨**Q**,+⟩是⟨**R**,+⟩的子群,⟨**Z**,+⟩也是⟨**R**,+⟩的子群;但⟨**N**,+⟩不是⟨**R**,+⟩的子群,因为其不满足逆元的封闭性。

**【例 5.3.5】** ⟨**Z**$_6$,+$_6$⟩是群。其中[0]是单位元。对于 $S_1$={[0],[2],[4]},⟨$S_1$,+$_6$⟩是⟨**Z**$_6$,+$_6$⟩的子群,其中[0]的逆元就是[0];不难看出,[2]+$_6$[2]=[4]∈$S_1$,[4]+$_6$[4]=[2]∈$S_1$,[2]和[4]互为逆元。关于群的其他条件也都满足,所以⟨$S_1$,+$_6$⟩是⟨**Z**$_6$,+$_6$⟩的子群。

但对于 $S_2$={[0],[1],[5]},⟨$S_2$,+$_6$⟩不是⟨**Z**$_6$,+$_6$⟩的子群,因为虽然[1]+$_6$[5]=[0],即[1]和[5]互为逆元,但是[1]+$_6$[1]=[2]∉$S_2$,[5]+$_6$[5]=[4]∉$S_2$,即 $S_2$ 对运算+$_6$ 不封闭。所以,⟨$S_2$,+$_6$⟩本身不是群。

可以验证⟨{[0],[3]},+$_6$⟩也是⟨**Z**$_6$,+$_6$⟩的子群。

**【定义 5.3.3】** 设⟨$G$,∗⟩是群,⟨$S$,∗⟩是⟨$G$,∗⟩的子群,如果 $S$={$e$}或者 $S$=$G$,则称⟨$S$,∗⟩为⟨$G$,∗⟩的平凡子群。

例如,在例 5.3.5 中,⟨{[0]},+$_6$⟩和⟨**Z**$_6$,+$_6$⟩就是⟨**Z**$_6$,+$_6$⟩的平凡子群。

另外,群⟨**R**,+⟩的两个平凡子群是⟨{0},+⟩和⟨**R**,+⟩。

### 5.3.3 子群的判定

**【定理 5.3.7】(子群的判定定理一)** 设⟨$G$,∗⟩是群,$S$ 是 $G$ 的非空子集,⟨$S$,∗⟩是⟨$G$,∗⟩的子群的充要条件为：

(1)对于任意的 $a$,$b$∈$S$,都有 $a*b$∈$S$

(2)对于任意的 $a$∈$S$,都有 $a^{-1}$∈$S$

**证明** 根据群的定义,必要性显然成立。下面来证明充分性。

任取 $a$∈$S$,由(2)可知 $a^{-1}$∈$S$,再由(1)可得 $a*a^{-1}$=$e$∈$S$,所以 $S$ 也存在单位元。关于∗的结合性,不难看出,它可以继承自群⟨$G$,∗⟩,所以⟨$S$,∗⟩中的∗也满足可结合性。从而证明⟨$S$,∗⟩是⟨$G$,∗⟩的子群。

**【定理 5.3.8】(子群的判定定理二)** 设⟨$G$,∗⟩是群,$S$ 是 $G$ 的非空子集,⟨$S$,∗⟩是子群的充要条件是:对于任意的 $a$,$b$∈$S$,都有 $a*b^{-1}$∈$S$。

**证明** (1)必要性：

任取 $a,b \in S$,由于 $\langle S, * \rangle$ 是 $\langle G, * \rangle$ 的子群,必有 $b^{-1} \in S$,由封闭性可知 $a * b^{-1} \in S$。

(2)充分性:

①因为 $S$ 非空,则必存在 $a \in S$。

②由 $a,a \in S$ 得 $a * a^{-1} \in S$,即 $e \in S$。

③任取 $a \in S$,由 $e,a \in S$ 得 $e * a^{-1} \in S$,即 $a^{-1} \in S$。

④任取 $a,b \in S$,由上一步的证明可知 $b^{-1} \in S$。

由 $a,b^{-1} \in S$ 得 $a * (b^{-1})^{-1} \in S$,即 $a * b \in S$。

综上所述,根据判定定理一,$\langle S, * \rangle$ 是 $\langle G, * \rangle$ 的子群。

**【例 5.3.6】** 设 $\langle G, * \rangle$ 是群,对于任意的 $a \in G$,令 $C$ 是与 $G$ 中所有的元素都可交换的元素构成的集合,即

$$C = \{y \mid y * a = a * y, y \in G\}$$

则 $\langle C, * \rangle$ 是 $\langle G, * \rangle$ 的子群,称为 $\langle G, * \rangle$ 的中心。

**证明**　因为对于任意的 $x \in G$,都有 $e * a = a * e$,所以 $e \in C$,所以 $C$ 是 $G$ 的**非空子集**。

由 $y * a = a * y$ 可得

$$y = a * y * a^{-1}$$

因此对于任意的 $x,y \in C$,有

$$x * y^{-1} = (a * x * a^{-1}) * (a * y^{-1} * a^{-1}) = a * x * y^{-1} * a^{-1}$$

因此有

$$x * y^{-1} * a = a * x * y^{-1}$$

所以 $x * y^{-1} \in C$,故 $\langle C, * \rangle$ 是 $\langle G, * \rangle$ 的子群。

**【例 5.3.7】** 设 $\langle G, * \rangle$ 为群,对于任意的 $a \in G$,令 $S = \{a^k \mid k \in \mathbf{Z}\}$,试证 $\langle S, * \rangle$ 为 $\langle G, * \rangle$ 的子群。

**证明**　对于任意的 $a^m, a^l \in S$,则

$$a^m * (a^l)^{-1} = a^m * a^{-l} = a^{m-l} \in S$$

由定理 5.3.8 可知 $\langle S, * \rangle$ 是 $\langle G, * \rangle$ 的子群。

**【定理 5.3.9】(有限子群判定定理)**　设 $S$ 是群 $G$ 的有限非空子集,则 $S$ 是群 $G$ 的子群的充分必要条件是:对于任意的 $a,b \in S$,有 $a * b \in S$。

**证明**　(1)必要性:显然成立。

(2)充分性:只需证明 $S$ 中含有幺元且每个元素有逆元。

任取 $a \in S$,若 $a = e$,则 $a^{-1} = e^{-1} = e \in S$。

若 $a \neq e$,令 $T = \{a, a^2, \cdots\}$,因为运算 $*$ 封闭,所以 $T \subseteq S$。

由于 $S$ 是有限集,必有

$$a^i = a^j (i < j), \quad 即 \quad a^i = a^i * a^{j-i}$$

根据 $G$ 中的消去律得:$a^{j-i} = e$($S$ 中存在幺元)。

由 $a \neq e$ 可知,$j - i \neq 0$,$j - i \geqslant 1$。

当 $j-i>1$ 时,由 $a^{j-i-1}*a=e$ 和 $a*a^{j-i-1}=e$ 可知 $a^{j-i-1}$ 为 $a$ 的逆元;

当 $j-i=1$ 时,由 $a^i=a^i*a^{j-i}$ 可知 $a$ 即为幺元,幺元以自身为逆元。

从而证明了

$$a^{-1}=a^{j-i-1}\in S \quad (S \text{ 中每个元素存在逆元})$$

**【例 5.3.8】** 设 $\langle T,*\rangle$ 和 $\langle K,*\rangle$ 都是群 $\langle S,*\rangle$ 的子群,试证明 $\langle T\cap K,*\rangle$ 也是 $\langle S,*\rangle$ 的子群。

**证明** 对于任意的 $a,b\in T\cap K$,因为 $\langle T,*\rangle$ 和 $\langle K,*\rangle$ 都是 $\langle S,*\rangle$ 的子群,即有 $b^{-1}\in T$,且 $b^{-1}\in K$,所以有 $b^{-1}\in T\cap K$。

由于运算 $*$ 在 $T$ 和 $K$ 中的封闭性,所以 $a*b^{-1}\in T\cap K$,由定理 5.3.8 可知 $\langle T\cap K,*\rangle$ 是 $\langle S,*\rangle$ 的子群。

## 5.4　特殊的群

### 5.4.1　交换群

与可交换半群类似,也可以定义交换群的概念。

**【定义 5.4.1】** 如果群 $\langle G,*\rangle$ 中的二元运算 $*$ 是可交换的,即对于任意的 $a,b\in G$,都有 $a*b=b*a$,则称 $\langle G,*\rangle$ 是交换群,又称阿贝尔(Abel)群。

**【例 5.4.1】** (1) $\langle \mathbf{Z},+\rangle$,$\langle \mathbf{Q}_+,*\rangle$ 等是交换群,因为数的加法和乘法满足交换律。

(2) $P(A)$ 为 $A$ 的幂集,$\oplus$ 是集合上的对称差运算,则 $\langle P(A),\oplus\rangle$ 是交换群。

(3) $n$ 阶实可逆矩阵的全体,对矩阵乘法构成群,但由于矩阵乘法不满足交换律,因而不是交换群。

**【例 5.4.2】** 设 $S=\{a,b,c,d\}$,在 $S$ 上定义一个双射函数 $f:f(a)=b,f(b)=c,f(c)=d,f(d)=a$,对于任意的 $x\in S$,构造复合函数:

$$f^2(x)=f\circ f(x)=f(f(x))$$
$$f^3(x)=f\circ f^2(x)=f(f^2(x))$$
$$f^4(x)=f\circ f^3(x)=f(f^3(x))$$

如果 $f^0$ 表示 $S$ 上的恒等函数,即:

$$f^0(x)=x,\quad x\in S$$

易知 $f^4(x)=f^0(x)$,记 $f^1=f$,构造集合 $F=\{f^0,f^1,f^2,f^3\}$,那么 $\langle F,\circ\rangle$ 是一个阿贝尔群,如表 5.4.1 所示。

表 5.4.1　阿贝尔群的例子

| ∘ | $f^0$ | $f^1$ | $f^2$ | $f^3$ |
|---|---|---|---|---|
| $f^0$ | $f^0$ | $f^1$ | $f^2$ | $f^3$ |
| $f^1$ | $f^1$ | $f^2$ | $f^3$ | $f^0$ |
| $f^2$ | $f^2$ | $f^3$ | $f^0$ | $f^1$ |
| $f^3$ | $f^3$ | $f^0$ | $f^1$ | $f^2$ |

**【定理 5.4.1】**　设 $\langle G, * \rangle$ 是一个群，$\langle G, * \rangle$ 是阿贝尔群的充要条件是对于任意的 $a, b \in G$，有 $(a * b) * (a * b) = (a * a) * (b * b)$。

**证明**　(1)充分性：即证 $a * b = b * a$。

$$a * (a * b) * b = (a * a) * (b * b) = a * (a * b) * b = a * (b * a) * b$$

所以　　　　　$a^{-1} * (a * (a * b) * b) * b^{-1} = a^{-1} * (a * (b * a) * b) * b^{-1}$

即有　　　　　　　　　　　$a * b = b * a$

因此 $\langle G, * \rangle$ 是阿贝尔群。

(2)必要性：因为 $\langle G, * \rangle$ 是阿贝尔群，则对于任意的 $a, b \in G$，有

$$a * b = b * a$$

因此

$$(a * a) * (b * b) = a * (a * b) * b = a * (b * a) * b = (a * b) * (a * b)$$

## 5.4.2　循环群

**【定义 5.4.2】**　设 $\langle G, * \rangle$ 是群，如果存在一个元素 $a \in G$，使 $G = \{a^n \mid n \in \mathbf{Z}\}$，即 $G$ 中的任意元素都由 $a$ 的幂组成，则称 $G$ 为循环群。元素 $a$ 称为循环群 $G$ 的**生成元**。

当 $n$ 是正整数时，$a^n = a * a * \cdots * a$（共 $n$ 个元素的乘积）。当 $n$ 是负整数时，有 $a^{-n} = (a^n)^{-1}$。记 $a^0 = e$。

(1)如果不存在正整数 $k$，使得 $a^k = e$，则 $G = \{a^n \mid n \in \mathbf{Z}\}$ 就含有无穷多个元素，即 $G = \{\cdots, a^{-n}, \cdots, a^{-2}, a^{-1}, e, a, a^2, \cdots, a^n, \cdots\}$。

例如 $\langle \mathbf{Z}, + \rangle$ 是循环群，1 或 -1 是生成元，任意正整数 $n = 1 + 1 + \cdots + 1$，$-n$ 是 $n$ 的逆元。

(2)如果存在一个最小的正整数 $n$，使得 $a^n = e$，则 $G$ 有 $n$ 个元素，$G = \{e, a, a^2, \cdots a^{n-1}\}$，称这个 $n$ 为 $G$ 中元素 $a$ 的周期（也叫元素的阶）。关于有限循环群，有以下定理。

> **Tips**：请注意，群的阶和群中元素的阶是不同的概念。

**【定理 5.4.2】**　设 $\langle G, * \rangle$ 是一个由元素 $a \in G$ 生成的有限循环群。如果 $G$ 的阶数是 $n$，即 $|G| = n$，则 $a^n = e$，且 $G = \{a, a^2, a^3, \cdots, a^{n-1}, a^n = e\}$。其中 $e$ 是 $\langle G, * \rangle$ 中的幺元，

$n$ 是使 $a^n = e$ 的最小正整数。

**证明** 先证明 $n$ 是使 $a^n = e$ 的最小正整数，然后证明 $a, a^2, a^3, \cdots, a^n$ 各不相同。

(1)假设存在一个正整数 $m, m < n$，使得 $a^m = e$，由于 $\langle G, * \rangle$ 是一个循环群，所以 $G$ 中的任何元素都能写成 $a^k$，而且 $k = mq + r$，其中 $q$ 是某个整数，$0 \leqslant r < m$。这就有：

$$a^k = a^{mq+r} = (a^m)^q * a^r = (e)^q * a^r = a^r$$

这就导致了 $G$ 中每一个元素都可以表示成 $a^r$，这样，$G$ 中最多有 $m$ 个不同的元素 $(a^0, a, a^2, a^3, \cdots, a^{n-1})$，与 $|G| = n$ 相矛盾。

(2)反证法。设有限循环群中存在两个元素相同：$a^i = a^j$，其中 $1 \leqslant i < j \leqslant n$，就有 $e = a^{j-i}$（$a^i = a^j$ 右侧同乘以 $a^{-i}$），而这是不可能的（群中幺元唯一，此题中为 $a^n = e$）。所以 $a, a^2, a^3, \cdots, a^n$ 都不相同。

**【定理 5.4.3】** 任何一个循环群必定是交换群。

**证明** 设 $\langle G, * \rangle$ 是一个循环群，它的生成元是 $a$，那么对于任意的 $x, y \in G$，必定有 $r, s \in I$，使得 $x = a^r$ 和 $y = a^s$ 而且

$$x * y = a^r * a^s = a^{r+s} = a^{s+r} = a^s * a^r = y * x$$

因此 $\langle G, * \rangle$ 是一个交换群。

**【例 5.4.3】** 设 $\langle G, * \rangle$ 为群，其中 $G = \{e, a, a^2, \cdots, a^{11}\}$，那么有 $a^{12} = e$，则元素 $a$ 的周期为 12。

由此可知，

$$a^{12} = a^{12+3} = a^3, \quad a^{-8} = a^{-12+4} = a^4$$

$\langle G, * \rangle$ 的子群有：

$T_1 = \langle \{e, a^2, a^4, a^6, a^8, a^{10}\}, * \rangle$，$T_1$ 的生成元是 $a^2$ 或 $a^{10}$，周期为 6。

$T_2 = \langle \{e, a^3, a^6, a^9\}, * \rangle$，$T_2$ 的生成元是 $a^3$ 或 $a^9$，周期为 4。

$T_3 = \langle \{e, a^4, a^8\}, * \rangle$，$T_3$ 的生成元是 $a^4$ 或 $a^8$，周期为 3。

$T_4 = \langle \{e, a^6\}, * \rangle$，$T_4$ 的生成元是 $a^6$，周期为 2。

$T_5 = \langle \{e\}, * \rangle$，$T_5$ 的生成元是 $e$，周期为 1。

$T_6 = \langle G, * \rangle$。

其中，$T_5$ 和 $T_6$ 是平凡子群。

**【例 5.4.4】** 设 $G = \{\alpha, \beta, \gamma, \delta\}$，在 $G$ 上定义的二元运算 $*$ 如表 5.4.2 所示。

表 5.4.2 4 阶循环群的例子

| $*$ | $\alpha$ | $\beta$ | $\gamma$ | $\delta$ |
|---|---|---|---|---|
| $\alpha$ | $\alpha$ | $\beta$ | $\gamma$ | $\delta$ |
| $\beta$ | $\beta$ | $\alpha$ | $\delta$ | $\gamma$ |
| $\gamma$ | $\gamma$ | $\delta$ | $\beta$ | $\alpha$ |
| $\delta$ | $\delta$ | $\gamma$ | $\alpha$ | $\beta$ |

可以验证 $\langle G,* \rangle$ 是一个循环群。其中 $\alpha$ 是幺元。

因为 $\gamma^1=\gamma,\gamma^2=\beta,\gamma^3=\delta,\gamma^4=\alpha$，所以 $\langle G,* \rangle$ 可由 $\gamma$ 生成。

同样地，$\delta^1=\delta,\delta^2=\beta,\delta^3=\gamma,\delta^4=\alpha$，所以 $\langle G,* \rangle$ 可由 $\delta$ 生成。

由此可以看到，一个循环群的生成元可以不是唯一的。

> **Tips**：请读者注意元素的阶和群的阶之间的区别。群中使得 $a^n=e$ 的最小 $n$ 被称为元素的阶，群中每个元素的阶可能不同。但是群的阶是群中元素的个数，对于一个群，群的阶是唯一值。

### 5.4.3　置换群

在上一节，我们讨论了群 $\langle G,* \rangle$ 的运算表中的每一行或每一列都是 $G$ 的元素的一个置换。

若用 $S_n$ 表示 $S$ 上所有置换组成的集合，则 $S_n$ 关于置换的乘法构成的群，称为 $n$ 元对称群。$n$ 元对称群的任何子群称为 $n$ 元置换群。

【定理 5.4.4】　设 $S=\{1,2,\cdots,n\}$，则 $|S_n|=n!$。

**证明**　因为每一种 $n$ 阶置换都是 $n$ 个元素的一种全排列，所以在 $n$ 个元素的集合中不同的 $n$ 阶置换的总数等于 $n$ 个元素的全排列的种类数 $n!$。故 $|S_n|=n!$。

根据函数的性质，函数的复合满足结合律，特别地，双射函数的复合仍然是双射。于是有如下定义。

【定义 5.4.3】　设 $\sigma$ 和 $\tau$ 是 $S=\{1,2,\cdots,n\}$ 上的任意两个 $n$ 元置换，则 $\sigma$ 和 $\tau$ 的复合 $\sigma\circ\tau$ 也是 $S$ 上的 $n$ 元置换，称为 $\sigma$ 与 $\tau$ 的乘积，简记作 $\sigma\tau$。

请注意，这里对于置换的复合，我们使用右复合运算。

【例 5.4.5】　在 $S_5$ 中，设 $S=\{1,2,3,4,5\}$，则

$$\sigma=\begin{pmatrix}1&2&3&4&5\\5&3&2&1&4\end{pmatrix},\quad \tau=\begin{pmatrix}1&2&3&4&5\\4&3&1&2&5\end{pmatrix}$$

则

$$\sigma\tau=\begin{pmatrix}1&2&3&4&5\\5&1&3&4&2\end{pmatrix},\quad \tau\sigma=\begin{pmatrix}1&2&3&4&5\\1&2&5&3&4\end{pmatrix}$$

【例 5.4.6】　设 $S=\{1,2,3\}$，则 $S$ 上的 3 元置换矩阵共有 $3!=6$ 个：

$$\sigma_1=\begin{pmatrix}1&2&3\\1&2&3\end{pmatrix},\quad \sigma_2=\begin{pmatrix}1&2&3\\2&1&3\end{pmatrix},\quad \sigma_3=\begin{pmatrix}1&2&3\\3&2&1\end{pmatrix}$$

$$\sigma_4=\begin{pmatrix}1&2&3\\1&3&2\end{pmatrix},\quad \sigma_5=\begin{pmatrix}1&2&3\\2&3&1\end{pmatrix},\quad \sigma_6=\begin{pmatrix}1&2&3\\3&1&2\end{pmatrix}$$

设 $S_3=\{\sigma_1,\sigma_2,\sigma_3,\sigma_4,\sigma_5,\sigma_6\}$，可以看到。关于运算表的主对角线是对称的，且 $\langle S_3,\circ \rangle$ 构成群，即 3 元对称群，这个群的运算表如表 5.4.3 所示。

表 5.4.3　6 阶置换群

| ∘ | $\sigma_1$ | $\sigma_2$ | $\sigma_3$ | $\sigma_4$ | $\sigma_5$ | $\sigma_6$ |
|---|---|---|---|---|---|---|
| $\sigma_1$ | $\sigma_1$ | $\sigma_2$ | $\sigma_3$ | $\sigma_4$ | $\sigma_5$ | $\sigma_6$ |
| $\sigma_2$ | $\sigma_2$ | $\sigma_1$ | $\sigma_5$ | $\sigma_6$ | $\sigma_3$ | $\sigma_4$ |
| $\sigma_3$ | $\sigma_3$ | $\sigma_6$ | $\sigma_1$ | $\sigma_5$ | $\sigma_4$ | $\sigma_2$ |
| $\sigma_4$ | $\sigma_4$ | $\sigma_5$ | $\sigma_6$ | $\sigma_1$ | $\sigma_2$ | $\sigma_3$ |
| $\sigma_5$ | $\sigma_5$ | $\sigma_4$ | $\sigma_2$ | $\sigma_3$ | $\sigma_6$ | $\sigma_1$ |
| $\sigma_6$ | $\sigma_6$ | $\sigma_3$ | $\sigma_4$ | $\sigma_2$ | $\sigma_1$ | $\sigma_5$ |

从表 5.4.3 可以看出，$\sigma_1$ 是单位元，每个元素都有逆元，元素 $\sigma_1,\sigma_2,\sigma_3,\sigma_4,\sigma_5,\sigma_6$ 的逆元分别是 $\sigma_1,\sigma_2,\sigma_3,\sigma_4,\sigma_6,\sigma_5$。元素的阶分别为 $1,2,2,2,3,3$。

3 元对称群 $\langle S_3,\circ\rangle$ 的四个非平凡子群是 $\{\sigma_1,\sigma_2\}$，$\{\sigma_1,\sigma_3\}$，$\{\sigma_1,\sigma_4\}$，$\{\sigma_1,\sigma_5,\sigma_6\}$，$S_3$ 和 $\{\sigma_1\}$ 是两个平凡子群，它们都是 3 元置换群。

方程的复根也具有对称性。例如，一元二次方程 $x^2+bx+c=0$ 的两个复根 $x_1$ 和 $x_2$，满足

$$x_1+x_2=-b,\quad x_1x_2=c \tag{①}$$

哪里体现了对称性呢？

建立 $A=\{x_1,x_2\}$ 上的一个变换 $\sigma: \sigma(x_1)=x_2,\sigma(x_2)=x_1$，将这个变换代入式①，可得到

$$x_2+x_1=-b,\quad x_2x_1=c \tag{②}$$

可见两个表达式是相同的。这就是方程复根的对称性。

伽罗瓦正是利用这一原理，最终建立群论，阐释了为何五次以上之方程式没有公式解，而四次以下有公式解。

# 5.5　陪集与拉格朗日定理

## 5.5.1　陪　集

【定义 5.5.1】　设 $\langle G,*\rangle$ 为群，集合 $A,B$ 是 $G$ 的真子集，即 $A,B\subset G$，且 $A,B$ 非空，则 $AB=\{a*b\mid a\in A,b\in B\}$ 称为 $A$ 和 $B$ 的乘积，记为 $AB$。

群的真子集的乘积有下列性质：

设 $\langle G,*\rangle$ 为群，$A,B,C\subset G$ 且 $A,B,C$ 非空，则

(1)$(AB)C=A(BC)$；　　　　（这是因为群中所有元素都满足结合律）

(2)$eA=Ae=A$。　　　　（这是因为群中所有元素乘以幺元都等于元素本身）

> **Tips：**注意 $\langle A,*\rangle$ 和 $\langle B,*\rangle$ 不一定要是子群。一般情况下，$|AB|$ 也不一定等于 $|A||B|$。当 $G$ 可交换时，则有 $AB=BA$。

【**定义 5.5.2**】　设$\langle H, * \rangle$是群$\langle G, * \rangle$的一个子群,$a \in G$,则集合$aH = \{a * h | h \in H\}$称为由$a$确定的$H$在$G$中的左陪集,元素$a$称为左陪集$aH$的代表元。

【**定义 5.5.3**】　设$\langle H, * \rangle$是群$\langle G, * \rangle$的一个子群,$a \in G$,则集合$Ha = \{h * a | h \in H\}$称为由$a$确定的$H$在$G$中的右陪集,元素$a$称为右陪集$Ha$的代表元。

以下为了方便,我们仅讨论左陪集,对于右陪集有类似的结论。

下面我们来看一个陪集的例子。

【**例 5.5.1**】　设$K = \{e, a, b, c\}$,在$K$上定义的二元运算 $*$ 如表 5.5.1 所示。

表 5.5.1　Klein 四元群

| $*$ | $e$ | $a$ | $b$ | $c$ |
|-----|-----|-----|-----|-----|
| $e$ | $e$ | $a$ | $b$ | $c$ |
| $a$ | $a$ | $e$ | $c$ | $b$ |
| $b$ | $b$ | $c$ | $e$ | $a$ |
| $c$ | $c$ | $b$ | $a$ | $e$ |

由表 5.5.1 可知,运算 $*$ 是封闭的和可结合的,幺元是 $e$,每个元素的逆元是自身,所以$\langle K, * \rangle$是群。因为 $a, b, c$ 都是二阶元,故$\langle K, * \rangle$不是循环群。我们称$\langle K, * \rangle$为 Klein 四元群。

设 $H = \{e, a\}$ 是 Klein 四元群的子群,那么 $H$ 的所有左陪集是:

$$eH = \{e * e, e * a\} = \{e, a\} = H$$
$$aH = \{a * e, a * a\} = \{a, e\} = H$$
$$bH = \{b * e, b * a\} = \{b, c\}$$
$$cH = \{c * e, c * a\} = \{c, b\}$$

不难发现,对于 $H$ 而言,不同的左陪集只有两个,即 $H$ 本身和$\{b, c\}$。读者可以自己验证,对于 $H$ 而言,不同的右陪集也只有两个。后面我们会进一步说明为什么会这样。

【**定理 5.5.1**】　设$\langle H, * \rangle$是$\langle G, * \rangle$的子群,$a, b \in G$。证明下述 6 个条件是等价的:

(1)$b^{-1} * a \in H$;

(2)$a^{-1} * b \in H$;

(3)$b \in aH$;

(4)$a \in bH$;

(5)$aH = bH$;

(6)$aH \bigcap bH \neq \varnothing$。

**证明**　(1)$\Rightarrow$(2),因为 $H$ 是 $G$ 的子群,$b^{-1} * a \in H \Rightarrow (b^{-1} * a)^{-1} \in H$,即 $a^{-1} * b \in H$。

(2)$\Rightarrow$(3),由 $a^{-1} * b \in H$ 可得,存在 $c \in H$,使 $a^{-1} * b = c$,有 $b = a * c$,即 $b \in aH$。

(3)$\Rightarrow$(4),由 $b \in aH$ 可得,存在 $c \in H$,使 $b = a * c$,则 $a = b * c^{-1}$,而 $H$ 是子群,

$c^{-1} \in H$，故 $a \in bH$。

(4)$\Rightarrow$(5)，一方面，由 $a \in bH$ 可得，存在 $c_0 \in H$，使 $a = b * c_0$，对于任意的 $x \in aH$，存在 $c \in H$，使 $x = a * c = b * c_0 * c$，而 $c_0 * c \in H$，故 $x \in bH$，得 $aH \subseteq bH$。

另一方面，对于任意的 $x \in bH$，存在 $c \in H$，使 $x = b * c = ac_0^{-1}c$，而 $c_0^{-1} * c \in H$，故 $\forall x \in aH$，得 $bH \subseteq aH$。证得 $aH = bH$。

(5)$\Rightarrow$(6)，由 $aH = bH$，且 $a \in aH$，故 $a \in aH \bigcap bH \neq \varnothing$。

(6)$\Rightarrow$(1)，由 $aH \bigcap bH \neq \varnothing$ 可得，存在 $c_1, c_2 \in H$ 使得 $a * c_1 = b * c_2$，有 $b^{-1} * a = c_2 * c_1^{-1} \in H$。

## 5.5.2 拉格朗日定理

**【定理 5.5.2】**(拉格朗日定理) 设 $\langle H, * \rangle$ 是有限群 $\langle G, * \rangle$ 的一个子群，则有：

(1)$R = \{\langle a, b \rangle \mid a \in G, b \in G$ 且 $a^{-1} * b \in H\}$ 是 $G$ 中的一个等价关系。对于任意的 $a \in G$，如果记 $[a]_R = \{x \mid x \in G$ 且 $\langle a, x \rangle \in R\}$，则

$$[a]_R = aH$$

(2)$|G| = n$，$|H| = m$，则 $m \mid n$。

**证明** (1)对于任意的 $a \in G$，必有 $a^{-1} \in G$，使 $a^{-1} * a = e \in H$，所以 $\langle a, a \rangle \in R$。

如果 $\langle a, b \rangle \in R$，则 $a^{-1} * b \in H$，因为 $H$ 是 $G$ 的子群，故 $(a^{-1} * b)^{-1} = b^{-1} * a \in H$，所以 $\langle b, a \rangle \in R$。

如果 $\langle a, b \rangle \in R$，$\langle b, c \rangle \in R$，则 $a^{-1} * b \in H$，$b^{-1} * c \in H$，所以 $a^{-1} * b * b^{-1} * c = a^{-1} * c \in H$，$\langle a, c \rangle \in R$。

上面分别证明了 $R$ 的自反性、对称性和可传递性，所以 $R$ 是 $G$ 中的一个等价关系。

对于任意的 $a \in G$，我们有

$$b \in [a]_R \Leftrightarrow \langle a, b \rangle \in R \quad 即 \quad a^{-1} * b \in H$$

也就是 $b \in aH$。因此，$[a]_R = aH$。

(2)由于 $R$ 是 $G$ 中的一个等价关系，所以必定将 $G$ 划分成不同的等价类 $[a_1]_R$，$[a_2]_R, \cdots, [a_k]_R$，使得

$$G = \bigcup_{i=1}^{k} [a_i]_R = \bigcup_{i=1}^{k} a_i H$$

又因为，若取 $H$ 中任意两个不同的元素 $h_1, h_2$，且 $a \in G$，必有 $a * h_1 \neq a * h_2$，所以

$$|a_i H| = |H| = m, \quad i = 1, 2, \cdots, k$$

因此

$$n = |G| = \left| \bigcup_{i=1}^{k} a_i H \right| = \sum_{i=1}^{k} |a_i H| = mk$$

这表明任何有限群的阶都可以被其子群的阶整除。

拉格朗日定理反映了有限群的阶数与其子群的阶数之间的关系，是群论最基本的定理之一。

根据拉格朗日定理，可直接得到以下几个推论。

**【推论 5.5.1】**　任何质数阶的群不可能有非平凡子群。

这是因为，如果有非凡子群，那么该子群的阶必定是原来群的阶的一个因子，这就与原来群的阶是质数相矛盾。

因为质数阶群只有平凡子群，所以，质数阶群必定是循环群。必须注意，群的阶与元素的阶这两个概念的不同。

**【推论 5.5.2】**　设 $\langle G, * \rangle$ 是 $n$ 阶有限群，那么对于任意的 $a \in G$，$a$ 的阶必是 $n$ 的因子且必有 $a^n = e$，这里 $e$ 是群 $\langle G, * \rangle$ 中的幺元。如果 $n$ 为质数，则 $\langle G, * \rangle$ 必是循环群。

这是因为，由 $G$ 中的任意元素 $a$ 生成的循环群

$$H = \{a^i \mid i \in I, a \in G\}$$

一定是 $G$ 的一个子群。如果 $H$ 的阶是 $m$，那么由定理 5.3.8 可知 $a^m = e$，即 $a$ 的阶等于 $m$。由拉格朗日定理必有 $n = mk, k \in I_+$，因此，$a$ 的阶 $m$ 是 $n$ 的因子，且有

$$a^n = a^{mk} = (a^m)^k = e^k = e$$

**【例 5.5.2】**　任何一个四阶群只可能是四阶循环群或者 Klein 四元群。

**证明**　设四阶群为 $\langle \{e, a, b, c\}, * \rangle$，其中 $e$ 是幺元。当四阶群含有一个四阶元时，这个群就是循环群。

当四阶群不含有四阶元时，则由推论 5.5.2 可知，除幺元 $e$ 外，$a, b, c$ 的阶一定都是 2。$a * b$ 不可能等于 $a, b$ 或 $e$，否则将导致 $b = e, a = e$ 或 $a = b$ 的矛盾，所以 $a * b = c$。同样地有 $b * a = c$ 以及 $a * c = c * a = b, b * c = c * b = a$。因此，这个群是 Klein 四元群。

**【例 5.5.3】**　求 $\langle \mathbf{Z}_6, +_6 \rangle$ 关于子群 $H = \langle \{[0], [3]\}, +_6 \rangle$ 的所有左陪集、右陪集。

**解**　令 $H = \{[0], [3]\}$，则：

| 左陪集 | 右陪集 |
|---|---|
| $[0]H = \{[0], [3]\} = [3]H$ | $H[0] = \{[0], [3]\} = H[3]$ |
| $[1]H = \{[1], [4]\} = [4]H$ | $H[1] = \{[1], [4]\} = H[4]$ |
| $[2]H = \{[2], [5]\} = [5]H$ | $H[2] = \{[2], [5]\} = H[5]$ |

对于 $\langle \mathbf{Z}_6, +_6 \rangle$，其中 $[0]$ 是幺元。对于每个元素 $a^n = e$ 的最小 $n$，有：

$$[1]^6 = [0], \quad [1] 是 6 阶元$$
$$[2]^3 = [0], \quad [2] 是 3 阶元$$
$$[3]^3 = [0], \quad [3] 是 2 阶元$$
$$[4]^3 = [0], \quad [4] 是 3 阶元$$
$$[5]^6 = [0], \quad [5] 是 6 阶元$$

可以看到，元素的阶都是群阶数的因子，符合拉格朗日定理。

## 5.6　同态与同构

同态是两个代数系统间的一种联系，通过这种联系，可以把一个代数系统的运算转

移到另一个代数系统。这使得将一个代数系统中较难解决的问题转变为另一个代数系统中较易解决的问题成为可能。

### 5.6.1　同　态

【定义 5.6.1】　设 $\langle S,*\rangle$ 和 $\langle T,\star\rangle$ 是两个代数系统,如图 5.6.1 所示,如果存在一个从 $S$ 到 $T$ 的函数 $f$,使得对任意 $a,b\in S$ 都有 $f(a*b)=f(a)\star f(b)$,则称 $f$ 是从 $S$ 到 $T$ 的一个同态映射,称 $\langle S,*\rangle$ 和 $\langle T,\star\rangle$ 是同态的,记为 $\langle S,*\rangle\sim\langle T,\star\rangle$。$f(S)$ 称为 $S$ 在 $f$ 下的同态像。

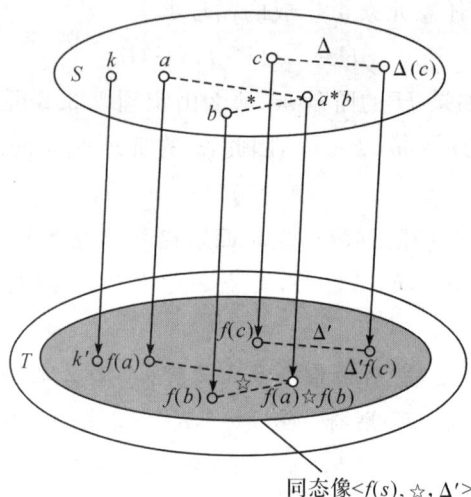

**图 5.6.1　同态**

同态映射 $f$ 的作用是将 $S$ 上的运算 $*$ 传送到 $T$ 上的运算 $\star$,即 $f$ 是一个保持运算的映射,它表明元素运算的像等于这些元素的像的运算。

【例 5.6.1】　试证 $\langle \mathbf{R},+\rangle\sim\langle \mathbf{R},\times\rangle$。

**证明**　构造函数 $f(a)=g^a$,其中 $g>0,a\in\mathbf{R}$。那么对任意的 $a,b\in\mathbf{R}$,都有

$$f(a+b)=g^{a+b}=g^a\times g^b=f(a)\times f(b)$$

因此 $\langle\mathbf{R},+\rangle$ 和 $\langle\mathbf{R},\times\rangle$ 是同态的,$f$ 为二者间的一个同态映射。

对于同态的定义,我们可以回忆初等数学中学习的对数运算。实际上,它就是正实数的乘法群到实数的加法群的一个同态。利用对数,我们实现了把较复杂的乘法运算转化成较简单的加法运算。因此,同态是代数系统间十分重要的关系。

同态关系可推广到具有多个二元运算的同型代数系统上。比如设 $\langle S,+,\times\rangle$ 和 $\langle T,\oplus,\otimes\rangle$ 是两个同型的代数系统,则二者的同态关系 $\langle S,+,\times\rangle\sim\langle T,\oplus,\otimes\rangle$ 定义为:

$$(\exists f\in T^S)(\forall a,b\in S\to f(a+b)=f(a)\oplus f(b)\land f(a\times b)=f(a)\otimes f(b))$$

【例 5.6.2】　试证 $\langle\mathbf{Z},+,\times\rangle\sim\langle\mathbf{Z}_m,+_m,\times_m\rangle$

**证明**　构造函数 $f(i)=i(\bmod m)$,则对任意的 $i,j\in\mathbf{Z}$,有

$$f(i+j)=(i+j)(\bmod m)=(i(\bmod m))+_m(j(\bmod m))=f(i)+_m f(j)$$

$$f(i\times j)=(i\times j)(\bmod m)=(i(\bmod m))\times_m(j(\bmod m))=f(i)\times_m f(j)$$

因此 $\langle \mathbf{Z},+,\times\rangle$ 和 $\langle \mathbf{Z}_m,+_m,\times_m\rangle$ 是同态的，$f$ 为二者间的一个同态映射。

【定义 5.6.2】 设函数 $f$ 是从代数系统 $A$ 到 $B$ 的同态，则

(1)若 $f$ 是单射，则称 $f$ 是从 $A$ 到 $B$ 的单同态映射；

(2)若 $f$ 是满射，则称 $f$ 是从 $A$ 到 $B$ 的满同态映射。

特别地，若 $f$ 是从代数系统 $A$ 到 $A$ 的同态，则称 $f$ 是一个自同态映射。

【例 5.6.3】 对于实数集合 $\mathbf{R}$ 上的加法运算 $\langle \mathbf{R},+\rangle$ 和 $\mathbf{R}$ 上的乘法运算 $\langle \mathbf{R},\times\rangle$，映射 $\varphi(x)=e^x$ 是从 $\langle \mathbf{R},+\rangle$ 到 $\langle \mathbf{R},\times\rangle$ 的同态映射，但 $\varphi$ 不是满射，$\mathbf{R}$ 在 $\varphi$ 下的同态像 $\varphi(R)$ 是 $\mathbf{R}$ 的真子集即正实数集 $\mathbf{R}_+$。

【定理 5.6.1】 设 $f$ 是从代数系统 $\langle S,+,\times\rangle$ 到 $\langle T,\oplus,\otimes\rangle$ 的满同态映射，则

(1)如果 $+$ 和 $\times$ 满足结合律，则 $\oplus$ 和 $\otimes$ 也满足结合律；

(2)如果 $+$ 和 $\times$ 满足交换律，则 $\oplus$ 和 $\otimes$ 也满足交换律；

(3)如果 $+$ 对于 $\times$（或 $\times$ 对于 $+$）满足分配律，则 $\oplus$ 对于 $\otimes$（或 $\otimes$ 对于 $\oplus$）也满足分配律；

(4)如果 $+$ 对于 $\times$（或 $\times$ 对于 $+$）满足吸收律，则 $\oplus$ 对于 $\otimes$（或 $\otimes$ 对于 $\oplus$）也满足吸收律；

(5)如果 $+$ 和 $\times$ 满足等幂律，则 $\oplus$ 和 $\otimes$ 也满足等幂律；

(6)如果 $e_1$ 和 $e_2$ 分别是 $+$ 和 $\times$ 运算的单位元，则 $f(e_1)$ 和 $f(e_2)$ 分别是 $\oplus$ 和 $\otimes$ 运算的单位元；

(7)如果 $\theta_1$ 和 $\theta_2$ 分别是 $+$ 和 $\times$ 运算的零元，则 $f(\theta_1)$ 和 $f(\theta_2)$ 分别是 $\oplus$ 和 $\otimes$ 运算的零元；

(8)如果对于每个 $x\in S$ 都存在关于 $+$ 运算（或 $\times$ 运算）的逆元 $x^{-1}$，则对于每个 $f(x)\in T$ 都存在关于 $\oplus$ 运算（或 $\otimes$ 运算）的逆元 $f(x^{-1})$。

## 5.6.2 同　构

定理 5.6.1 告诉我们，满同态映射能够保持代数系统的许多性质，如结合律、交换律、分配律等等。不过，这种性质保持是单向的。即当代数系统 $A\backsim B$ 时，$A$ 具有的性质 $B$ 也具有，但 $B$ 具有的性质 $A$ 不一定具有。在什么情况下，两个代数系统的基本性质是完全相同的呢？这就要引入同构的概念。

【定义 5.6.3】 设函数 $f$ 是从代数系统 $A$ 到 $B$ 的同态，若 $f$ 是双射，则称 $f$ 是从 $A$ 到 $B$ 的同构映射。

特别地，若 $f$ 是从 $A$ 到 $A$ 的同构，则称 $f$ 是一个自同构映射。

【例 5.6.4】 给定代数系 $\langle \mathbf{Z},+\rangle$，$f(x)=kx,k,x\in \mathbf{Z}$，当 $k\neq 0$ 时，$f$ 是从 $\langle \mathbf{Z},+\rangle$ 到 $\langle \mathbf{Z},+\rangle$ 的单自同态映射。当 $k=-1$ 或 $k=1$ 时，$f$ 是从 $\langle \mathbf{Z},+\rangle$ 到 $\langle \mathbf{Z},+\rangle$ 的自同构映射。

【定义 5.6.4】 设$\langle S,* \rangle$和$\langle T,☆ \rangle$是两个代数系统,如果存在一个从$\langle S,* \rangle$到$\langle T,☆ \rangle$的同构映射 $f$,则称$\langle S,* \rangle$和$\langle T,☆ \rangle$是同构的,记为$\langle S,* \rangle \cong \langle T,☆ \rangle$。

> **Tips:**很明显,同构是同态的一种特例。同态是指$\langle S,* \rangle$到$\langle T,☆ \rangle$之间存在一个映射,同态是指$\langle S,* \rangle$到$\langle T,☆ \rangle$之间存在一个双射。

类似地,同构关系也可推广到具有多个运算的同型代数系统上。

【例 5.6.5】 代数系统$\langle \mathbf{Z}_3,+_3 \rangle$的运算表如表 5.6.1 所示。

代数系统$\langle F,\circ \rangle$与$\langle \mathbf{Z}_3,+_3 \rangle$是同类型的,其中 $F=\{f^0,f^1,f^2\}$,运算$\circ$的运算表如表 5.6.2 所示。

表 5.6.1　代数系统$\langle \mathbf{Z}_3,+_3 \rangle$的运算表

| $+_3$ | 0 | 1 | 2 |
|---|---|---|---|
| 0 | 0 | 1 | 2 |
| 1 | 1 | 2 | 0 |
| 2 | 2 | 0 | 1 |

表 5.6.2　代数系统$\langle F,\circ \rangle$的运算表

| $\circ$ | $f^0$ | $f^1$ | $f^2$ |
|---|---|---|---|
| $f^0$ | $f^0$ | $f^1$ | $f^2$ |
| $f^1$ | $f^1$ | $f^2$ | $f^0$ |
| $f^2$ | $f^2$ | $f^0$ | $f^1$ |

定义 $\varphi \in \mathbf{Z}_3^F$,$\varphi(f^i)=i(i=0,1,2)$,显然 $\varphi$ 是双射。再由运算表可知,对于任意的 $i$,$j=0,1,2$ 有

$$\varphi(f^i \circ f^j)=\varphi(f^i)+_3\varphi(f^j)=i+_3 j$$

所以 $\varphi$ 是从$\langle F,\circ \rangle$到$\langle \mathbf{Z}_3,+_3 \rangle$的同构映射,即$\langle F,\circ \rangle \cong \langle \mathbf{Z}_3,+_3 \rangle$。

可知同构的条件比同态更严格。两个同构的代数系统,在结构上其实没有什么本质区别,只是在元素和运算符的标识上有所不同。

【定理 5.6.2】 $\langle S,* \rangle$到$\langle T,☆ \rangle$代数系统间的同构关系是等价关系。

**证明** （1）对于任意的代数系统$\langle S,* \rangle$,显然有$\langle S,* \rangle \cong \langle S,* \rangle$,因为恒等映射是同构映射。

（2）设 $f$ 是从$\langle S,* \rangle$到$\langle T,☆ \rangle$的同构映射,由于 $f$ 是双射,那么 $f^{-1}$ 是从$\langle T,☆ \rangle$到$\langle S,* \rangle$的同构映射。

（3）设 $f$ 是从$\langle S,* \rangle$到$\langle T,☆ \rangle$的同构映射,$g$ 是从$\langle T,☆ \rangle$到$\langle \mathbf{R},\times \rangle$的同构映射,则 $g \circ f$ 是从$\langle S,* \rangle$到$\langle \mathbf{R},\times \rangle$的同构映射。

因此,同构关系是等价关系。

### 5.6.3　群的同态与同构

同态与同构的概念也可以用于群这样的特殊代数系统,其定义和性质与一般代数系统类似。

【定义 5.6.5】 给定群$\langle S,* \rangle$和$\langle T,☆ \rangle$,如果存在一个函数 $f \in T^S$,使得对于任意的 $a,b \in S$ 都有 $f(a*b)=f(a)☆f(b)$,则称 $f$ 是从 $S$ 到 $T$ 的一个群同态映射,称群$\langle S,$

$*\rangle$和$\langle T,\stackrel{\wedge}{\approx}\rangle$是同态的。

【例 5.6.6】　$\langle \mathbf{R}_+ ,\times\rangle$和$\langle \mathbf{R},+\rangle$是两个群。定义$f:\mathbf{R}_+ \rightarrow \mathbf{R},f(x)=\ln x$,可以证明$f$是满射,且满

$$足\ f(x \cdot y)=\ln(x \cdot y)=\ln x+\ln y=f(x)+f(y)$$

因此群$\langle \mathbf{R}_+ ,\times\rangle \backsim \langle \mathbf{R},+\rangle$。

【例 5.6.7】　$\langle \mathbf{Z},+\rangle$和$\langle \mathbf{Z}_m,+_m\rangle$是两个群,其中$\mathbf{Z}_m=\{0,1,2,\cdots,n-1\}$,$+_m$是模$m$加法。定义$f:\mathbf{Z}\rightarrow \mathbf{Z}_m,f(x)=x(\bmod m)$,那么对于任意的$x,y\in \mathbf{Z}$,有

$$f(x+y)=(x+y)(\bmod m)=(x(\bmod m))+_m(y(\bmod m))=f(x)+_m f(y)$$

即$f$是从$\langle \mathbf{Z},+\rangle$到$\langle \mathbf{Z}_m,+_m\rangle$的同态映射,同时$f$也是满同态映射。

【定义 5.6.6】　设$f$是从群$\langle S,*\rangle$到群$\langle T,\stackrel{\wedge}{\approx}\rangle$的一个同态映射,如果$f$是从$S$到$T$的一个双射,在则称$f$是从$\langle S,*\rangle$到$\langle T,\stackrel{\wedge}{\approx}\rangle$的同构映射。

【定义 5.6.7】　给定群$\langle S,*\rangle$和$\langle T,\stackrel{\wedge}{\approx}\rangle$,如果存在一个从$\langle S,*\rangle$到$\langle T,\stackrel{\wedge}{\approx}\rangle$的同构映射$f$,则称群$\langle S,*\rangle$和$\langle T,\stackrel{\wedge}{\approx}\rangle$是同构的。

## 5.7　环与域

半群、独异点、群都是具有一个二元运算的代数系统。给定同一集合上的两个代数系统$\langle A,+\rangle$和$\langle A,\times\rangle$,容易将它们组合成一个具有二元运算的代数系统$\langle A,+,\times\rangle$。本节我们将研究这样两个典型的代数系统,它们分别是环和域。

### 5.7.1　环

下面我们首先给出第一种含有两个二元运算的代数系统,它就是环。

【定义 5.7.1】　给定代数系统$\langle S,+,\times\rangle$,$+$和$\times$均为二元运算,如果满足

(1)$\langle S,+\rangle$是交换群;

(2)$\langle S,\times\rangle$是半群;

(3)运算$\times$对$+$可分配,即对任意$a,b,c\in S$都有

$$a\times(b+c)=a\times b+a\times c,\quad (b+c)\times a=b\times a+c\times a$$

则称$\langle S,+,\times\rangle$为环。

【例 5.7.1】　下面给出了环的一些例子。

(1)$\langle \mathbf{Z},+,\times\rangle$、$\langle \mathbf{Q},+,\times\rangle$、$\langle \mathbf{R},+,\times\rangle$、$\langle \mathbf{C},+,\times\rangle$均为环,其中$\mathbf{Z}$为整数集,$\mathbf{Q}$为有理数集,$\mathbf{R}$为实数集,$\mathbf{C}$为复数集,$+$和$\times$分别为四则运算的加法和乘法。

(2)$\langle \mathbf{Z}_m,+_m,\times_m\rangle$为环,其中$\mathbf{Z}_m=\{0,1,\cdots,m-1\}$,$+_m$和$\times_m$分别为整数加法取模和乘法取模运算。

(3)$\langle \mathbf{M}_n(\mathbf{R}),+,\times\rangle$为环,其中$\mathbf{M}_n(\mathbf{R})$表示所有实数分量的$n\times n$方阵集合,$+$和$\times$分别为矩阵加运算和乘运算。

(4)$\langle P(A),\oplus,\bigcap\rangle$为环,其中$P(A)$是集合$A$上的幂集合,$\oplus$为集合上的对称差运

算,∩为集合上的交运算。

(5)⟨{0},+,×⟩为环,称为零环,其中 0 为加法幺元、乘法零元(其他环至少有两个元素)。

(6)⟨{0,1},+,×⟩为环,其中 0 为加法幺元、乘法零元,1 为乘法幺元。

给定环⟨$S$,+,×⟩,由于⟨$S$,+⟩是交换群,因此 $S$ 中的每个元素对于+运算有逆元。下面将 $b$ 的加法逆元记为$-b$,则 $a+(-b)$ 简记为 $a-b$。

环有下列基本性质。

**【定理 5.7.1】** 设⟨$S$,+,×⟩为环,0 为加法幺元,那么对任意 $a,b,c \in S$,有

(1)$0 \times a = a \times 0 = 0$;

(2)$(-a) \times b = a \times (-b) = -(a \times b)$;

(3)$(-a) \times (-b) = a \times b$;

(4)$a \times (b-c) = a \times b - a \times c$;

(5)$(a-b) \times c = a \times c - b \times c$。

**证明** (1)$a \times 0 = a \times (0+0) = a \times 0 + a \times 0$。因为⟨$S$,$*$⟩是交换群,满足消去律,所以 $a \times 0 = 0$。同理可证,$0 \times a = 0$。

(2)$a \cdot b + (-a) \times b = (a+(-a)) \times b = 0 \times b = 0$。因为⟨$S$,$*$⟩是交换群,由逆元的唯一性,有$(-a) \times b = -(a \times b)$。同理可证,$a \times (-b) = -a \times b$。

(3)$(-a) \times (-b) = -(a \times (-b)) = -(-(a \times b)) = a \times b$。

(4)$a \times (b-c) = a \times (b+(-c)) = a \times b + a \times (-c) = a \times b + (-a \times c) = a \times b - a \times c$。

(5)$(a-b) \times c = (a+(-b)) \times c = a \times c + (-b) \times c = a \times c + (-b \times c) = a \times c - b \times c$。

**【定义 5.7.2】** 设⟨$S$,+,×⟩是环,若⟨$S$,×⟩是可交换的,则称⟨$S$,+,×⟩为交换环;若⟨$S$,×⟩含有幺元,即⟨$S$,×⟩是独异点,称⟨$S$,+,×⟩为含幺环。

**【例 5.7.2】** 环⟨$\mathbf{Z}_m$,$+_m$,$\times_m$⟩是含幺可交换环,其中[1]是环的幺元。

**【定义 5.7.3】** 设⟨$S$,+,×⟩为环,若有非零元素 $a,b$ 满足 $a \times b = 0$,则称 $a,b$ 为 $S$ 的零因子,并称⟨$S$,+,×⟩为含零因子环;否则,称⟨$S$,+,×⟩为无零因子环。

**【例 5.7.3】** 在环⟨$P(A)$,$\oplus$,∩⟩中,取 $X \subseteq A$ 且 $X \neq \varnothing$,$Y = \varnothing$,所以 $X \cap Y = \varnothing$。$\varnothing$ 是⟨$P(A)$,$\oplus$⟩的幺元,所以该环为含零因子环。

**【定义 5.7.4】** 设⟨$S$,+,×⟩是环,如果⟨$S$,+,×⟩是含幺环、交换环、无零因子环,则称⟨$S$,+,×⟩为整环。

**【例 5.7.4】** 上文中的⟨$\mathbf{Z}$,+,×⟩是整环;但⟨{0},+,×⟩不是整环,它是零环。

**【定理 5.7.2】** 设⟨$S$,+,×⟩为整环,那么 $S$ 中无零因子等价于 $S$ 中乘运算满足消去律,即对任意 $c \neq 0$,$c \times a = c \times b$,必定有 $a = b$。

**证明** 若 $S$ 中无零因子,且满足 $c \neq 0$,则 $c \times a = c \times b$,因此有

$$c \times a - c \times b = c \times (a-b) = 0$$

所以必有 $a = b$,乘运算满足消去律。

反之,若消去律成立,设 $a\neq0$, $a\times b=0$,则 $a\times b=a\times0$,消去 $a$ 即得 $b=0$,故 $S$ 中无零因子。

## 5.7.2　子环与理想

【定义5.7.5】　给定环 $\langle S,+,\times\rangle$ 和 $S$ 的非空子集 $T$,如果 $\langle T,+\rangle$ 是 $\langle S,*\rangle$ 的子群、$\langle T,\times\rangle$ 是 $\langle S,\times\rangle$ 的子半群,则称 $\langle T,+,\times\rangle$ 是 $\langle S,+,\times\rangle$ 的子环。

由定义可知,$\langle T,+\rangle$ 是 $\langle S,*\rangle$ 的子群、$\langle T,\times\rangle$ 是 $\langle S,\times\rangle$ 的子半群,在 $S$ 上乘法对加法的分配律成立,因为 $T\subseteq S$,则分配律在 $T$ 上也成立。。

【定理5.7.3】　设 $\langle S,+,\times\rangle$ 为环,$T$ 为 $S$ 的非空子集,则 $\langle T,+,\times\rangle$ 是 $\langle S,+,\times\rangle$ 的子环的充要条件是

$$(\forall a,b\in T,则(a-b)\in T\wedge(a\times b)\in T)$$

证明　(1)充分性。因为 $\forall a,b\in T$ 有 $(a-b)\in T$,根据定理5.3.8即子群的判定定理二,$\langle T,+\rangle$ 是 $\langle S,*\rangle$ 的子群。再由 $(a\times b)\in T$,$T$ 对乘法运算封闭,$\langle T,\times\rangle$ 是 $\langle S,\times\rangle$ 的子半群,所以 $\langle T,+,\times\rangle$ 是 $\langle S,+,\times\rangle$ 的子环。

(2)必要性。同样根据定理5.3.8,$\langle T,+\rangle$ 是 $\langle S,*\rangle$ 的子群,所以 $(a-b)\in T$。$\langle T,\times\rangle$ 是 $\langle S,\times\rangle$ 的子半群,$T$ 对乘法运算封闭,所以 $(a\times b)\in T$。

【例5.7.5】　设 $\mathbf{Z}$ 是整数集,$\mathbf{Z}_E$ 是偶数集合,$\mathbf{Z}_O$ 是奇数集合。对于整数环 $\langle \mathbf{Z},+,\times\rangle$,$\langle \mathbf{Z}_E,+,\times\rangle$ 是其子环,但 $\langle \mathbf{Z}_O,+,\times\rangle$ 不是其子环,因为两个偶数的和或积仍是偶数,但两个奇数的和不是奇数,而是偶数。

【定义5.7.6】　设 $\langle T,+,\times\rangle$ 是 $\langle S,+,\times\rangle$ 的子环,若对于任意 $t\in T$ 和 $s\in S$,有 $s\times t\in S$ 和 $t\times s\in S$,则称 $\langle T,+,\times\rangle$ 是 $\langle S,+,\times\rangle$ 的理想。

显然,若 $\langle S,+,\times\rangle$ 是可交换环,则 $s\times t\in S$ 和 $t\times s\in S$ 只要满足一个即可。

该定义指出,若 $\langle T,+,\times\rangle$ 是理想,那么 $S$ 中任意两个元素相乘,若其中有一个元素属于 $T$,则乘积也属于 $T$。

【例5.7.6】　$\langle \mathbf{Z}_E,+,\times\rangle$ 是 $\langle \mathbf{Z},+,\times\rangle$ 的理想,因为偶数和任何整数的乘积仍为偶数。

【定理5.7.4】　设 $\langle S,+,\times\rangle$ 为环,$T$ 为 $S$ 的非空子集,则 $\langle T,+,\times\rangle$ 是 $\langle S,+,\times\rangle$ 的理想的充要条件是

$$(\forall a,b\in T\wedge\forall s\in S,则(a-b)\in T\wedge(s\times a)\in T\wedge(a\times s)\in T)$$

该定理的证明与定理5.7.3的证明类似,此处不再写出详细过程。

【例5.7.7】　$\langle(i),+,\times\rangle$ 是 $\langle \mathbf{Z},+,\times\rangle$ 的理想,其中 $(i)=\{ni\mid n\in \mathbf{Z}\}$。

证明　对于任意的 $mi,ni\in(i)$ 和 $k\in \mathbf{Z}$,有

$$mi-ni=(m-n)i\in(i)$$
$$k(ni)=(kn)i\in(i)$$

由定理5.7.4可得,$\langle(i),+,\times\rangle$ 是 $\langle \mathbf{Z},+,\times\rangle$ 的理想。

【定义5.7.7】　设 $\langle T,+,\times\rangle$ 是 $\langle S,+,\times\rangle$ 的理想,若存在某个 $g\in T$,使得 $T=S\times g=\{s\times g\mid s\in S\}$,则称 $\langle T,+,\times\rangle$ 是 $\langle S,+,\times\rangle$ 的主理想。

【例 5.7.8】 $\langle \mathbf{Z}_E,+,\times\rangle$ 是 $\langle \mathbf{Z},+,\times\rangle$ 的主理想。

事实上，环 $\langle \mathbf{Z},+,\times\rangle$ 有一个非常有趣的性质，即它的每个理想都是主理想。这一点留给读者自己去证明。

对于环的理想，不难证明下面两个定理。

【定理 5.7.5】 若 $\langle T_1,+,\times\rangle$ 和 $\langle T_2,+,\times\rangle$ 均为 $\langle S,+,\times\rangle$ 的理想，则 $\langle T_1\bigcap T_2,+,\times\rangle$ 也是 $\langle S,+,\times\rangle$ 的理想。

【定理 5.7.6】 若 $\langle T,+,\times\rangle$ 为含幺环 $\langle S,+,\times\rangle$ 的理想，则 $T$ 中的任一元素均无乘法逆元。

### 5.7.3　域

【定义 5.7.8】 如果 $\langle S,+,\times\rangle$ 是可交换环，且 $\langle S\backslash\{0\},\times\rangle$ 为交换群，则称 $\langle S,+,\times\rangle$ 为域。

由于群无零因子（因为群满足消去律），因此域必定是整环。事实上，域也可以定义为每个非零元素都有乘法逆元的整环。

【例 5.7.9】 $\langle \mathbf{Q},+,\times\rangle$,$\langle \mathbf{R},+,\times\rangle$,$\langle \mathbf{C},+,\times\rangle$ 均为域，并分别称为有理数域、实数域和复数域。但 $\langle \mathbf{Z},+,\times\rangle$ 不是域，因为在整数集中整数没有乘法逆元。

$\langle \mathbf{Z}_7,+_7,\times_7\rangle$ 为域，$[1]$ 和 $[6]$ 的逆元是 $[1]$ 和 $[6]$，$[2]$ 和 $[4]$ 互为逆元，$[3]$ 和 $[5]$ 互为逆元。但 $\langle \mathbf{Z}_8,+_8,\times_8\rangle$ 不是域，它甚至不是整环，因为它有零因子（比如 $[4]\times_8[4]=[0]$），且没有乘法逆元。

【定理 5.7.7】 环 $\langle \mathbf{Z}_m,+_m,\times_m\rangle$ 为域的充要条件是 $m$ 为素数。

证明 （1）必要性。当 $m$ 为素数时，对于任意的 $a\in S\backslash\{0\}$，$a$ 和 $m$ 的最大公约数为 1，因此存在 $r,s\in \mathbf{Z}$，使得 $a\times r+n\times s=1$，则

$$[a]\times_m[r]=[a\times r]+_m[0]$$
$$=[a\times r]+_m[n\times s]$$
$$=[a\times r+n\times s]$$
$$=1$$

即 $[a]$ 的逆元为 $[r]$，故 $\langle \mathbf{Z}_m,+_m,\times_m\rangle$ 为域。

（2）充分性。用反证法，设 $\langle \mathbf{Z}_m,+_m,\times_m\rangle$ 为域而 $m$ 不为素数，那么设 $m=a\times b$，$0<a<n$ 且 $0<b<n$，则

$$[a]\times_m[b]=[a\times b]=[m]=[0]$$

但 $[a]$ 和 $[b]$ 均不为 $[0]$，那么它们为环的零因子，$\langle \mathbf{Z}_m,+_m,\times_m\rangle$ 不为域，与假设矛盾。故原命题得证。

【定理 5.7.8】 有限整环都是域。

证明 设 $\langle S,+,\times\rangle$ 为有限整环，由于 $\langle S,\times\rangle$ 为有限含幺交换半群，因此 $\langle S,\times\rangle$ 也为交换群，所以 $\langle S,+,\times\rangle$ 为域。

限于篇幅,关于环和域的相关内容,本书就介绍以上内容。如读者对相关内容有兴趣,可以参考近世代数相关教材进一步学习。

## 5.8　格与布尔代数

### 5.8.1　格的概念

在集合与关系一章中,我们讨论了偏序集,并且在偏序集的基础上讨论了偏序集中的一些特殊元素,包括最小上界和最大下界。对于一个偏序集而言,其中的任意一个子集不一定存在最小上界和最大下界。例如,图 5.8.1 中子集 $\{a,b\}$ 的最小上界不存在,而子集 $\{e,f\}$ 的最大下界也不存在。

下面我们介绍格的概念。

图 5.8.1　格的定义

【定义 5.8.1】(格的定义)　如果偏序集 $\langle L,\leqslant\rangle$ 中的任何两个元素都存在最大下界和最小上界,则称 $\langle L,\leqslant\rangle$ 是格,或者说 $L$ 关于偏序 $\leqslant$ 作成一个格。

虽然偏序集合的任何子集的上确界、下确界并不一定都存在,但如果其存在,则必唯一。而格的定义则保证了任何子集的上确界、下确界的存在性。为了表达的方便,我们通常用 $a\vee b$ 表示 $\{a,b\}$ 的上确界,用 $a\wedge b$ 表示 $\{a,b\}$ 的下确界。$\vee$ 和 $\wedge$ 分别称为并运算和交运算,并记 $a\vee b=LUB\{a,b\}$,$a\wedge b=GLB\{a,b\}$。

> **Tips:**需要注意的是,这里的 $\vee$ 和 $\wedge$ 运算不是逻辑运算中的合取和析取,而是上确界运算和下确界运算。

我们根据定义判断如图 5.8.2 所示的偏序关系中哪些是格。

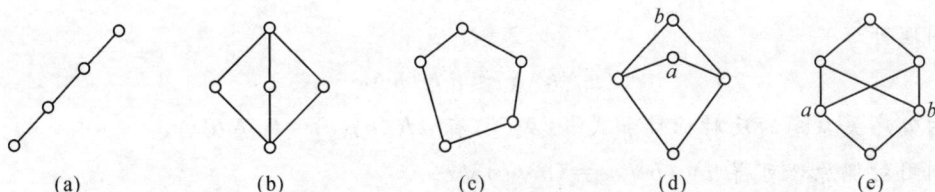

图 5.8.2　格的判定

根据格的定义不难看出,图 5.8.2 中哈斯图(a)、(b)、(c)所规定的偏序集是格。图(d)、(e)中的偏序集不是格,因为这两个哈斯图中的 $\{a,b\}$ 无上确界。

【例 5.8.1】　设 $S$ 是一个集合,$P(S)$ 是 $S$ 的幂集,则 $\langle P(S),\subseteq\rangle$ 是一个偏序集。对于任意的 $A,B\in P(S)$,易证明,$A$ 和 $B$ 的最大下界等于 $A\bigcap B\in P(S)$。同理,$A$ 和 $B$ 的最小上界等于 $A\bigcup B\in P(S)$。因此可以断定 $\langle P(S),\subseteq\rangle$ 是一个格。

【例 5.8.2】　设 $\mathbf{Z}_+$ 表示正整数集,$|$ 表示 $\mathbf{Z}_+$ 上的整除关系,那么 $\langle \mathbf{Z}_+,|\rangle$ 为格,其中

并、交运算即为求两个正整数最小公倍数 lcm 和最大公约数 gcd 的运算,即

$$m \vee n = \text{lcm}(m,n), \quad m \wedge n = \text{gcd}(m,n)$$

根据偏序集的性质,我们给出格的一条重要性质,即格的对偶性质:

如果命题 $P$ 在任意格 $\langle L, \leqslant \rangle$ 上成立,则将 $L$ 中符号 $\vee$,$\wedge$,$\leqslant$ 分别改为 $\wedge$,$\vee$,$\geqslant$ 后所得的公式 $P*$ 在任意格 $\langle L, \geqslant \rangle$ 上也成立,这里 $P*$ 称为 $P$ 的对偶式。

**【定理 5.8.1】** 设 $\langle L, \leqslant \rangle$ 是一个格,那么对于 $L$ 中的任意元素 $a,b,c$,有:

(1) $a \vee a = a, a \wedge a = a$;         (幂等律)

(2) $a \vee b = b \vee a, a \wedge b = b \wedge a$;       (交换律)

(3) $a \vee (b \vee c) = (a \vee b) \vee c, a \wedge (b \wedge c) = (a \wedge b) \wedge c$;   (结合律)

(4) $a \wedge (a \vee b) = a, a \vee (a \wedge b) = a$。      (吸收律)

**证明** (1)由偏序关系 $\leqslant$ 的自反性可得 $a \leqslant a$,所以 $a$ 是 $a$ 的一个上界。因为 $a \vee a$ 是 $a$ 与 $a$ 的最小上界,因此 $a \vee a \leqslant a$。

由定理 5.8.1(1)可知 $a \leqslant a \vee a$。

由偏序关系 $\leqslant$ 的反对称性,所以 $a \vee a = a$。

再根据对偶原理可得 $a \wedge a = a$。

(2)由格的并 $\vee$ 与交 $\wedge$ 运算的定义知其满足交换律。

(3)由下确界定义知

$$a \wedge (b \wedge c) \leqslant b \wedge c \leqslant b \qquad \text{①}$$

$$a \wedge (b \wedge c) \leqslant a \qquad \text{②}$$

$$a \wedge (b \wedge c) \leqslant b \wedge c \leqslant c \qquad \text{③}$$

由式①、式②得

$$a \wedge (b \wedge c) \leqslant a \wedge b \qquad \text{④}$$

由式③、式④得

$$a \wedge (b \wedge c) \leqslant (a \wedge b) \wedge c \qquad \text{⑤}$$

同理可证

$$(a \wedge b) \wedge c \leqslant a \wedge (b \wedge c) \qquad \text{⑥}$$

由偏序关系 $\leqslant$ 的反对称性和式⑤、式⑥,有 $a \wedge (b \wedge c) = (a \wedge b) \wedge c$。

利用对偶原理可得 $a \vee (b \vee c) = (a \vee b) \vee c$。

(4)由定理 5.8.1(1)可知 $a \wedge (a \vee b) \leqslant a$;同时,由于 $a \leqslant a$,而且有 $a \leqslant a \vee b$,所以 $a \leqslant a \wedge (a \vee b)$,因此有 $a \wedge (a \vee b) = a$。

利用对偶原理可得 $a \wedge (a \vee b) = a$。

从上面的介绍我们可以看到,格是带有两个二元运算的代数系统,它的两个运算满足上述四条性质。那么满足上述四条性质的代数系统 $\langle L, \wedge, \vee \rangle$ 是否一定是格?回答是肯定的。

**【定理 5.8.2】** 设 $L$ 为一非空集合,$\wedge$ 和 $\vee$ 为 $L$ 上的两个二元运算,如果 $\langle L, \wedge, \vee \rangle$ 中运算 $\wedge$ 和 $\vee$ 满足交换律、结合律和吸收律,则 $L$ 存在一种偏序关系 $\leqslant$,使得 $\langle L, \leqslant \rangle$

是一个格。

【例 5.8.3】　$\langle P(S), \cap, \cup \rangle$ 是一个代数系统，$P(S)$ 是集合 $S$ 的幂集，因为 $\cap, \cup$ 满足交换律、结合律、吸收律，所以 $\langle P(S), \cap, \cup \rangle$ 是格。事实上，该格对应的偏序关系就是 $S$ 的子集之间的包含关系。

## 5.8.2　特殊的格

本节讨论几个特殊的格。

【定义 5.8.2】　如果格 $\langle L, \wedge, \vee \rangle$ 满足分配律，即对于任意的 $a, b, c \in L$，有：

(1) $a \wedge (b \vee c) = (a \wedge b) \vee (a \wedge c)$；

(2) $a \vee (b \wedge c) = (a \vee b) \wedge (a \vee c)$；

则 $L$ 称为分配格。

注意到在上述两个分配等式中只要有一个成立，则另一个必成立，如第一个式子成立，则有：

$$(a \vee b) \wedge (a \vee c) = ((a \vee b) \wedge a) \vee ((a \vee b) \wedge c)$$
$$= a \vee ((a \vee b) \wedge c)$$
$$= a \vee ((a \wedge c) \vee (b \wedge c))$$
$$= (a \vee (a \wedge c)) \vee (b \wedge c)$$
$$= a \vee (b \wedge c)$$

【例 5.8.4】　设 $S$ 是一个集合，则 $\langle P(S), \cap, \cup \rangle$ 构成格，而集合中求并 $\cup$ 与求交 $\cap$ 这两种运算满足分配律，所以 $\langle P(S), \cap, \cup \rangle$ 是分配格。

需要注意的是，不是所有的格都满足分配律，因此并不是所有的格都是分配格。

【例 5.8.5】　如图 5.8.3 所示的哈斯图中的格不是分配格。

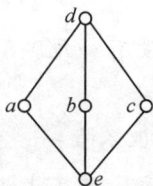

图 5.8.3　分配格反例

在图 5.8.3 中，有

$$a \vee (b \wedge c) = a \vee e = a$$
$$(a \vee b) \wedge (a \vee c) = d \wedge d = d$$

所以不是分配格。

【定义 5.8.3】　如果在格 $\langle L, \leqslant \rangle$ 中，存在一个元素 $a \in L$，使得对于任意的 $x \in L$ 均有 $a \leqslant x$（或 $x \leqslant a$），则称 $a$ 为格的全下界（或全上界）（对应于偏序集中的最小元、最大元），且记全下界为 0，全上界为 1。

全下界（或全上界）有如下性质。

**【定理 5.8.3】** 全下界(或全上界)如果存在,则必唯一。

**证明** 设 1 与 1′ 均是全上界,则因为 1 是全上界,所以 1′≤1;又因为 1′ 是全上界,所以 1≤1′。由≤的反对称性,所以 1=1′。

类似可证全下界唯一。

**【例 5.8.6】** 在格⟨$P(S)$,∩,∪⟩中,$S$ 是全上界,∅ 是全下界。

**【定义 5.8.4】** 如果⟨$L$,∧,∨⟩中既有全上界 1,又有全下界 0,则称 0 和 1 为格 $L$ 的界,并称格 $L$ 为有界格。

下面我们讨论补格。

**【定义 5.8.5】** 设⟨$L$,∧,∨⟩为有界格,$a$ 为 $L$ 中任意元素,如果存在元素 $b∈L$,使 $a∨b=1$,$a∧b=0$,则称 $b$ 是 $a$ 的补元或补。

补元有下列性质:

(1)补元是相互的,即若 $b$ 是 $a$ 的补,那么 $a$ 也是 $b$ 的补;

(2)有界格中并非每个元素都有补元,而有补元也不一定唯一;

(3)全下界 0 与全上界 1 互为补元且唯一。

**【例 5.8.7】** 考察图 5.8.4 中哈斯图所示的格中元素的补。

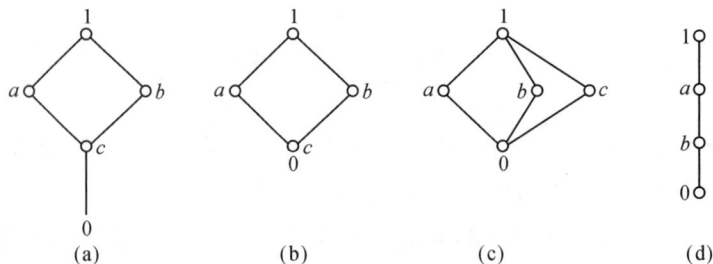

图 5.8.4　有界格

**解** 图(a)中除 0、1 之外,$a$、$b$、$c$ 均没有补元。

图(b)中 $a$ 的补元是 $b$,$b$ 的补元是 $a$。

图(c)中元素 $a$、$b$、$c$ 两两互为补元,但不唯一。

图(d)中除 0、1 之外没有元素有补元。事实上,多于两个元素的链除 0、1 之外没有元素有补元。

在有界格中,显然 0 是 1 的唯一补元,同时 1 是 0 的唯一补元。

**【定义 5.8.6】** 如果有界格⟨$L$,∨,∧⟩中每个元素都至少有一个补元,则称 $L$ 为有补格。

**【例 5.8.8】** 在图 5.8.4 中,(b)、(c)均是有补格,(a)、(d)不是补格。多于两个元素的链都不是有补格。

**【定理 5.8.4】** 若⟨$L$,∧,∨⟩是有补分配格,则对于任意的 $a∈L$,其补元是唯一的。因此,可用 $a′$ 来表示 $a$ 的补元。

**证明** 采用反证法。若存在 $a$ 为 $L$ 中一元素,有两个补元 $b$,$c$,且 $b≠c$,则

$$a \vee b = a \vee c = 1, \quad a \wedge b = a \wedge c = 0$$

由定理 5.8.1,有 $b = c$,与前面矛盾。因此 $a$ 只有唯一补元 $a'$。

【定理 5.8.5】　若 $\langle L, \wedge, \vee \rangle$ 是有补分配格,则 $a \in L$,有 $a'' = (a')' = a$。

证明　$a'' \wedge a' = 0, a'' \vee a' = 1$,由补元唯一可得 $a'' = a$。

### 5.8.3　布尔代数

【定义 5.8.7】　设 $B$ 是至少有两个元素的有补分配格,则称 $B$ 是布尔代数。

【例 5.8.9】　$\langle \{0, 1\}, \wedge, \vee, ' \rangle$ 是一个布尔代数。

【例 5.8.10】　$S \neq \varnothing$,则 $\langle P(S), \cap, \cup, \backsim \rangle$ 是一个布尔代数。其中,$\cap$ 表示集合的交运算,$\cup$ 表示集合的并运算,$\backsim$ 表示集合的一元求补集的运算(这里的全集是 $S$)。

布尔代数通常用有序对 $\langle B, \wedge, \vee, ', 0, 1 \rangle$ 来表示。其中,$'$ 为一元求补运算,0 和 1 分别为全下界和全上界。为此介绍布尔代数的另一个等价定义。

【定义 5.8.8】　$\langle B, \wedge, \vee, ' \rangle$ 是代数系统,$B$ 中至少有两个二元元素,$\wedge$、$\vee$ 是 $B$ 上的二元运算,$'$ 是一元运算,若 $\wedge$、$\vee$ 满足:

(1)交换律;

(2)分配律;

(3)同一律,存在 $0, 1 \in B$,对于任意的 $a \in B$,有 $a \wedge 1 = a, a \vee 0 = a$;

(4)补元律,对 $B$ 中每一元素 $a$,均存在元素 $a'$,使 $a \wedge a' = 0, a \vee a' = 1$;

则称 $\langle B, \wedge, \vee, ' \rangle$ 是布尔代数。

【例 5.8.11】　$\langle P, \wedge, \vee, \neg, 0, 1 \rangle$ 为布尔代数。这里 $P$ 为命题公式集,$\wedge$、$\vee$、$\neg$ 为合取、析取、否定的真值运算,0 和 1 分别为假命题和真命题。

【定义 5.8.9】　设 $B$ 是布尔代数,如果 $a$ 是元素 0 的一个覆盖,则称 $a$ 是该布尔代数的一个原子。

例如在图 5.8.5 中,$d$、$e$、$f$ 均是原子。实际上,在布尔代数中,原子是 $B - \{0\}$ 的极小元,因为原子与 0 之间不存在其他元素。

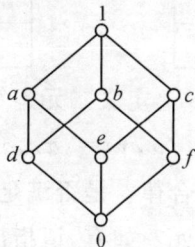

图 5.8.5　布尔代数中的原子

关于布尔代数有如下推论:

【推论 5.8.1】　若有限布尔代数有 $n$ 个原子,则它有 $2^n$ 个元素。

【推论 5.8.2】　任何具有 $2^n$ 个元素的布尔代数互相同构。

> **Tips**：布尔代数的上述两个推论对无限布尔代数不能成立。

根据这一定理,有限布尔代数的基数都是 2 的幂。同时在同构的意义上对于任何 $2^n$, $n$ 为自然数,仅存在一个 $2^n$ 元的布尔代数,如图 5.8.6 中的哈斯图所示的 1 元、2 元、4 元、8 元的布尔代数。

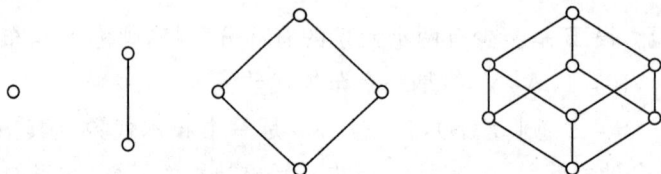

**图 5.8.6　布尔代数**

# 习　题

**1.** 设 $S=\{a,b\}$,试问 $S$ 上总共可定义多少个二元运算?

**2.** 设代数系统 $\langle A, * \rangle$,其中 $A=\{a,b,c\}$, $*$ 是 $A$ 上的一个二元运算。对于由以下几个表所确定的运算,试分别讨论它们的交换性、等幂性以及在 $A$ 中关于 $*$ 是否有幺元,以及 $A$ 中的每个元素是否有逆元。

| $*$ | $a$ | $b$ | $c$ |
| --- | --- | --- | --- |
| $a$ | $a$ | $b$ | $c$ |
| $b$ | $b$ | $c$ | $a$ |
| $c$ | $c$ | $a$ | $b$ |

| $*$ | $a$ | $b$ | $c$ |
| --- | --- | --- | --- |
| $a$ | $a$ | $b$ | $c$ |
| $b$ | $b$ | $b$ | $c$ |
| $c$ | $c$ | $c$ | $b$ |

| $*$ | $a$ | $b$ | $c$ |
| --- | --- | --- | --- |
| $a$ | $a$ | $b$ | $c$ |
| $b$ | $a$ | $b$ | $c$ |
| $c$ | $a$ | $b$ | $c$ |

| $*$ | $a$ | $b$ | $c$ |
| --- | --- | --- | --- |
| $a$ | $a$ | $b$ | $c$ |
| $b$ | $b$ | $a$ | $c$ |
| $c$ | $c$ | $c$ | $c$ |

**3.** $S=\mathbf{Q}\times\mathbf{Q}$, $\mathbf{Q}$ 为有理数集,在 $S$ 上定义二元运算 $*$ 满足

$$\langle a,b\rangle * \langle x,y\rangle = \langle ax,ay+b\rangle$$

(1)运算 $*$ 是否满足交换律和结合律?是否满足幂等律?

(2)关于运算 $*$ 是否有幺元和零元?如有,请指出,并求 $S$ 中所有可逆元素的逆元。

**4.** 定义正整数集合 $I_+$ 上的两个二元运算为

$$\begin{cases} a * b = a^b, \\ a \triangle b = a \cdot b, \end{cases} \quad a,b \in I_+$$

试证:$*$ 对 $\triangle$ 是不可分配的。

**5.** 给定代数系统 $\langle A, * \rangle$,且 $*$ 是可结合的,若对于 $A$ 中的任意元 $a$ 和 $b$,均有 $a * b =$

$b*a \Rightarrow a=b$,试证: $*$ 满足幂等律。

**6.** 给定代数系统 $\langle \mathbf{Z}^+, *, \odot \rangle$, $\mathbf{Z}^+$ 为正整数集合,在 $\mathbf{Z}^+$ 上定义二元运算 $*$ 和 $\odot$ 为

$$a*b=a^b, \quad a \odot b=ab$$

试证: $*$ 对 $\odot$ 是不可分配的。

**7.** 在实数集 $\mathbf{R}$ 上定义二元运算 $*$ 为 $a*b=a+b+ab$,试判断下列论断是否正确,并说明原因:

(1) $\langle \mathbf{R}, * \rangle$ 是一个代数系统;               (2) $\langle \mathbf{R}, * \rangle$ 是一个半群;

(3) $\langle \mathbf{R}, * \rangle$ 是一个独异点。

**8.** 设 $\langle A, * \rangle$ 是半群,对于 $A$ 中的任意元 $a$ 和 $b$,若 $a \neq b$ 则必有 $a*b \neq b*a$,证明:

(1) 对于 $A$ 中的任意元 $a$,有 $a*a=a$;

(2) 对于 $A$ 中的任意元 $a$ 和 $b$,有 $a*b*a=$ ;。

(3) 对于 $A$ 中的任意元 $a,b$ 和 $c$,有 $a*b*c=a*c$。

**9.** $\langle R, * \rangle$ 设是一个代数系统, $*$ 是 $R$ 上的一个二元运算,使得对于 $R$ 中的任意元素 $a,b$ 都有 $a*b=a+b+ab$。证明:0 是幺元且 $\langle R, * \rangle$ 是独异点。

**10.** 如果 $\langle S, * \rangle$ 是半群,且 $*$ 是可交换的,称 $\langle S, * \rangle$ 为可交换半群。证明:如果 $S$ 中有元素 $a,b$,使得 $a*a=a$ 和 $b*b=b$,则 $(a*b)*(a*b)=a*b$。

**11.** 设 $X=R-\{0,1\}$,在 $X$ 上定义 6 个函数,对于任意 $x \in X$,均有

$$f_1(x)=x, \qquad f_2(x)=x^{-1}, \qquad f_3(x)=1-x$$
$$f_4(x)=(1-x)^{-1}, \quad f_5(x)=(x-1)x^{-1}, \quad f_6(x)=x(x-1)^{-1}$$

其中, $F=\{f_1,f_2,f_3,f_4,f_5,f_6\}$, $\circ$ 是函数的复合运算。试证: $\langle F, \circ \rangle$ 是一个群。

**12.** 设 $\langle A, * \rangle$ 是半群, $e$ 是左幺元且对每一个 $x \in A$,存在 $x \in A$,使得 $x*x=e$。

(1) 证明:对于任意的 $a,b,c \in A$,如果 $a*b=a*c$,则 $b=c$。

(2) 通过证明 $e$ 是 $A$ 中的幺元,证明 $\langle A, * \rangle$ 是群。

**13.** 设 $\langle G, * \rangle$ 是群, $x \in G$。定义: $a \circ b=a*x*b, \forall a,b \in G$,试证: $\langle G, \circ \rangle$ 也是群。

**14.** 设 $\langle G, * \rangle$ 是群,对任一 $a \in G$,令 $H=\{y \mid y*a=a*y, y \in G\}$,试证: $\langle H, * \rangle$ 是 $\langle G, * \rangle$ 的子群。

**15.** 设 $G$ 是群, $H$ 是 $G$ 的子群,且 $x \in G$,试证: $x \cdot H \cdot x^{-1}=\{x \cdot h \cdot x^{-1} \mid h \in H\}$ 是 $G$ 的子群。

**16.** 设 $G$ 是群, $H$ 是 $G$ 的子群,令 $M=\{x \mid x \in G, xHx^{-1}=H\}$,试证: $M$ 是 $G$ 的子群。

**17.** 设 $\langle H, * \rangle$ 是群 $\langle G, * \rangle$ 的子群,如果 $A=\{x \mid x \in G, x*H*x^{-1}=H\}$,试证: $\langle A, * \rangle$ 是 $\langle G, * \rangle$ 的一个子群。

**18.** 设 $\langle G, * \rangle$ 是一个独异点,并且对于 $G$ 中的每一个元素 $x$ 都有 $x*x=e$,其中 $e$ 是幺元,试证: $\langle G, * \rangle$ 是一个 Abel 群。

**19.** 设 $\langle G, * \rangle$ 是一个群,试证:如果对任意的 $a,b \in G$ 都有

$$a^3*b^3=(a*b)^3, \quad a^4*b^4=(a*b)^4, \quad a^5*b^5=(a*b)^5$$

则 $\langle G, * \rangle$ 是一个 Abel 群。

**20.** 说明 Abel 群是否一定为循环群,并证明你的结论。

**21.** 设 $\langle G, * \rangle$ 是非阿贝尔群,试证:$G$ 中存在元素 $a$ 和 $b$,$a \neq b$,且 $a * b \neq b * a$。

**22.** 设 $\langle G, * \rangle$ 是 15 阶循环群,试求出:

(1)求出 $G$ 的所有生成元;    (2)求出 $G$ 的所有子群。

**23.** 设 $\sigma$ 和 $\tau$ 是 $n$ 阶置换,且

$$\sigma = \begin{pmatrix} 1 & 2 & 3 & 4 & 5 \\ 2 & 1 & 4 & 5 & 3 \end{pmatrix}, \quad \tau = \begin{pmatrix} 1 & 2 & 3 & 4 & 5 \\ 3 & 4 & 5 & 1 & 2 \end{pmatrix}$$

(1)计算 $\sigma \circ \tau, \tau \circ \sigma, \sigma^{-1}, \sigma^{-1}\tau\sigma$;

(2)将 $\sigma \circ \tau, \tau \circ \sigma, \sigma^{-1}, \sigma^{-1}\tau\sigma$ 表示成不相交的轮换之积。

**24.** 设 $G = \{[1], [2], [3], [4], [5], [6]\}$,$G$ 上的二元运算 $\times_7$ 如下所示:

| $\times_7$ | [1] | [2] | [3] | [4] | [5] | [6] |
|------------|-----|-----|-----|-----|-----|-----|
| [1] | [1] | [2] | [3] | [4] | [5] | [6] |
| [2] | [2] | [4] | [6] | [1] | [3] | [5] |
| [3] | [3] | [6] | [2] | [5] | [1] | [4] |
| [4] | [4] | [1] | [5] | [2] | [6] | [3] |
| [5] | [5] | [3] | [1] | [6] | [4] | [2] |
| [6] | [6] | [5] | [4] | [3] | [2] | [1] |

问:$\langle G, \times_7 \rangle$ 是否为循环群? 若是,请找出它的生成元。

**25.** 证明有限群中阶大于 2 的元素的个数必定是偶数。

**26.** 证明一个有限非交换群至少含有 6 个元。

**27.** 证明阶为偶数的有限群中,必有奇数个阶为 2 的元素。

**28.** 已知群 $G = \langle \{1,2,3,4,5,6\}, \text{☆} \rangle$,☆是模 7 的乘法:$a \text{☆} b = (a \times b) \% 7$。试完成:

(1)画出 $\langle G, \text{☆} \rangle$ 中☆的运算表;

(2)求 $2^{-1}, 3^{-1}, 6^{-1}$。

(3)求 $\langle G, \text{☆} \rangle$ 中元素 2 的阶,及其生成的子群。

(4)$\langle G, \text{☆} \rangle$ 有没有二阶子群? 若有,请写出其陪集集合。

(5)指出哪些元素是 $\langle G, \text{☆} \rangle$ 的生成元。选取一个生成元,把每个元素都表示为其幂。

| ☆ | 1 | 2 | 3 | 4 | 5 | 6 |
|---|---|---|---|---|---|---|
| 1 | | | | | | |
| 2 | | | | | | |
| 3 | | | | | | |
| 4 | | | | | | |
| 5 | | | | | | |
| 6 | | | | | | |

**29.** 已知 8 阶群 $\langle P, \diamondsuit \rangle$ 的运算表如下，试完成以下要求：

(1)填写表中的空缺部分。

| $\diamondsuit$ | $p_0$ | $p_1$ | $p_2$ | $p_3$ | $p_4$ | $p_5$ | $p_6$ | $p_7$ |
|---|---|---|---|---|---|---|---|---|
| $p_0$ | $p_0$ | $p_1$ | $p_2$ | $p_3$ | $p_4$ | $p_5$ | $p_6$ | $p_7$ |
| $p_1$ | $p_1$ | $p_2$ | $p_3$ | $p_0$ | $p_5$ | $p_6$ | $p_7$ | $p_4$ |
| $p_2$ | $p_2$ | $p_3$ |  |  |  |  | $p_4$ | $p_5$ |
| $p_3$ | $p_3$ | $p_0$ |  | $p_2$ | $p_7$ |  | $p_5$ | $p_6$ |
| $p_4$ | $p_4$ | $p_5$ |  | $p_7$ | $p_0$ |  | $p_2$ | $p_3$ |
| $p_5$ | $p_5$ | $p_6$ |  |  |  |  | $p_3$ | $p_0$ |
| $p_6$ | $p_6$ | $p_7$ | $p_4$ | $p_5$ | $p_2$ | $p_3$ | $p_0$ | $p_1$ |
| $p_7$ | $p_7$ | $p_4$ | $p_5$ | $p_6$ | $p_3$ | $p_0$ | $p_1$ | $p_2$ |

(2)求出各元素的周期(或称元素的阶)。

| 元素 | $p_0$ | $p_1$ | $p_2$ | $p_3$ | $p_4$ | $p_5$ | $p_6$ | $p_7$ |
|---|---|---|---|---|---|---|---|---|
| 周期 |  |  |  |  |  |  |  |  |

(3) $\langle P, \diamondsuit \rangle$ 有 6 个非平凡子群。除 $H1$ 外，列出其他 5 个能构成子群的 $P$ 的子集。

| | |
|---|---|
| $H1 = \{ p_0, p_1, p_2, p_3 \}$ | $H4 = \{ \qquad \}$ |
| $H2 = \{ \qquad \}$ | $H5 = \{ \qquad \}$ |
| $H3 = \{ \qquad \}$ | $H6 = \{ \qquad \}$ |

(4)给出一条理由说明 $\langle P, \diamondsuit \rangle$ 的各个子群的左陪集就是右陪集。

给出一条理由说明 4 阶子群 $H1$ 的陪集集合只含两个集合 $B = \{b1, b2\}$。

指明 $b1, b2$ 是什么。

| |
|---|
| 左右陪集相同的理由： |
| $B = \{b1, b2\}$ 的理由： |
| $b1 =$ |
| $b2 =$ |

**30.** 若 $\langle G, * \rangle \cong \langle H, \odot \rangle$ ，$f$ 为其群同态映射，试证：

(1) $f(e_G) = e_H$ ，其中 $e_G$ 和 $e_H$ 分别为群 $G$ 和群 $H$ 的幺元。

(2)对任意的 $a \in G$ ，有 $(f(a))^{-1} = f(a^{-1})$ 。

(3)若$\langle S,*\rangle$是$\langle G,*\rangle$的子群,$f(S)=\{f(a)\,|\,a\in S\}$,则$\langle f(S),\odot\rangle$是$\langle H,\odot\rangle$的子群。

**31.** 若$\langle G,*\rangle$是循环群,$g$是其生成元,试证:

(1)若$g$的周期无限,则$\langle G,*\rangle\cong\langle \mathbf{Z},+\rangle$;

(2)若$g$的周期为$m$,则$\langle G,*\rangle\cong\langle \mathbf{Z}_m,+_m\rangle$。

**32.** 设$f$和$g$都是群$\langle G_1,\circ\rangle$到群$\langle G_2,*\rangle$的同态,令$C=\{x\,|\,x\in G_1$且$f(x)=g(x)\}$,试证:$\langle C,\circ\rangle$是$\langle G_1,\circ\rangle$的子群。

**33.** 给定群$\langle G,*\rangle$和代数系统$\langle H,\odot\rangle$,若存在从群$\langle G,*\rangle$到代数系统$\langle H,\odot\rangle$的满同态映射,试证:$\langle H,\odot\rangle$为群。

**34.** 给定群$\langle G,*\rangle$,且$a\in G$,定义$f$为$f(x)=a*x*a^{-1}$,$x\in G$,试证:$f$是$\langle G,*\rangle$到其自身的同构映射。

**35.** 设$\langle S,+,\cdot\rangle$是环,1是其乘法幺元,在$S$上定义运算$\oplus$和$\odot$:
$$a\oplus b=a+b+1,\quad a\odot b=a+b+a\cdot b$$

(1)证明$\langle S,\oplus,\odot\rangle$是一个环;

(2)给出$\langle S,\oplus,\odot\rangle$的加法幺元和乘法幺元。

**36.** 设$\langle S,+,\cdot\rangle$是环,且对任意的$a\in S$都有$a\cdot a=a$,试证:

(1)对任意的$a\in S$,都有$a+a=0$,0是加法幺元;

(2)$\langle S,+,\cdot\rangle$是可交换环。

**37.** 设$\langle S,+,\cdot\rangle$是域,$S_1\subseteq S,S_2\subseteq S$,且$\langle S_1,+,\cdot\rangle$和$\langle S_2,+,\cdot\rangle$都构成域,试证:$\langle S_1\cap S_2,+,\cdot\rangle$也构成域。

**38.** 若$\langle S,+,\cdot\rangle$与$\langle T,+,\cdot\rangle$都是环$\langle L,+,\cdot\rangle$的理想,试证:$\langle S\cap T,+,\cdot\rangle$也是环$\langle L,+,\cdot\rangle$的理想。

**39.** 证明:当$n$不为素数时,$\langle \mathbf{Z}_n,+_n,\times_n\rangle$必定含有零因子,并找出$\langle \mathbf{Z}_6,+_6,\times_6\rangle$的零因子。

**40.** 设$\langle S,+,\cdot\rangle$是环,且对任意的$a\in S$都有$a\cdot a=a$,试证:

(1)对任意的$a\in S$,都有$a+a=0$,0是加法幺元;

(2)$\langle S,+,\cdot\rangle$是可交换环。

**41.** 下列集合对于整除关系都构成偏序集,判断哪些偏序集是格:

(1)$L=\{1,2,3,4,5\}$;  (2)$L=\{1,2,3,4,6,9,12,18,36\}$;

(3)$L=\{1,2,22,\cdots,2n\}$;  (4)$L=\{1,2,3,4,5,6,7,8,9,10\}$;

**42.** D90表示90的全体因子的集合,包括1和90,D90与整除关系$\leqslant$构成格。

(1)画出格的哈斯图;  (2)计算$6\vee 10$、$6\wedge 10$、$9\vee 30$和$9\wedge 30$。

**43.** 设$S=\{1,2,4,6,9,12,18,36\}$,设$D$是$S$上的整除关系:$\langle x,y\rangle\in D\Leftrightarrow y$是$x$的倍数。

(1)证明$D$是一个偏序关系。

(2)试画出关系$D$的哈斯图,并由此说明$\langle S,D\rangle$是一个格。

(3) $D$ 是一个分配格吗？为什么？

(4) 求集合 $\{2,4,6,12,18\}$ 的下界、最大下界、最小元素及上界、最小上界和最大元素。

**44.** 请画出所有含有 5 个元素的互不同构的格,并指出其中哪些格是有补格,哪些是分配格,哪些是布尔格。

**45.** 设 $D_{30}=\{1,2,3,5,6,10,15,30\}$,$\leqslant$ 是整除关系,找出格 $\langle D_{30},\leqslant\rangle$ 中的所有原子,并找出一个含有 4 个元素的子格,使它不是布尔代数。

**46.** 设 $L=\{1,2,5,10,11,22,55,110\}$ 是 110 的正因子集合,$\leqslant$ 是整除关系,偏序集 $\langle L,\leqslant\rangle$ 是否构成布尔代数? 为什么?

**47.** 给定代数结构 $\langle F,\wedge,\vee,'\rangle$,其中 $F=\{f\mid f:N\to\{0,1\}\}$,对于任意 $f,g\in F$,有

$$f'(n)=1\Leftrightarrow f(n)=0$$
$$(f\vee g)(n)=1\Leftrightarrow f(n)=1 \text{ 或者 } g(n)=1$$
$$(f\vee g)(n)=1\Leftrightarrow f(n)=1 \text{ 且 } g(n)=1$$

试证:$\langle A,+,\times,'\rangle$ 是布尔代数。

# 第6章　图　论

　　1736年,瑞士数学家莱昂哈德·欧拉利用图论的基本思想解决了著名的哥尼斯堡七桥问题,这一问题的解决标志着图论作为一门科学的诞生。经过两百多年的发展,图论作为一个重要的数学领域,已经成为实际工程和理论研究的核心主题之一。在本章中我们将要讨论图论的基本思想和方法,并由此介绍图作为描述事物之间复杂关系的数学原型。

## 导图

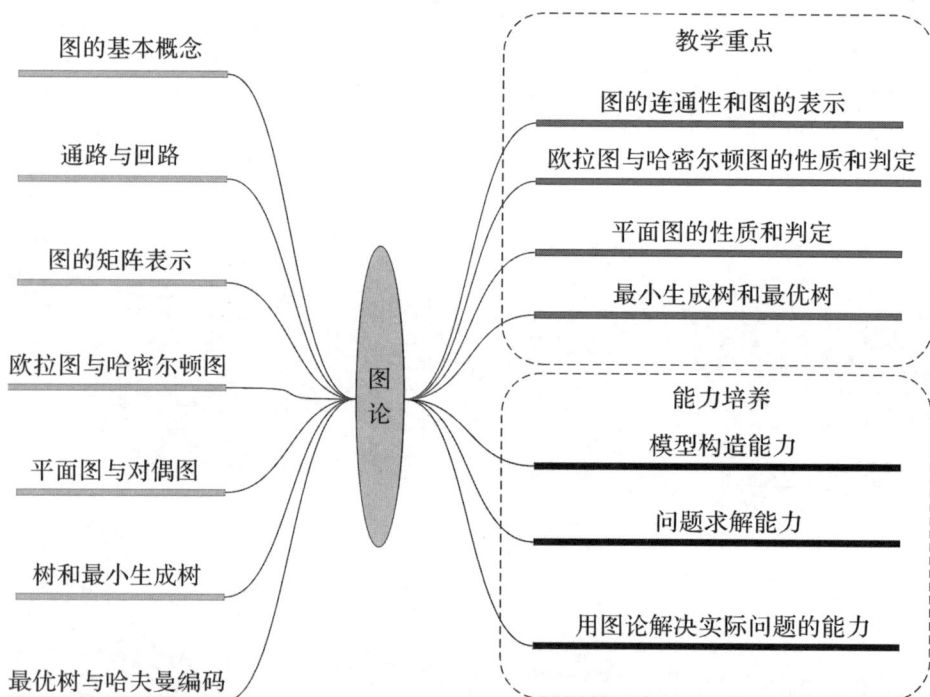

历史人物

莱昂哈德·欧拉(Leonhard Euler,1707—1783),瑞士数学家、自然科学家,1707 年 4 月 15 日出生于瑞士的巴塞尔。欧拉出生于牧师家庭,自幼受父亲的影响。他 13 岁时入读巴塞尔大学,15 岁大学毕业,16 岁获得硕士学位。1727 年,欧拉应圣彼得堡科学院的邀请到俄国。1731 年接替丹尼尔·伯努利成为物理教授。他以旺盛的精力投入研究,在俄国的 14 年中,他在分析学、数论和力学方面做了大量出色的工作。1741 年,他受普鲁士腓特烈大帝的邀请到柏林科学院工作,达 25 年之久。

欧拉不仅有顽强的毅力和孜孜不倦的治学精神,还是一位有着高风亮节又谦虚和蔼的科学家。欧拉是 18 世纪数学界最杰出的人物之一,被誉为全才数学家,他不但在数学上作出伟大贡献,而且把数学用到了几乎整个物理领域。他又是一位多产作者。他写了大量的力学、分析学、几何学、变分法的课本,《无穷小分析引论》《微分学原理》《积分学原理》都成为数学中的经典著作。除了教科书外,他的全集有 74 卷。欧拉曾任圣彼得堡科学院教授,是柏林科学院的创始人之一。他是刚体力学和流体力学的奠基者,弹性系统稳定性理论的开创人。他晚年的时候,欧洲所有的数学家都把他当作老师,著名数学家拉普拉斯曾说过:"读读欧拉,他是所有人的老师。"

威廉·哈密顿(William R. Hamilton,1805—1865),英国数学家、物理学家及天文学家。哈密顿不仅天赋异禀,而且勤奋非常。他在 17 岁时,考入了都柏林大学三一学院。在三一学院中,在名师的指导下,哈密顿超人的能力得到了充分的发展,几年下来,几乎包揽了他所涉及各类学科的所有奖项,天文光学方面的卓越表现使他备受关注。大学刚毕业,在诸多著名教授的极力推荐下,他被直接聘用为三一学院的天文学教授,而且被授予了爱尔兰皇家天文学家的称号,堪称史无前例。

哈密顿在数学研究方面的极度专注和执着,确实取得了让世界瞩目的辉煌成就。在对复数长期研究的基础上,他于 1843 年正式提出四元数这一概念,是代数学中的一项重要成果。四元数后来在计算机图形学、控制理论、信号处理、轨道力学等领域有了广泛的应用。

哈密顿图得名于哈密顿。他首次发现了这种路径的存在,并用他的名字将其命名为"哈密顿回路"或"哈密顿路径"。

## 6.1 图的基本概念

### 6.1.1 图的定义

现实世界中的许多问题可以用图来表示。我们在图论中所要讨论的图是由"点"和"线"组成的图形,这些图将"关系""联结""顺序"等概念变成模型。"点"代表某种确定的事物,它们的位置只有相对的意义,我们感兴趣的是顶点与顶点之间是否有线(即边)连接,至于点与点之间线段的长短和顶点的位置则无关紧要。

【例 6.1.1】 现有 $a,b,c,d$ 共 4 个篮球队进行友谊比赛。为了表示 4 个队之间比赛的情况,我们作出如图 6.1.1 所示的图形。在图中 4 个小圆圈分别表示这 4 个篮球队,称为顶点。如果两队进行过比赛,则在表示该队的两个顶点之间用一条线连接起来,称为边。这样利用一个图形就可以使各队之间的比赛情况一目了然。

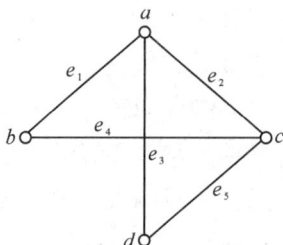

图 6.1.1 基本图示例

对于同样一个图,如果图 6.1.1 中的 4 个顶点 $a,b,c,d$ 分别表示 4 个人,当某两个人互相认识时,则将其对应点之间用边连接起来,则该图可以反映这 4 个人之间的认识关系。

这种用图形来表示事物之间关系的方法我们在第三章关系的表示中已经使用过。对它们进行数学抽象,我们就得到以下作为数学概念的图的定义。

【定义 6.1.1】 一个图 $G$ 由序偶 $\langle V,E \rangle$ 确定,记为 $G=\langle V,E \rangle$,其中,$V=\{v_1,v_2,\cdots v_n\}$ 是有限非空集合,称为 $G$ 的**顶点集**,其元素 $v_i$ 称为**顶点**;$E$ 是一个边的有限集合,称为 $G$ 的**边集**,其元素称为**边**。

【例 6.1.2】 设 $G=\langle V,E \rangle$,$V=\{a,b,c,d\}$,$E=\{e_1,e_2,e_3,e_4,e_5,e_6,e_7\}$,其中 $e_1=(a,b)$,$e_2=(a,c)$,$e_3=(b,d)$,$e_4=(b,c)$,$e_5=(c,d)$,$e_6=(a,d)$,$e_7=(b,b)$。图 $G$ 可用图 6.1.2 表示。

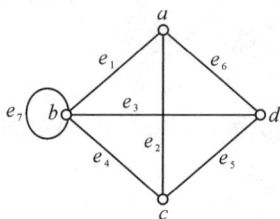

图 6.1.2 图 $G$

图的边可以用顶点的无序偶或者有序偶来表示。在这个例子中,边由顶点组成的无序序偶对构成,我们用类似于$(x,y)$这样的形式来表示。实际上,由顶点组成的序偶也可以是有序的,这就涉及下面所要介绍的无向图与有向图之间的区别。

## 6.1.2 有向图和无向图

**【定义 6.1.2】** 若边 $e_i$ 对应无序偶 $(v_j,v_k)$,其中,$v_j,v_k$ 是 $V$ 中的两个顶点,则称边 $e_i$ 为**无向边**;若边 $e_i'$ 为有序偶 $\langle v_j',v_k'\rangle$,其中,$v_j',v_k'$ 是 $V$ 中的两个顶点,则称边 $e_i'$ 为**有向边**,其中 $v_j'$ 称为边 $e_i'$ 的**起点**,$v_k'$ 称为边 $e_i'$ 的**终点**。

每一条边都是无向边的图,称为**无向图**;每一条边都是有向边的图,称为**有向图**。如果图里既存在有向边,又存在无向边,则称为**混合图**。本书中一般不讨论混合图。

**【例 6.1.3】** 如图 6.1.3 所示,图(a)为无向图,$G=\langle V_1,E_1\rangle$,其中

$$V_1=\{v_1,v_2,v_3,v_4\}, \quad E_1=\{e_1,e_2,e_3,e_4\}$$
$$e_1=(v_1,v_2), \quad e_2=(v_2,v_4), \quad e_3=(v_2,v_3), \quad e_4=(v_3,v_4)$$

图(b)为有向图,$G=\langle V_2,E_2\rangle$,其中

$$V_2=\{v_1,v_2,v_3,v_4\}, \quad E_2=\{e_1,e_2,e_3,e_4,e_5\}$$
$$e_1=\langle v_2,v_1\rangle, \quad e_2=\langle v_4,v_1\rangle, \quad e_3=\langle v_2,v_4\rangle, \quad e_4=\langle v_4,v_2\rangle, \quad e_5=\langle v_3,v_2\rangle$$

图(c)为混合图,$G=\langle V_3,E_3\rangle$,其中

$$V_3=\{v_1,v_2,v_3,v_4\}, \quad E_3=\{e_1,e_2,e_3,e_4,e_5\}$$
$$e_1=\langle v_2,v_1\rangle, \quad e_2=\langle v_4,v_1\rangle, \quad e_3=\langle v_2,v_4\rangle, \quad e_4=(v_4,v_2), \quad e_5=\langle v_3,v_2\rangle$$

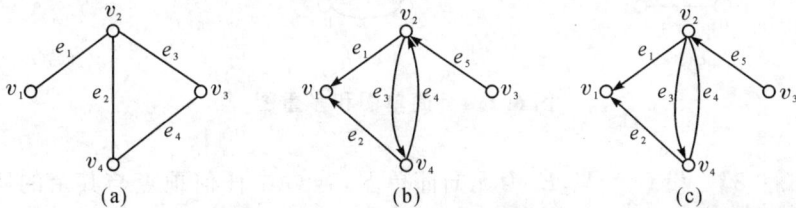

图 6.1.3 三种不同类型的图

在有向图中,有向边也可以称为**弧**。

如果一条弧 $e$ 是从顶点 $a$ 指向顶点 $b$ 的,称 $a$ 为弧 $e$ 的**起点**,$b$ 为弧 $e$ 的**终点**,弧的起点和终点统称为**端点**。称 $e$ 是**关联**于顶点 $a$ 和 $b$ 的,顶点 $a$ 和顶点 $b$ 是**邻接的**。下面列出了另外一些有关图的术语。

**邻接边**:关联于同一个顶点的两条边。

**环**:关联同一个顶点的一条边 $((v,v)$ 或 $\langle v,v\rangle)$。

**孤立顶点**:没有边与之关联的顶点。

**平行边**:连接两顶点之间的多条边。

**$n$ 阶图**:含有 $n$ 个顶点的图。对于含有 $p$ 个结点、$q$ 条边的图,通常称为 $(p,q)$ 图。

**零图**:顶点集 $V$ 非空但边集 $E$ 为空集的图。

**平凡图**:仅由一个孤立顶点构成的图。按照$(p,q)$图的叫法,平凡图实际上是$(1,0)$图。

**简单图**:任何两顶点间不多于一条边(对于有向图中,任何两顶点间不多于一条同方向弧),并且任何顶点无环。

**多重图**:两顶点间多于一条边(对于有向图中,两顶点间多于一条同向弧)。

例如,例 6.1.3 中所示图(a)可表示为 $G=\langle V,E\rangle=\langle\{v_1,v_2,v_3,v_4\},\{(v_1,v_2),(v_2,v_4),(v_2,v_3),(v_3,v_4)\}\rangle$;

图(b)可表示为 $G=\langle V,E\rangle=\langle\{v_1,v_2,v_3,v_4\},\{\langle v_2,v_1\rangle,\langle v_4,v_1\rangle,\langle v_2,v_4\rangle,\langle v_4,v_2\rangle,\langle v_3,v_2\rangle\}\rangle$;

图(c)可表示为 $G=\langle V,E\rangle=\langle\{v_1,v_2,v_3,v_4\},\{\langle v_2,v_1\rangle,\langle v_4,v_1\rangle,\langle v_2,v_4\rangle,(v_4,v_2),\langle v_3,v_2\rangle\}\rangle$。

接下来我们经常会碰到用这种表示方法表示的图。

【**例 6.1.4**】 在图 6.1.4 中,$G_1$ 是 5 阶简单图,$e_1$ 关联于顶点 $v_1$ 和 $v_2$,$v_1$ 和 $v_2$ 是边 $e_1$ 的顶点,顶点 $v_1$ 和 $v_2$ 是邻接点,边 $e_1$ 和边 $e_2$ 是邻接边;$G_2$ 是 5 阶多重图,边 $e_5$ 和边 $e_6$ 是平行边,重数为 2,其中点 $v_3$ 关联的边 $e_7$ 是环;$G_3$ 只有一个顶点,没有边,因此是平凡图。

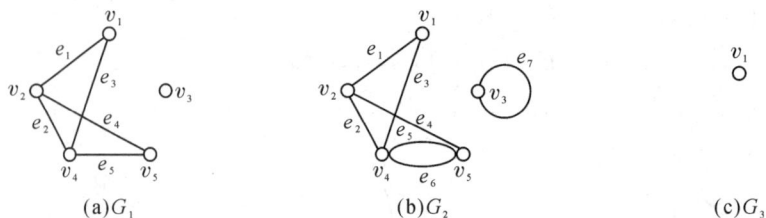

图 6.1.4 简单图和多重图

【**定义 6.1.3**】 设 $G=\langle V,E\rangle$ 为无向简单图,若 $G$ 中任何顶点与其余的所有顶点相邻,则称 $G$ 为**无向完全图**,若 $G$ 的点个数为 $n$,则称 $G$ 为 **$n$ 阶无向完全图**,记作 $K_n$。

设 $G=\langle V,E\rangle$ 为有向简单图,若对于任意的顶点 $u,v\in V$,既存在有向边 $\langle u,v\rangle$,又存在有向边 $\langle v,u\rangle$,则称 $G$ 为**有向完全图**。

本书中,$K_n$ 均指 $n$ 阶无向完全图。如图 6.1.5(a)所示即为 5 阶无向完全图;图(b)为 3 阶有向完全图。

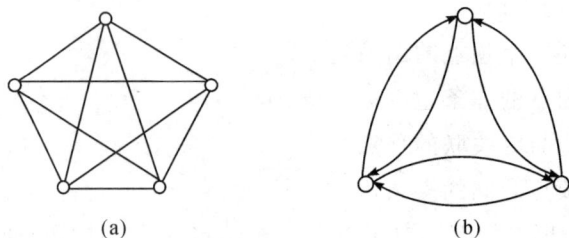

图 6.1.5 5 阶无向完全图和 3 阶有向完全图

Tips：$n$ 阶无向完全图 $K_n$ 的边数为 $C_n^2 = \dfrac{1}{2}n(n-1)$。$n$ 阶有向完全图要求每对结点之间都有一对方向相反的边，因而对于 $n$ 阶有向完全图有 $P_n^2 = n(n-1)$ 条边。

### 6.1.3　结点度数和握手定理

在图论中，我们常常需要关心图中有多少条边与某一顶点关联，这就引出了图的一个重要概念——顶点的度。

【定义 6.1.4】　在有向图中，对于任何顶点 $v$，以 $v$ 为起点的边的条数称为顶点 $v$ 的**出度**，记为 $\deg^+(v)$，或简记为 $d^+(v)$；以 $v$ 为终点的边的条数称为顶点 $v$ 的**入度**，记为 $\deg^-(v)$，或简记为 $d^-(v)$；顶点 $v$ 的出度和入度之和称为顶点 $v$ 的**度数**，记作 $\deg(v)$，或简记为 $d(v)$。在无向图中，顶点 $v$ 的度数就是与顶点 $v$ 相关联的边的条数，也记为 $\deg(v)$。若 $v$ 点有环，规定该点因环而增加 2 度。孤立顶点的度数为零。

对于无向图或有向图 $G = \langle V, E \rangle$，记：

图 $G$ 的最大度 $\Delta(G) = \max\{d(v) \mid v \in V(G)\}$，即图中所有结点度数的最大值；

图 $G$ 的最小度 $\delta(G) = \min\{d(v) \mid v \in V(G)\}$，即图中所有结点度数的最小值。

在图 6.1.6 中，

$$d(v_1) = 3, \quad d(v_2) = 4, \quad d(v_3) = 2, \quad d(v_4) = 3, \quad d(v_5) = 2$$

所以

$$\Delta(G) = 4, \quad \delta(G) = 2$$

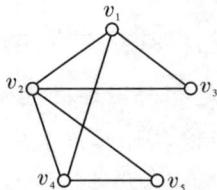

**图 6.1.6　无向图的度**

对于有向图 $G = \langle V, E \rangle$，记：

图 $G$ 的最大出度 $\Delta^+(G) = \max\{d^+(v) \mid v \in V(G)\}$，即图中所有结点出度的最大值；

图 $G$ 的最大入度 $\Delta^-(G) = \max\{d^-(v) \mid v \in V(G)\}$，即图中所有结点入度的最大值；

图 $G$ 的最小出度 $\delta^+(G) = \min\{d^+(v) \mid v \in V(G)\}$，即图中所有结点出度的最小值；

图 $G$ 的最小入度 $\delta^-(G) = \min\{d^-(v) \mid v \in V(G)\}$，即图中所有结点入度的最小值。

图 6.1.7 中的出度序列为

$$d^+(v_1) = 2, \quad d^+(v_2) = 1, \quad d^+(v_3) = 1, \quad d^+(v_4) = 1, \quad d^+(v_5) = 1, \quad d^+(v_6) = 1$$

所以

$$\Delta^+(G) = 2, \quad \delta^+(G) = 1$$

图 6.1.7 中的入度序列为

$$d^-(v_1)=1, \quad d^-(v_2)=2, \quad d^-(v_3)=0, \quad d^-(v_4)=1, \quad d^-(v_5)=1, \quad d^-(v_6)=2,$$
所以
$$\Delta^-(G)=2, \quad \delta^-(G)=0$$

图 6.1.7 中的度数序列为
$$d(v_1)=3, \quad d(v_2)=3, \quad d(v_3)=1, \quad d(v_4)=2, \quad d(v_5)=2, \quad d(v_6)=3$$
所以
$$\Delta(G)=3, \quad \delta(G)=1$$

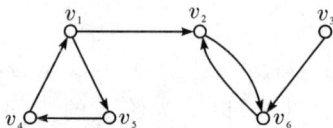

**图 6.1.7  有向图的度**

> **Tips**：度是刻画单个结点属性的最简单而又最重要的概念之一。例如，微博用户之间的关注网络、学术论文之间的引用网络等，都是我们常见的网络。将微博用户、学术论文作为结点，这些结点与其他结点之间的关注关系或者引用关系，就成为连接这些结点之间的边。如果把微博用户的被关注关系和学术论文的被引用定义为结点的入度，则结点的入度反映的就是这些结点在网络中的重要程度。

有了度的概念，我们就可以讨论结点度数和边数之间的关系。对于整个图，下面这个定理给出了结点度数跟边数之间的关系。这也是图论中的一个重要定理。

【**定理 6.1.1**】  设图 $G=\langle V, E \rangle$，则 $G$ 中结点度数之和等于边数的两倍，即
$$\sum_{v \in V} \deg(v) = 2|E|$$

**证明**  因为在任一图中，无论是有向图还是无向图，每一条边均关联着两个顶点（或两点重合于一点形成一个环），所以在计算度数时都要计算两次，故顶点的度数之和等于边数的两倍。

该定理是图论中的基本定理，通常也称为**握手定理**。此定理有一个重要推论。

【**推论 6.1.1**】  在任何图 $G=\langle V, E \rangle$ 中，度数为奇数的顶点的数目为偶数。

**证明**  设 $V_1=\{v \mid d(v)$ 为奇数$\}$ 即奇度数顶点集合，$V_2=V-V_1$ 即偶度数顶点集合，则
$$\sum_{v \in V_1} d(v) + \sum_{v \in V_2} d(v) = \sum_{v \in V} d(v) = 2|E|$$

因为偶度数顶点的度数之和 $\sum_{v \in V_2} d(v)$ 是偶数，所有顶点的度数之和 $\sum_{v \in V} d(v)$ 也是偶数，那么奇度数顶点的度数之和 $\sum_{v \in V_1} d(v)$ 也必是偶数。因为 $V_1$ 中每个顶点的度数 $d(v)$ 为奇数，故 $|V_1|$ 即奇度数顶点个数是偶数。

对有向图来说，还有下面的定理。

【**定理 6.1.2**】  设图 $G=\langle V, E \rangle$ 为有向图，则该有向图所有顶点的出度之和与所有顶点的入度之和相等，均等于该图的边数，即

$$\sum_{v \in V} d^+(v) = \sum_{v \in V} d^-(v) = |E|$$

**证明** 因为每条有向边具有 1 个起点和 1 个终点（环的起点和终点是同 1 个顶点），因此，每条有向边对应 1 个出度和 1 个入度。图 $G$ 中有 $|E|$ 条有向边，则 $G$ 中必产生 $|E|$ 个出度，这 $|E|$ 个出度即为各顶点的出度之和，$G$ 中也必产生 $|E|$ 个入度，这 $|E|$ 个入度即为各顶点的入度之和。因而，在有向图中，各顶点的出度之和等于各顶点的入度之和，都等于边数 $|E|$。

以上两个定理及推论都非常重要，希望读者能记住它们并能灵活运用。

> **Tips**：握手定理及其推论，描述了顶点与边的关系，在很多关于图的研究中都有非常重要的应用。

设 $V = \{v_1, v_2, \cdots, v_n\}$ 为图 $G$ 的顶点集，称 $(d(v_1), d(v_2), \cdots, d(v_n))$ 为 $G$ 的**度数序列**。如图 6.1.6 中所示的无向图的度数序列为 $(3, 4, 2, 3, 2)$。

**【例 6.1.5】** $(1)(5,2,3,1),(3,3,2,5,3)$ 能成为无向图的度数序列吗？为什么？

$(2)$ 已知无向图 $G$ 中有 10 条边，4 个 3 度结点，其余结点的度数都小于等于 2，问 $G$ 中至少有多少个结点？为什么？

**解** $(1)$ 由于第 1 个序列中，度数为奇数的结点个数为 3，是奇数。第 2 个序列中度数为奇数的结点个数为 4，为偶数。故由握手定理的推论可知第一个序列不能成为无向图的度数序列，而第二个序列可以成为无向图的度数序列。

$(2)$ 图中边数 $m=10$，由握手定理可知，$G$ 中各结点度数之和为 10 的 2 倍，即 20 度，其中，4 个 3 度结点占去了 12 度，还剩 8 度。由题意，剩下结点的度数均小于等于 2，故如果剩下结点度数都为 2，则还需要 4 个结点来占这 8 度，所以 $G$ 至少应该有 8 个结点，其中 4 个 3 度结点和 4 个 2 度结点。

## 6.1.4 子图和补图

为了深入研究图的性质与图的局部性质，我们需要引入两个非常重要的概念——子图和补图。

所谓子图，简单地说，就是从原来的图中适当地去掉一些边和顶点后所形成的图。子图的所有边和顶点，都必须包含于原来的图中。完整定义如下：

**【定义 6.1.5】** 设图 $G = \langle V, E \rangle$ 和图 $G' = \langle V', E' \rangle$，则有：

$(1)$ 若 $V' \subseteq V, E' \subseteq E$，则称 $G'$ 是 $G$ 的子图；

$(2)$ 若 $G'$ 是 $G$ 的子图，且 $E' \neq E$，则称 $G'$ 是 $G$ 的**真子图**；

$(3)$ 若 $V' = V, E' \subseteq E$，则称 $G'$ 是 $G$ 的**生成子图**；

$(4)$ 若 $V' \subseteq V$，且 $V' \neq \varnothing$，以 $V'$ 为顶点集，以两端点均在 $V'$ 中的全体边为边集的 $G$ 的子图，称为 $V'$ **导出的导出子图**；

$(5)$ 若 $E' \subseteq E$，且 $E' \neq \varnothing$，以 $E'$ 为边集，以 $E'$ 中边关联的顶点的全体为顶点集的 $G$

的子图,称为 $E'$ 导出的导出子图;

注意,每个图都是其本身的子图。

【例 6.1.6】 在图 6.1.8 中,$G_1,G_2,G_3$ 均是 $G$ 的真子图,其中 $G_1$ 是 $G$ 的由边集 $E_1=\{e_1,e_2,e_3,e_4\}$ 导出的子图 $G[E_1]$;$G_2$ 是 $G$ 的生成子图;$G_3$ 是由 $G$ 的顶点集 $V_3=\{a,d,e\}$ 导出的导出子图 $G[V_3]$,同时也是由边集 $E_3=\{e_4,e_5\}$ 导出的导出子图 $G[E_3]$。

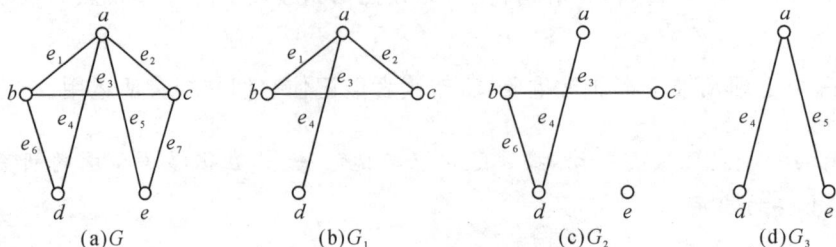

图 6.1.8　无向图的真子图

如图 6.1.9 所示,$G_1$ 是 $G$ 的真子图但不是生成子图,$G_2$ 则是 $G$ 的生成子图。

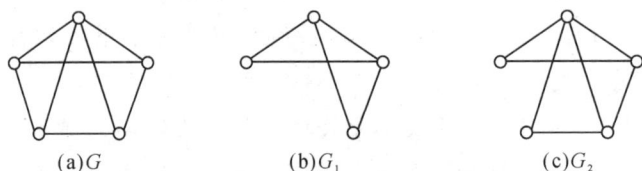

图 6.1.9　无向图的真子图和生成子图

【定义 6.1.6】 设 $G=\langle V,E\rangle$ 是 $n$ 阶无向简单图,以 $V$ 为顶点集有 $n$ 个顶点,图 $\overline{G}=\langle V,E'\rangle$ 也有同样的顶点,而 $E'$ 是由 $n$ 个顶点的无向完全图的边删去 $E$ 所得,则图 $\overline{G}$ 称为图 $G$ 的补图。

> **Tips**:注意此处图 $\overline{G}$ 称为图 $G$ 的补图,表示相对于完全图的补图。更严格地讲,$G$ 和 $G$ 的相对于完全图的补图 $\overline{G}$ 满足的性质是,$\overline{G}$ 的点集和 $G$ 的点集相同,但是 $\overline{G}$ 的边集和 $G$ 的边集,交集为空集,并集等于 $V$ 作为顶点集所对应的完全图的边集。

有向简单图的补图可进行类似定义。

【例 6.1.7】 在图 6.1.10 中,(a)是(b)的补图,当然(b)也是(a)的补图,就是说,(a)、(b)互为补图。同样地,在图 6.1.11 中,(a)、(b)互为补图。

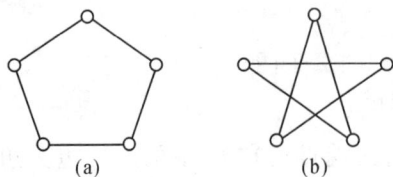

图 6.1.10　无向图的补图　　　图 6.1.11　有向图的补图

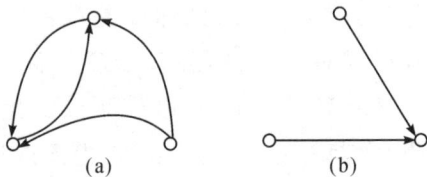

Tips：在此，还有一点值得注意，图 6.1.10 中的 (a)、(b) 根据下一节的定义，它们本质上是同构的，所以 (a) 和 (b) 是自身的补图，因而可以称为自补图。

### 6.1.5 图的同构

如前所述，在图论中顶点的具体位置和边的几何形状是无关紧要的，因此表面上看起来完全不同的图形可能表示的是一个图。为了判断不同的图形是否反映同一个图形的性质，我们给出图的同构的概念。

【定义 6.1.7】 设有两个图 $G_1 = \langle V_1, E_1 \rangle$，$G_2 = \langle V_2, E_2 \rangle$，如果存在双射函数 $f: V_1 \to V_2$，使得 $(v_i, v_j) \in E_1$ 当且仅当 $(f(v_i), f(v_j)) \in E_2$（或者对于有向图有 $\langle v_i, v_j \rangle \in E_1$ 当且仅当 $\langle f(v_i), f(v_j) \rangle \in E_2$），且它们的重数相同，则称图 $G_1$ 与 $G_2$ 同构，记作 $G_1 \cong G_2$。

【例 6.1.8】 图 6.1.12 中 $G_1 \cong G_2$，其中 $f: V_1 \to V_2$，$f(v_i) = u_i (i = 1, 2, \cdots, 6)$。$G_3 \cong G_4$，其中 $f: V_3 \to V_4$，$f(v_1) = u_3$，$f(v_2) = u_1$，$f(v_3) = u_2$。

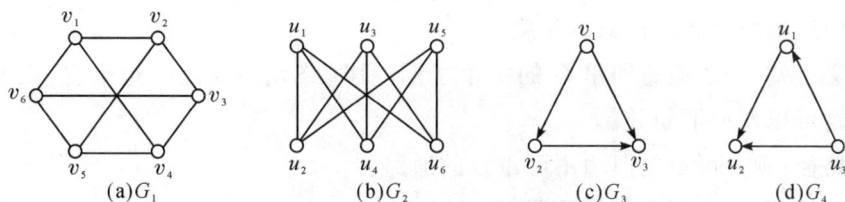

图 6.1.12 图的同构

【定理 6.1.3】 两个同构的图必定满足：顶点数相同，边数相同，度数序列相同。

注意，定理 6.1.3 所描述的只是两图同构的必要条件而非充分条件，如图 6.1.13 中的 (a)、(b) 满足上述三个条件，但我们仔细观察两个图，可以看出，对于图 (a) 中的任一顶点，与该点邻接的三个顶点间彼此均不邻接，如顶点 $a$，与其相邻接的顶点有三个，分别是 $bcf$，这三个顶点彼此之间均是互不相邻的。而对于图 (b) 中的任一顶点，与该点邻接的三个顶点中有两个是邻接点，如顶点 $a$，与其相邻接的顶点有三个，分别是点 $b, c, f$，这三个顶点中可以看到 $c$ 和 $f$ 是相邻的。所以它们是不同构的。

我们看到，图 (c) 中度数为 3 的结点 $b$，仅与 1 个 2 度结点 $c$ 邻接，而图 (d) 中度数为 3 的结点 $c$，却与 2 个 2 度结点 $b$ 和 $e$ 邻接。显然，图 (c) 和图 (d) 是不同构的。不过我们可以看出图 (c) 和图 (e) 却是同构的，读者可以思考一下为什么。

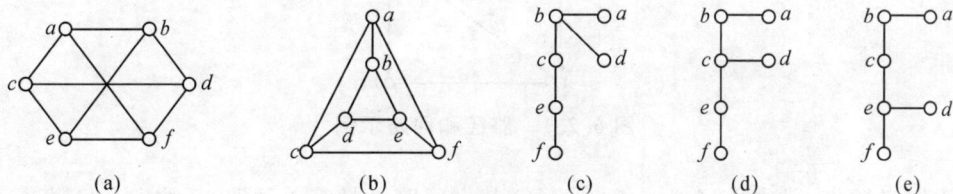

图 6.1.13 不同构的图例

**Tips:**同构的必要条件而非充分条件告诉我们,到目前为止,判断两图是否同构还只能从定义出发,判断过程中千万不要将上述两图同构的必要条件当成充分条件。

## 6.2 图的连通性

### 6.2.1 通路与回路

在无向图(或有向图)的研究中,常常考虑从一个顶点出发,沿着一些边连续移动而达到另一个指定顶点,这种依次由顶点和边组成的序列,便形成了通路的概念。

【定义 6.2.1】 给定图 $G=\langle V,E \rangle$,设 $v_0,v_1,\cdots,v_k \in V$,$e_1,e_2,\cdots,e_k \in E$,其中 $e_i$ 是关联于顶点 $v_{i-1}$ 和 $v_i$ 的边。若该图是无向图,则交替序列 $v_0 e_1 v_1 e_2 \cdots e_k v_k$ 为连接 $v_0$ 与 $v_k$ 的无向通路;若该图是有向图,则交替序列 $v_0 e_1 v_1 e_2 \cdots e_k v_k$ 为从 $v_0$ 到 $v_k$ 的有向通路。$v_0$ 与 $v_k$ 分别称为通路的**起点**与**终点**。

通路中边的数目 $k$ 称作路的**长度**。

由定义可知,一条通路即是 $G$ 的一个子图,且通路允许经过的边重复,因此根据不同要求通路可以作如下划分。

**简单路径**:顶点可重复但边不可重复的通路。

**基本路径**:顶点不可重复的通路。

**回路**:起点 $v_0$ 和终点 $v_n$ 相重合(即 $v_0 = v_n$)的路径。

**简单回路**:边不重复的回路(顶点数大于等于 3)。

**基本回路**:顶点不可重复(仅起点、终点重复)的回路。

【例 6.2.1】 在图 6.2.1 中:

(1)$P_1 = (v_1 e_1 v_2 e_7 v_5)$ 是一条基本路径,也是一条简单路径。

(2)$P_2 = (v_2 e_2 v_3 e_3 v_3 e_4 v_1 e_1 v_2)$ 是一条简单路径但非基本路径,因为顶点 $v_3$ 经过了 2 次。

(3)$P_3 = (v_4 e_6 v_2 e_7 v_5 e_8 v_4)$ 是一条回路。

(4)$P_4 = (v_2 e_7 v_5 e_8 v_4 e_6 v_2)$ 是一条基本回路,也是一条简单回路。

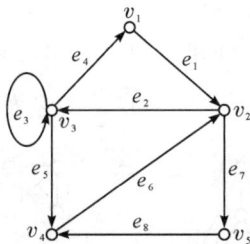

图 6.2.1 路径和回路示例

由定义可知,基本路径必是简单路径,基本回路必是简单回路,反之则均不真。非简单路径称为**复杂路径**。在应用中,特别是在不产生歧义的情况下,常用边序列或结点序列表示通路,如例 6.2.1 中 $P_4 = (v_2 e_7 v_5 e_8 v_4 e_6 v_2)$ 可表示为 $e_7 e_8 e_6$;对于简单图,因为指定 2 个顶点,则这 2 个顶点之间只能有一条边相连,所以简单图亦可用顶点序列表示通路,这样更方便。

一个图的通路和回路有下面的定理和推论中给出的性质。我们仅给出定理 6.2.1 的证明,后续的证明从略。

【定理 6.2.1】 在一个 $n$ 阶图中,若从顶点 $v_i$ 到 $v_j (v_i \neq v_j)$ 存在通路,则从 $v_i$ 到 $v_j$ 存在长度小于等于 $n-1$ 的通路。

**证明** 设 $v_{i0} v_{i1} \cdots v_{ik}$ 是从 $v_i$ 到 $v_j$ 的长度为 $k$ 的一条通路,其中 $v_{i0} = v_i, v_{ik} = v_j$,此通路上有 $k+1$ 个顶点。

若 $k \leq n-1$,这条通路即为所求。

若 $k > n-1$,则此通路上的顶点数 $k+1 > n$,由抽屉原理知,必存在一个顶点在此通路中不止一次出现,设 $v_{is} = v_{it}$,其中,$0 \leq s < t \leq k$。

删除 $v_{is}$ 到 $v_{it}$ 中间的通路,至少去掉一条边,得通路 $v_{i0} v_{i1} \cdots v_{is} v_{it+1} \cdots v_{ik}$,此通路比原通路的长度至少少 1。

如此重复进行下去,一定可以得到一条从 $v_i$ 到 $v_j$ 的长度不大于 $n-1$ 的通路。

【推论 6.2.1】 在一个 $n$ 阶图中,若从顶点 $v_i$ 到 $v_j (v_i \neq v_j)$ 存在通路,则从 $v_i$ 到 $v_j$ 存在长度小于等于 $n-1$ 的基本路径。

【定理 6.2.2】 在一个 $n$ 阶图中,如果存在顶点 $v_i$ 到自身的回路,则从 $v_i$ 到自身存在长度小于等于 $n$ 的回路。

【推论 6.2.2】 在一个 $n$ 阶图中,如果顶点 $v_i$ 到自身存在一条简单回路,则从 $v_i$ 到自身存在长度小于等于 $n$ 的基本回路。

## 6.2.2 无向图的连通性

【定义 6.2.2】 在无向图 $G$ 中,若顶点 $v_i$ 与 $v_j$ 之间存在通路(同时在顶点 $v_j$ 到 $v_i$ 之间也存在通路),则称 $v_i$ 与 $v_j$ 是连通的,规定任意顶点到自身都是连通的。

例如,在图 6.2.2 的 $G_1$ 中,$v_1$ 和 $v_4$,$v_3$,$v_5$ 等都是连通的,但 $v_1$ 和 $v_2$ 就是不连通的。

设 $v_i, v_j$ 是无向图 $G$ 中的任意两个顶点,若 $v_i$ 和 $v_j$ 是连通的,则称 $v_i$ 与 $v_j$ 之间长度最短的通路为 $v_i$ 与 $v_j$ 之间的**短程线**,短程线的长度称为 $v_i$ 与 $v_j$ 之间的**距离**,记作 $d(v_i, v_j)$,显然有,$d(v_i, v_j) = d(v_j, v_i)$,即两个连通的顶点之间的距离是相等的。

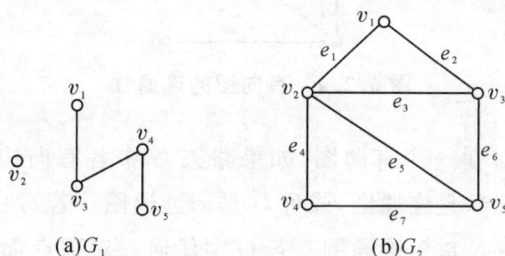

图 6.2.2 无向图的连通性

例如，在图 6.2.2 的 $G_2$ 中，$v_1$ 与 $v_4$ 之间的短程线为 $(v_1e_1v_2e_4v_4)$，所以 $d(v_1,v_4)=2$，$v_2$ 与 $v_5$ 之间的短程线为 $(v_2e_5v_5)$，所以 $d(v_2,v_5)=1$。

**【定义 6.2.3】** 若无向图 $G$ 是平凡图，或 $G$ 中任意两个顶点都是连通的，则称 $G$ 为**连通图**；否则，称 $G$ 是**非连通图**。

在图 6.2.3 中，$G_1$ 为连通图，$G_2$ 则为非连通图。

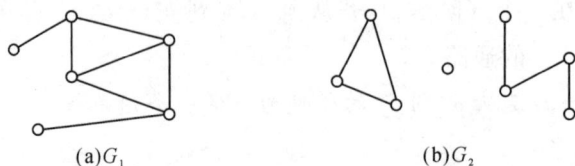

$(a)G_1$ $(b)G_2$

**图 6.2.3　连通图和非连通图**

## 6.2.3　有向图的连通性

**【定义 6.2.4】** 在一个有向图 $G$ 中，若从顶点 $v_i$ 到 $v_j$ 存在有向通路，则称 $v_i$ **可达** $v_j$。若 $v_i$ 可达 $v_j$，同时 $v_j$ 可达 $v_i$，则称 $v_i$ **与** $v_j$ **相互可达**。规定 $v_i$ 到自身总是可达的。

设 $v_i,v_j$ 为有向图 $G$ 中任意两点，若 $v_i$ 可达 $v_j$，则称从 $v_i$ 到 $v_j$ 长度最短的通路为 $v_i$ **到** $v_j$ **的短程线**，短程线的长度称为 $v_i$ **到** $v_j$ **的距离**，记作 $d\langle v_i,v_j\rangle$。若不可达，规定 $d\langle v_i,v_j\rangle=\infty$。$d\langle v_i,v_j\rangle$ 具有下列性质：

(1) $d\langle v_i,v_j\rangle\geqslant 0$，当 $v_i=v_j$ 时，不等式的等号成立；

(2) 满足三角不等式，即

$$d\langle v_i,v_j\rangle+d\langle v_j,v_k\rangle\geqslant d\langle v_i,v_k\rangle$$

注意，即使 $v_i$ 与 $v_j$ 是相互可达的，也可能 $d\langle v_i,v_j\rangle\neq d\langle v_j,v_i\rangle$。

例如在图 6.2.4 中，$v_1$ 可达 $v_2$，$v_1$ 到 $v_2$ 的距离 $d\langle v_1,v_2\rangle=1$，$v_2$ 可达 $v_1$，$v_2$ 到 $v_1$ 的距离为 $d\langle v_2,v_1\rangle=2$，所以 $v_1$ 和 $v_2$ 相互可达。$v_5$ 可达 $v_2$，但 $v_2$ 不可达 $v_5$。

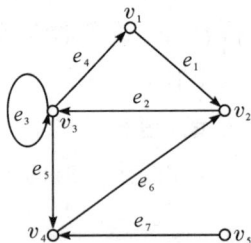

**图 6.2.4　有向图的连通性**

**【定义 6.2.5】** 设 $G$ 是一个有向图，如果略去 $G$ 中各有向边的方向后所得无向图 $G'$ 是连通图，则称有向图 $G$ 是**连通图**，或称 $G$ 是**弱连通图**。若 $G$ 中任意两个顶点至少一个到另一个可达，则称 $G$ 是**单侧连通图**。若 $G$ 中任何一对顶点都是相互可达的，则称 $G$

是**强连通图**。

例如在图 6.2.5 中,图(a)是强连通图,图(b)是单侧连通图,图(c)是弱连通图。

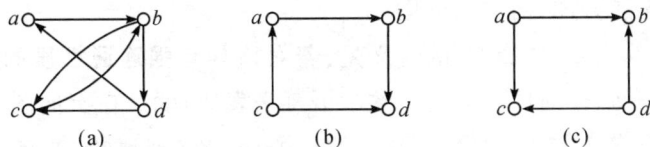

**图 6.2.5  强连通图单侧连通图及弱连通图**

注意,强连通图一定是单侧连通图,单侧连通图一定是弱连通图,反之则不成立。下面这个定理给出了判断一个有向简单图是否为强连通图,或者是否为单侧连通图的方法。

**【定理 6.2.3】**  一个有向图是强连通的,当且仅当该图中有一个回路,它至少包含每个顶点一次。

**证明**  (1)充分性:如 $G$ 中有一个经过每个顶点至少一次的回路,则 $G$ 中任意两个顶点都是相互可达的,故 $G$ 是强连通图。

(2)必要性:由 $G$ 的强连通性可知,$v_i \rightarrow v_{i+1}$,$i=1,2,\cdots,n-1$。

设 $\Gamma_i$ 为 $v_i$ 到 $v_{i+1}$ 的通路。又因为 $v_n \rightarrow v_1$,设 $\Gamma_n$ 为 $v_n$ 到 $v_1$ 的通路,则 $\Gamma_1,\Gamma_2,\cdots,\Gamma_{n-1},\Gamma_n$ 所围成的回路经过 $G$ 中每个顶点至少一次。

在图 6.2.5 中,图(a)有一个经过每个顶点的回路 $abdcba$,故而图(a)是强连通的;图(b)有一条经过每一顶点的路 $abcd$,但是没有回路,所以图(b)是单侧连通的。

我们再来看下面这个例子:

如图 6.2.6 所示,有向图 $G=\langle V,E \rangle$ 是一个单侧连通图,但不是强连通的。但是该有向图的某些部分(子图)可能是强连通的。例如,取 $V$ 的子集 $V'=\{v_1\}$ 构成一个零图 $G'=\langle \{v_1\},\varnothing \rangle$。显然,由于顶点 $v_1$ 到自身是可达的,所以图 $G'$ 是图 $G$ 的一个强连通子图。但是否还存在一个包含该子图,而且包含 $G$ 中更多顶点的子图也是强连通的呢?实际上取 $V$ 的子集 $V''=\{v_1,v_2,v_3\}$ 以及同时关联于 $V''$ 中的点的三条边(即 $E''=\{\langle v_1,v_2 \rangle,\langle v_2,v_3 \rangle,\langle v_3,v_1 \rangle\}$)组成的子图 $G''=\langle V'',E'' \rangle (G' \subseteq G'')$ 就是一个满足条件的包含更多顶点的强连通子图。继续观察,$G$ 中不存在其他包含 $G''$ 且强连通的子图。像 $G''$ 这样的子图,不能再增加新的顶点和边,使得新生成的子图中任意两点相互可达,我们把它叫作**强分图**。

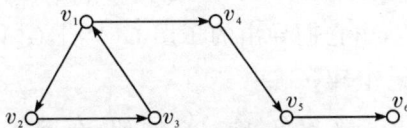

**图 6.2.6  单侧连通图**

**【定义 6.2.6】** 在有向图 $G$ 中,具有强连通性的最大子图称为**强连通分图**,简称**强分图**;具有单侧连通性的最大子图称为**单侧连通分图**,简称**单侧分图**;具有弱连通性的最大子图称为**弱连通分图**,简称**弱分图**。

实际上,定义 6.2.6 中"最大"的含义是:若对该具有**强连通性质**的子图再加入其他顶点,它便不再具有强连通性。如果用数学语言来表达,就是在有向图 $G=\langle V,E\rangle$ 中,存在一个点集 $V$ 的子集 $V'\subseteq V$,如果 $V'$ 导出的子图 $G'$ 是强连通的,若有 $G$ 的子图 $G''$ 满足 $G''\subseteq G, G'\subseteq G''$ 且 $G''$ 也是强连通的,则必有 $G'=G''$,那么 $G'$ 称为图 $G$ 的强连通分图,简称强分图。

**【例 6.2.2】** 在图 6.2.7 中,有:

强分图包括 $\{v_1,v_2,v_3\}$,$\{v_4\}$,$\{v_5\}$,$\{v_6\}$,$\{v_7\}$ 等点集各自导出的子图;

单侧分图包括 $\{v_1,v_2,v_3,v_4,v_5\}$,$\{v_5,v_6\}$,$\{v_7\}$ 等点集各自导出的子图;

弱分图包括 $\{v_1,v_2,v_3,v_4,v_5,v_6\}$,$\{v_7\}$ 等点集各自导出的子图。

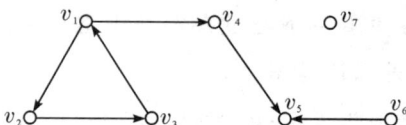

图 6.2.7　不同类型连通分图比较

对于强分图,有如下的定理。

**【定理 6.2.4】** 有向图 $G=\langle V,E\rangle$ 中,每个顶点在且仅在一个强分图中。

**证明**　(1)假设 $v\in V$,令 $S$ 是 $G$ 中所有与 $v$ 相互可达的顶点的集合,当然 $v$ 也在 $S$ 中,而 $S$ 是 $G$ 的一个强分图,因此 $G$ 的每一顶点必位于一个强分图中。

(2)假设 $v$ 位于两个不同的强分图 $S_1$ 与 $S_2$ 之中,因为 $S_1$ 中每个结点与 $v$ 相互可达,而 $v$ 与 $S_2$ 中每个顶点也相互可达,故 $S_1$ 中任意一个结点与 $S_2$ 中任意一个结点通过 $v$ 都相互可达,与 $S_1$ 为强分图矛盾,因而任意一个结点只能属于一个强分图。

## 6.2.4　点割集与割点

关于图的连通性,有两个重要的概念:点割集和边割集。我们将分别予以介绍。

设 $G=\langle V,E\rangle$ 是一个无向图,如果我们在 $G$ 的顶点集 $V$ 上定义一个二元关系 $R$:

$$R=\{\langle u,v\rangle \mid u,v\in V \text{ 且 } u \text{ 与 } v \text{ 是连通的}\}$$

容易证明,$R$ 是自反的、对称的、传递的,即 $R$ 是一个等价关系,于是 $R$ 可将 $V$ 划分成若干个非空子集:$V_1,V_2,\cdots,V_k$,由它们导出的子图 $G[V_1],G[V_2],\cdots,G[V_k]$ 称为 $G$ 的**连通分支**,其连通分支的个数记作 $W(G)$。

显然,$G$ 是连通图,当且仅当 $W(G)=1$。例如,在图 6.2.8 中,$G_1$ 的连通分支数 $W(G)=1$,$G_2$ 的连通分支数 $W(G_2)=3$。

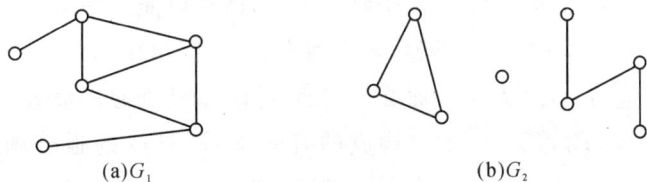

图 6.2.8　连通分支

**【定义 6.2.7】**　设无向图 $G=\langle V,E\rangle$，若存在顶点集 $V'\subset V$，使得 $G$ 删除 $V'$（将 $V'$ 中顶点及其关联的边都删除）后，所得子图 $G-V'$ 不连通（即连通分支数满足 $W(G-V')>W(G)$），而对于删除 $V'$ 的任何真子集 $V''$ 后，均有 $G-V''$ 仍连通（即 $W(G-V'')=W(G)$），则称 $V'$ 是 $G$ 的一个**点割集**。如果 $G$ 的某个点割集中只有一个顶点，则称该点为**割点**。

在图 6.2.9(a) 中，$\{f,g\}$，$\{d,g\}$，$\{a,c,d\}$，$\{b,e\}$ 等均是点割集，因为删除上述点割集的任何子集，图都仍然连通；因为图的点割集都不止一个顶点，因而不存在割点。需要注意的是，$\{b,e,f\}$ 或 $\{b,e,a\}$ 等都不是点割集，因为其真子集 $\{b,e\}$ 已经是点割集。在图 6.2.9(b) 中，$v_3$ 和 $v_5$ 都是割点。

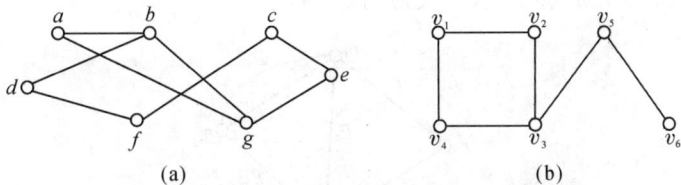

图 6.2.9　点割集例

> **Tips**：点割集的定义要求删除顶点集 $V'$ 的全部顶点才不连通，而对于删除 $V'$ 的任何真子集 $V''$ 后，$G-V''$ 仍连通。

## 6.2.5　边割集和割边

**【定义 6.2.8】**　设无向图 $G=\langle V,E\rangle$，若存在边集的子集 $E'\subset E$，使得 $G$ 删除 $E'$（将 $E'$ 中的边从 $G$ 中全删除）后，所得子图 $G-E'$ 不连通（即所得子图的连通分支数与 $G$ 的连通分支数满足 $W(G-E')>W(G)$），而若删除 $E'$ 的任何真子集 $E''$ 后，均有 $G-E''$ 连通（即 $W(G-E'')=W(G)$），则称 $E'$ 是 $G$ 的一个**边割集**。如果 $G$ 的某个边割集中只有一条边，则称该边为**割边**或**桥**。

在图 6.2.9(a) 中，$\{(c,f),(e,g)\}$，$\{(d,f),(e,g)\}$ 等均是边割集，因为图的边割集都不止一条边，所以图中不存在割边。$\{(c,f),(e,g),(c,e)\}$ 不是边割集，因为其真子集 $\{(c,f),(e,g)\}$ 已经是边割集。在图 6.2.9(b) 中，$(v_3,v_5)$ 和 $(v_5,v_6)$ 都是割边。

下面介绍一个有向图的连通性在计算机系统中的应用。

在多道程序的计算机系统中，在同一时间内几个程序要穿插执行，各程序对资源

（指 CPU 内存、外存输入/输出设备编译程序等）的请求可能出现冲突。如果我们用顶点来表示资源，若有一程序 $P_1$ 占有资源 $r_1$，而对资源 $r_2$ 提出申请，则用从 $r_1$ 引向 $r_2$ 的有向边表示，并标定边 $\langle r_1, r_2 \rangle$ 为 $P_1$，那么任一瞬间计算机资源的状态图，就是由顶点集 $\{r_1, r_2, \cdots, r_n\}$ 和边集 $\{P_1, P_2, \cdots, P_m\}$ 构成的有向图 $G$，图 $G$ 的强分图反映一种死锁现象。最简单的死锁现象如：程序 $P_1$ 占有 $r_1$ 对 $r_2$ 提出申请；$P_2$ 占有 $r_2$ 对 $r_3$ 提出申请；而 $P_3$ 占有 $r_3$ 对 $r_1$ 提出申请，在这种情况下，结果只能是"你等我，我等你"，互相等待，$P_1$ 和 $P_2$ 将长期得不到执行，这就是死锁现象。这是操作系统要避免出现的事件。我们可用有向图来模拟对资源的请求，从而便于检出和纠正死锁状态。

设 $A_t = \{P_1, P_2, P_3, P_4\}$ 是 $t$ 时刻运行的程序集合，$R_t = \{r_1, r_2, r_3, r_4\}$ 是 $t$ 时刻所需的资源集合。

$P_1$ 据有资源 $r_4$ 且请求资源 $r_1$；

$P_2$ 据有资源 $r_1$ 且请求资源 $r_2, r_3, r_4$；

$P_3$ 据有资源 $r_3$ 且请求资源 $r_4$；

$P_4$ 据有资源 $r_2$ 且请求资源 $r_3$。

于是可画出如图 6.2.10 所示的资源分配图。

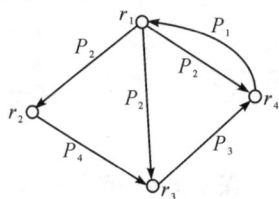

图 6.2.10　资源分配图

显然，当分配图上包含有结点数目大于 1 的强分图时就要发生死锁现象。理论上，纠正死锁的策略就是重新分配资源，以使分配图不含强分图。图 6.2.10 表示一个死锁状态，因它本身是一个强连通分图。更多的关于死锁的内容，读者会在操作系统的相关课程中学到。

# 6.3　图的矩阵表示

给定一个图 $G = \langle V, E \rangle$，可以用集合来描述，用集合描述图的优点是精确，但抽象不易理解。也可以用图形表示，使用图形表示法很容易把图的结构直观地展现出来。但是这种表示法在顶点与边的数目很多时是不方便的。图的矩阵表示法不仅克服了集合和图形表示法的不足，而且这种表示方法使得我们能把图用矩阵存储在计算机中，利用矩阵的运算还可以了解到它的一些有关性质，以达到研究图的目的。现代计算机技术中，为了处理大规模的图结构，绝大部分处理工具都采用矩阵的形式存储图，并基于图矩阵开发出了很多对图进行高效分析和计算的工具。

由于矩阵的行列有固定的顺序，因此在用矩阵表示图之前，必须将图的顶点和边（如果需要）编号，若不具体说明排序，则默认为书写集合 $V$ 时顶点的顺序。本节中，主要讨论图的邻接矩阵、可达矩阵和关联矩阵。

## 6.3.1　邻接矩阵

【定义 6.3.1】　设 $G=\langle V,E\rangle$ 是 $n$ 阶图，$V=\{v_1,v_2,\cdots,v_n\}$，则 $n$ 阶方阵 $A(G)=(a_{ij})_{n*n}$ 称为 $G$ 的**邻接矩阵**。

当 $G$ 是无向简单图时，则在 $G$ 的邻接矩阵中：

$$a_{ij}=\begin{cases}1, & v_i \text{ 和 } v_j \text{ 邻接}\\ 0, & v_i \text{ 和 } v_j \text{ 不邻接}\end{cases}$$

【例 6.3.1】　如图 6.3.1 所示，其邻接矩阵 $A$ 为：

$$A=\begin{pmatrix}0 & 1 & 1 & 1 & 1\\ 1 & 0 & 1 & 0 & 0\\ 1 & 1 & 0 & 1 & 0\\ 1 & 0 & 1 & 0 & 1\\ 1 & 0 & 0 & 1 & 0\end{pmatrix}$$

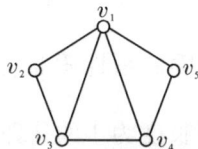

图 6.3.1　邻接矩阵示例

从这个例子可以看出，由于对于无向图，如果顶点 $v_i$ 与 $v_j$ 邻接，则 $v_j$ 与 $v_i$ 也是邻接的，故无向简单图的邻接矩阵是关于对角线对称的。在这个例子中，我们是按 $v_1 v_2 v_3 v_4 v_5$ 的顺序排列来写邻接矩阵的。

邻接矩阵也可以用来表示有向图。若有向图 $G=\langle V,E\rangle$ 有从顶点 $v_i$ 到 $v_j$ 的边，则它的矩阵在 $(i,j)$ 位置上为 1。换句话说，$n$ 阶方阵 $A(G)=(a_{ij})_{n*n}$ 称为有向图 $G$ 的邻接矩阵，则

$$a_{ij}=\begin{cases}1, & \langle v_i,v_j\rangle\in E\\ 0, & \langle v_i,v_j\rangle\notin E\end{cases}$$

因为从顶点 $v_i$ 到 $v_j$ 有边时，$v_j$ 到 $v_i$ 不一定有边，所以有向图的邻接矩阵不一定是对称的。

同样，邻接矩阵也可以用来表示无向（或有向）多重图或者带环的图，其中矩阵中的元素 $a_{ij}$ 是顶点 $v_i$ 到顶点 $v_j$ 的边的条数。

【例 6.3.2】　如图 6.3.2 所示，其邻接矩阵 $A$ 为：

$$A=\begin{pmatrix}1 & 2 & 0 & 0\\ 0 & 0 & 1 & 0\\ 1 & 0 & 0 & 1\\ 0 & 0 & 1 & 0\end{pmatrix}$$

可以看出，在描述图的时候，给出了图 $G$ 的邻接矩

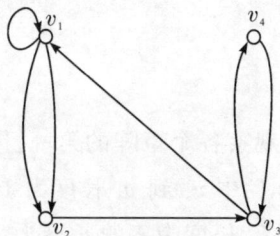

图 6.3.2　邻接矩阵示例

阵,就等于给出了图 $G$ 的全部信息。图的性质可以由邻接矩阵 $A$ 通过运算而获得。

这里有几个特殊的图矩阵实例。例如,零图的邻接矩阵元素全为零,称为零矩阵;每一顶点都有自环而无其他边的图的邻接矩阵是单位矩阵。

对于有向图的邻接矩阵,我们可以总结出下面的性质。

性质 1：

$$\sum_{j=1}^{n} a_{ij} = d^{+}(v_i)$$

即矩阵第 $i$ 行的和等于顶点 $v_i$ 的出度,于是有：

$$\sum_{i=1}^{n}\sum_{j=1}^{n} a_{ij} = \sum_{i=1}^{n} d^{+}(v_i) = m$$

性质 2：

$$\sum_{i=1}^{n} a_{ij} = d^{-}(v_i)$$

即矩阵第 $j$ 列的和等于顶点 $v_i$ 的入度,于是有：

$$\sum_{i=1}^{n}\sum_{j=1}^{n} a_{ij} = \sum_{j=1}^{n}\sum_{i=1}^{n} a_{ij} = \sum_{i=1}^{n} d^{-}(v_i) = m$$

性质 3：由性质 1、性质 2 不难看出,$A(G)$ 中所有元素的和为 $G$ 中边的总数,也可看成是 $G$ 中长度为 1 的通路个数,而 $\sum_{i=1}^{n} a_{ii}$ 为 $G$ 中环的总数,即 $G$ 中长度为 1 的回路个数。

那么 $G$ 中长度大于等于 2 的通路数和回路数应如何计算呢?为此,考虑 $A^{l}(G)$(简记为 $A^{l}$),这里

$$A^{l} = (a_{ij}^{(l)})_{n \times n}, \quad a_{ij}^{(l)} = \sum_{k=1}^{n} a_{ik}^{(l-1)} * a_{kj}$$

则 $a_{ij}^{(l)}$ 为顶点 $v_i$ 到 $v_j$ 长度为 $l$ 的通路数,$a_{ii}^{(l)}$ 为顶点 $v_i$ 到自身的长度为 $l$ 的回路数。$A^{l}$ 中所有元素之和为 $G$ 中长度为 $l$ 的总通路数,而 $A^{l}$ 中对角线上元素之和为 $G$ 中各顶点的长度为 $l$ 的总回路数。

【例 6.3.3】 考虑例 6.3.2 中图 6.3.2 的邻接矩阵。计算 $A^2, A^3, A^4$ 有：

$$A = \begin{pmatrix} 1 & 2 & 0 & 0 \\ 0 & 0 & 1 & 0 \\ 1 & 0 & 0 & 1 \\ 0 & 0 & 1 & 0 \end{pmatrix}, \quad A^2 = \begin{pmatrix} 1 & 2 & 2 & 0 \\ 1 & 0 & 0 & 1 \\ 1 & 2 & 1 & 0 \\ 1 & 0 & 0 & 1 \end{pmatrix}$$

$$A^3 = \begin{pmatrix} 3 & 2 & 2 & 2 \\ 1 & 2 & 1 & 0 \\ 2 & 2 & 2 & 1 \\ 1 & 2 & 1 & 0 \end{pmatrix}, \quad A^4 = \begin{pmatrix} 5 & 6 & 4 & 2 \\ 2 & 2 & 2 & 1 \\ 4 & 4 & 3 & 2 \\ 2 & 2 & 2 & 1 \end{pmatrix}$$

观察各个矩阵的第一行第三列元素我们发现,$a_{13}=0, a_{13}^{(2)}=2, a_{13}^{(3)}=2, a_{13}^{(4)}=4$,于是可知,$G$ 中 $v_1$ 到 $v_3$ 长度为 1 的通路是 0 条,长度为 2 的通路为 2 条,长度为 3 的通路也为 2 条,长度为 4 的通路为 4 条。观察各矩阵第 1 行第 1 列的元素我们发现,$a_{11}=1$, $a_{11}^{(2)}=1, a_{11}^{(3)}=3, a_{11}^{(4)}=5$,由此可得,$G$ 中 $v_1$ 到自身的长度为 1 的回路有 1 条,长度为 2 的

回路也是 1 条, 长度为 3 的回路有 3 条, 长度为 4 的回路则有 5 条。对 $A^2$, 该矩阵所有元素之和为 13, 对角线上的元素之和为 3, 故可得, $G$ 中长度为 2 的通路总数为 13 条, 其中有 3 条是回路。

从上面的分析, 我们可以得到下面的定理。

【定理 6.3.1】 设 $A$ 是有向图 $G$ 的邻接矩阵, $V=\{v_1, v_2, \cdots, v_n\}$, 则 $A^l(l \geqslant 1)$ 中元素 $a_{ij}^{(l)}$ 为顶点 $v_i$ 到 $v_j$ 长度为 $l$ 的路的条数, 而 $a_{ii}^{(l)}$ 为顶点 $v_i$ 到自身的长度为 $l$ 的回路数。$A^l$ 中所有元素之和为 $G$ 中长度为 $l$ 的总通路数, 而 $A^l$ 中对角线上元素之和为 $G$ 中各顶点的长度为 $l$ 的总回路数。

若再令矩阵

$$B_1 = A,$$
$$B_2 = A + A^2,$$
$$\cdots \cdots \cdots$$
$$B_r = A + A^2 + \cdots + A^r,$$

则上面的定理还有如下的推论。

【推论 6.3.1】 设 $B_r = A + A^2 + \cdots + A^r (r \geqslant 1)$, 则 $B_r$ 中元素 $b_{ij}^{(r)}$ 为 $G$ 中顶点 $v_i$ 到 $v_j$ 长度小于等于 $r$ 的通路数, $B_r$ 中所有元素之和为 $G$ 中长度小于等于 $r$ 的通路总数, 其中 $B_r$ 中对角线上元素之和为 $G$ 中长度小于等于 $r$ 的回路总数。

无向图相应的邻接矩阵, 其性质基本与有向图邻接矩阵的相同。

> **Tips**: 从邻接矩阵的定义和性质可以看出, 邻接矩阵不仅可以表达无向图, 也可以表达有向图。同时, 邻接矩阵不仅可以表达简单图, 还可以表达多重图。

### 6.3.2 可达矩阵

对于图, 我们还可以讨论它的可达矩阵。

【定义 6.3.2】 设 $G = \langle V, E \rangle$ 是一个 $n$ 阶图, 则 $n$ 阶方阵 $P = (p_{ij})_{n \times n}$ 称为图 $G$ 的可达矩阵。记作 $P(G)$, 简记为 $P$, 其中:

$$p_{ij} = \begin{cases} 1, & \text{若 } v_i \text{ 到 } v_j \text{ 可达} \\ 0, & \text{若 } v_i \text{ 到 } v_j \text{ 不可达} \end{cases}$$

根据可达矩阵, 可知图中任意两个顶点之间是否至少存在一条路以及是否存在回路。可达矩阵不能给出图的完整信息, 但是简便, 在应用上还是很重要的。例如, 例 6.3.2 所给的图的可达矩阵是:

$$P(G) = \begin{pmatrix} 1 & 1 & 1 & 1 \\ 1 & 1 & 1 & 1 \\ 1 & 1 & 1 & 1 \\ 1 & 1 & 1 & 1 \end{pmatrix}$$

可达矩阵具有如下性质：

(1) $p_{ii}=1$（因为规定任何顶点自身可达）；

(2) 所有元素均为 1 的可达矩阵对应强连通图，如果经过初等行列变换后，$P(G)$ 可变形为

$$\begin{bmatrix} P(G_1) & & & \\ & P(G_2) & & \\ & & \ddots & \\ & & & P(G_l) \end{bmatrix}$$

主对角线上的分块矩阵 $P(G_i)(i=1,2,\cdots,l)$ 元素均为 1，则每个 $G_i$ 是 $G$ 的一个强分图。

(3) 可达矩阵可通过计算邻接矩阵得到，令

$$P=E+A+A^2+\cdots+A^{n-1}=(p_{ij})_{n \times n}$$

其中，$E$ 是单位矩阵。

【例 6.3.4】 求图 6.3.3 的可达矩阵。

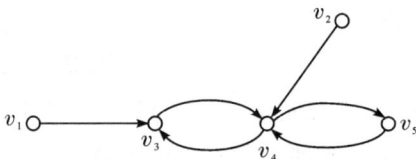

图 6.3.3 可达矩阵示例

解

$$A=\begin{pmatrix} 0 & 0 & 1 & 0 & 0 \\ 0 & 0 & 0 & 1 & 0 \\ 0 & 0 & 0 & 1 & 0 \\ 0 & 0 & 1 & 0 & 1 \\ 0 & 0 & 0 & 1 & 0 \end{pmatrix}, \quad A^2=\begin{pmatrix} 0 & 0 & 0 & 1 & 0 \\ 0 & 0 & 1 & 0 & 1 \\ 0 & 0 & 1 & 0 & 1 \\ 0 & 0 & 0 & 1 & 0 \\ 0 & 0 & 1 & 0 & 1 \end{pmatrix}$$

$$A^3=\begin{pmatrix} 0 & 0 & 1 & 0 & 1 \\ 0 & 0 & 0 & 1 & 0 \\ 0 & 0 & 0 & 1 & 0 \\ 0 & 0 & 1 & 0 & 1 \\ 0 & 0 & 0 & 1 & 0 \end{pmatrix}, \quad A^4=A^2, \quad A^5=A^3$$

所以它的可达矩阵为：

$$P=E+A+A^2+A^3=\begin{pmatrix} 1 & 0 & 1 & 1 & 1 \\ 0 & 1 & 1 & 1 & 1 \\ 0 & 0 & 1 & 1 & 1 \\ 0 & 0 & 1 & 1 & 1 \\ 0 & 0 & 1 & 1 & 1 \end{pmatrix}$$

### 6.3.3 关联矩阵

【**定义 6.3.3**】 设无向图 $G=\langle V,E \rangle$，$V=\{v_1,v_2,\cdots,v_n\}$，$E=\{e_1,e_2,\cdots,e_n\}$，令 $m_{ij}$ 为顶点 $v_i$ 与边 $e_j$ 的关联次数，则称 $(m_{ij})_{n\times m}$ 为 $G$ 的**关联矩阵**，记为 $\boldsymbol{M}(G)$。

显然 $m_{ij}$ 的可能取值有三种：

若 $m_{ij}=0$，则 $v_i$ 与边 $e_j$ 不关联；

若 $m_{ij}=1$，则 $v_i$ 与边 $e_j$ 关联 1 次；

若 $m_{ij}=2$，则 $v_i$ 与边 $e_j$ 关联 2 次，即 $e_j$ 是端点 $v_i$ 的环。

【**例 6.3.5**】 观察图 6.3.4，其关联矩阵为：

$$\boldsymbol{M}(G)=\begin{pmatrix} 1 & 1 & 1 & 0 & 0 \\ 0 & 1 & 1 & 1 & 0 \\ 1 & 0 & 0 & 1 & 2 \\ 0 & 0 & 0 & 0 & 0 \end{pmatrix}$$

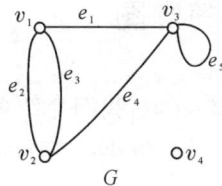

**图 6.3.4 关联矩阵示例**

从这个例子，我们可以看出无向图的关联矩阵具有如下性质：

(1) $\sum_{i=1}^{n} m_{ij}=2(j=1,2,\cdots,m)$，这说明在 $\boldsymbol{M}(G)$ 中，每条边都关联两个顶点（环关联的顶点重合）；

(2) $\sum_{j=1}^{m} m_{ij}=d(v_i)$，即表示第 $i$ 行元素之和为 $v_i$ 的度数；

(3) $\sum_{j=1}^{m}\sum_{i=1}^{n} m_{ij}=2m$，这正是握手定理的内容；

(4) 当且仅当 $v_i$ 是孤立点时，$\sum_{j=1}^{m} m_{ij}=0$；

(5) 若第 $j$ 列与第 $k$ 列相同，则说明 $e_j$ 与 $e_k$ 为平行边。

下面我们讨论有向图的关联矩阵。

在定义有向图的关联矩阵前，需要特别提出，一个有向图能表示成关联矩阵，要求该有向图不能有环存在。

【**定义 6.3.4**】 设有向简单图 $G=\langle V,E \rangle$，$V=\{v_1,v_2,\cdots,v_n\}$，$E=\{e_1,e_2,\cdots,e_m\}$，令

$$m_{ij}=\begin{cases} 1, & v_i \text{ 是 } e_j \text{ 的始点} \\ 0, & v_i \text{ 与 } e_j \text{ 不关联} \\ -1, & v_i \text{ 是 } e_j \text{ 的终点} \end{cases}$$

则称 $(m_{ij})_{n\times m}$ 为有向图 $G$ 的**关联矩阵**，记作 $\boldsymbol{M}(G)$。

【**例 6.3.6**】 观察图 6.3.5，其关联矩阵为：

$$\boldsymbol{M}(G)=\begin{pmatrix} 1 & 0 & -1 & 0 & 0 & 0 \\ -1 & -1 & 0 & 1 & 0 & 0 \\ 0 & 0 & 0 & -1 & 1 & -1 \\ 0 & 1 & 1 & 0 & -1 & 1 \end{pmatrix}$$

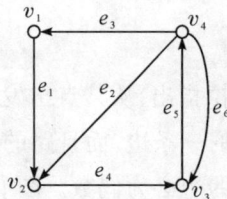

**图 6.3.5 关联矩阵示例**

由这个例子,我们可以看出有向图的关联矩阵具有如下性质:

(1) $\sum_{i=1}^{n} m_{ij} = 0 (j=1,2,\cdots,m)$,从而有 $\sum_{j=1}^{m}\sum_{i=1}^{n} m_{ij} = 0$,即 $M(G)$ 中所有元素的代数和为 $0$;

(2)每一行中 1 的数目是该点的出度,$-1$ 的数目是该点的入度;

(3)两列相同,当且仅当对应的边是平行边(同向);

(4)全为 0 的行对应孤立顶点。

## 6.4 特殊图

在本节里,我们介绍两种特殊的图——欧拉图和哈密顿图。这两种图均由现实问题而来,对于解决一系列同类问题具有很重要的作用。

### 6.4.1 欧拉图

欧拉图的概念是瑞士数学家欧拉(Leonhard Euler)在研究哥尼斯堡(Königsberg)七桥问题时形成的。在当时的哥尼斯堡城,有七座桥将普莱格尔(Pregel)河中的两个小岛与河岸连接起来(见图 6.4.1(a)),当时那里的居民热衷于一道难题:一个散步者从任何一处陆地出发,怎样才能走遍每座桥一次且仅一次,最后回到出发点?

这个问题看似不难,很多人都尝试解决,但一直没有人成功。欧拉在亲自到哥尼斯堡考察之后猜想:也许这样的解是不存在的。最终,他在 1936 年证明了自己的猜想。欧拉阐述七桥问题无解的论文被认为是图论这门数学学科的起源。

为了证明这个问题无解,欧拉用 $A,B,C,D$ 四个顶点代表陆地,用连接两个顶点的一条弧线代表相应的桥,从而得到一个由四个顶点、七条边组成的图(见图 6.4.1(b))。七桥问题便归结成:在图 6.4.1(b)中,从任何一个顶点出发每条边走一次且仅走一次的回路是否存在?

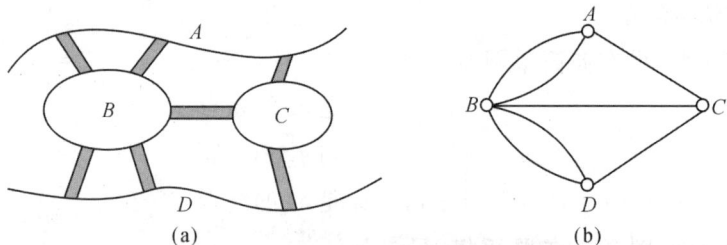

(a)　　　　　　　　　　　　　　(b)

**图 6.4.1　七桥问题图示**

欧拉指出,从某点出发再回到该点,那么中间经过的顶点总有进入该点的一条边和走出该点的一条边,而且路的起点与终点重合。因此,如果满足条件的路存在,则图中每个顶点关联的边必为偶数。图 6.4.1(b)中每个顶点关联的边均是奇数,故七桥问题无解。

基于七桥问题的求解,下面给出关于欧拉图和欧拉回路的相关概念。

**【定义 6.4.1】** 经过一个图中每条边一次且仅一次的通路,称为**欧拉通路**;经过每条边一次且仅一次的回路称为**欧拉回路**。有欧拉通路的图称为**欧拉半图**,有欧拉回路的图称为**欧拉图**。

下面两个定理给出了判断一个图是否存在欧拉通路或欧拉回路的充要条件。

**【定理 6.4.1】** 无向图 $G$ 具有欧拉通路,当且仅当 $G$ 是连通图且有零个或两个奇数度顶点。若无奇数度顶点,则无向图 $G$ 是欧拉图;若有两个奇数度顶点,则无向图 $G$ 是欧拉半图。

**证明** 必要性。如果图具有欧拉路径,那么顺着这条路径画出的时候,每次碰到一个顶点,都需通过关联于这个顶点的两条边,并且这两条边在以前未画过。因此,除路径的两端点外,图中任何顶点的次数必是偶数。如果欧拉路径的两端点不同,那么它们就是仅有的两个奇数顶点,如果它们是重合的,那么所有顶点都有偶数次数,并且这条欧拉路径成为一条欧拉回路。因此必要性得证。

充分性。我们从两个奇数次数的顶点之一开始(若无奇数次数的顶点,可从任一点开始),构造一条欧拉路径。以每条边最多画一次的方式通过图中的边。对于偶数次数的顶点,通过一条边进入这个顶点,总可通过一条未画过的边离开这个顶点。因此,这样的构造过程一定以到达另一个奇数次数顶点而告终(若无奇数次数的顶点,则以回到原出发点而告终)。如果图中所有边已用这种方法画过,显然,这就是所求的欧拉路径。如果图中不是所有边被画过,我们去掉已画过的边,得到由剩下边组成的一个子图,这个子图的顶点次数全是偶数。

并且因为原来的图是连通的,因此,这个子图必与我们已画过的路径在一个点或多个点相接。由这些顶点中的一个开始,我们再通过边构造路径,因为顶点次数全是偶数,因此,这条路径一定最终回到起点。我们将这条路径与已构造好的路径组合成一条新的路径。如果必要,这一论证重复下去,直到我们得到一条通过图中所有边的路径,即欧拉路径。因此充分性得证。

由此定理很容易得出下面的推论。

**【推论 6.4.1】** 无向图 $G$ 为欧拉图(具有欧拉回路),当且仅当 $G$ 是连通的,且 $G$ 中无奇度数顶点。

**【例 6.4.1】** 根据上面的定理及推论,我们很容易看出,在图 6.4.2 中,图(a)具有欧拉回路,是欧拉图,图(b)具有欧拉通路但不具有欧拉回路,图(c)则不存在欧拉通路。这里需要强调的是,具有欧拉通路,但不具有欧拉回路的图不是欧拉图。

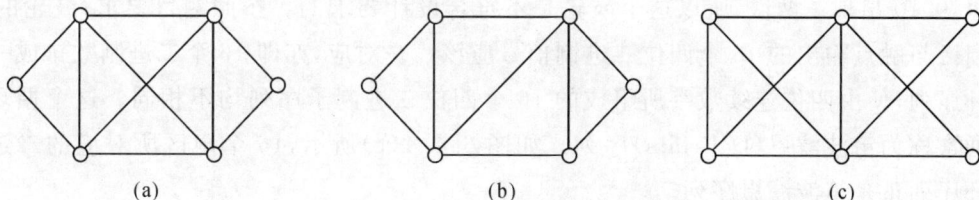

**图 6.4.2 无向欧拉图和非欧拉图**

实际上,存在欧拉通路就是解决一笔画问题的充要条件。所谓一笔画问题,就是笔不离开纸,每边只能画一次,不允许重复地将图画出。所以一个图能否一笔画出,就是一个图是否具有欧拉通路的问题。

对于有向图是否具有欧拉通路或欧拉回路,下面定理给出了判断方法。

**【定理 6.4.2】** 一个有向图 $G$ 具有欧拉通路,当且仅当 $G$ 是连通的,而且或者所有顶点的入度等于出度,或者除了两个顶点外,其余顶点的入度均等于出度。在这两个特殊的顶点中,一个顶点的出度比入度大 1,为欧拉通路的起点;另一个顶点的出度比入度小 1,为欧拉通路的终点。

**【推论 6.4.2】** 一个有向图 $G$ 是欧拉图(具有欧拉回路),当且仅当 $G$ 是连通的,而且所有顶点的入度等于出度。

**【例 6.4.2】** 在如图 6.4.3 所示的三个图中,图(a)既无欧拉通路,也无欧拉回路;图(b)具有欧拉通路,但无欧拉回路;图(c)存在欧拉回路。

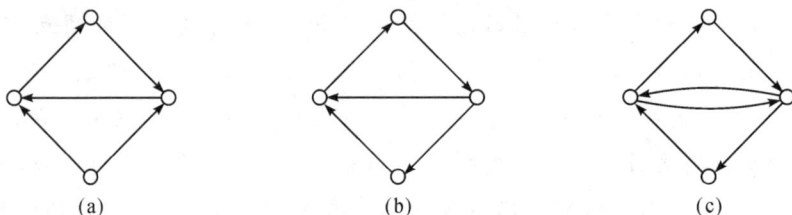

(a)　　　　　　　　　(b)　　　　　　　　　(c)

图 6.4.3　有向欧拉图和非欧拉图

> **Tips**:可以看到,无论是无向欧拉图,还是有向欧拉图,都存在充分必要条件,都可以根据欧拉图的性质来判定图的结点度数的性质。反之,也可以根据图中结点度数的性质来判定该图是否为欧拉图。

下面这个例子说明了欧拉图在实际问题中的应用。

**【例 6.4.3】**(计算机鼓轮设计问题) 设计旋转鼓轮,要将鼓轮表面分成 16 个扇区,如图 6.4.4(a)所示,每块扇区用导体(阴影区)或绝缘体(空白区)制成,如图 6.4.4(b)所示,四个触点 $a,b,c$ 和 $d$ 与扇区接触时,接触导体输出 1,接触绝缘体输出 0。鼓轮顺时针旋转,触点每转过一个扇区就输出一个二进制信号。问:鼓轮上的 16 个扇区应如何安排导体或绝缘体,使得鼓轮旋转一周,触点输出一组不同的二进制信号?

显然,如图 6.4.4(b)所示,旋转时得到的信号依次为 0010,1001,0100,0010,…,在这里,0010 出现了两次,所以这个鼓轮是不符合设计要求的。按照题目要求,鼓轮的 16 个扇区与触点输出的 16 个四位二进制信号应该一一对应,亦即 16 个二进制数排成一个循环序列,使由四位连续数字所组成的 16 个四位二进制子序列均不相同。这个循环序列通常称为笛波滤恩(DeBruijn)序列。如图 6.4.4(c)所示,16 个扇区所对应的二进制循环序列正是笛波滤恩序列。

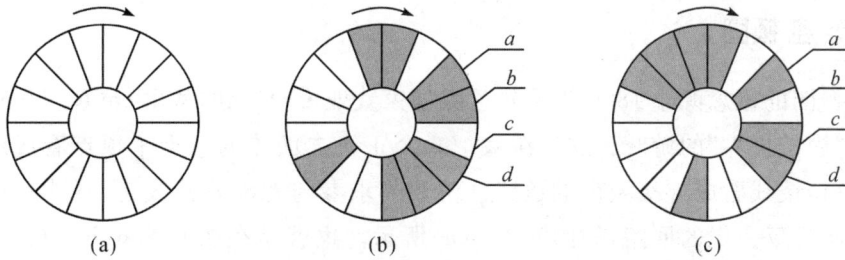

**图 6.4.4　计算机鼓轮设计问题**

下面我们分析一下笛波滤恩序列是怎么推出来的。

若四个触点某一位置上输出的是 $b_0 b_1 b_2 b_3$，当鼓轮顺时针（当然也可逆时针）方向转到下一个位置上时，只有两种可能的输出：$b_1 b_2 b_3 0$ 或 $b_1 b_2 b_3 1$。即上一位置输出的低 3 位等于本次输出的高 3 位。另外，上一位置的值只可能是 $0 b_1 b_2 b_3$ 或 $1 b_1 b_2 b_3$。我们设法构造一个有向图，用来完全描述鼓轮的这种机理。以一有向边表示一组四位二进制码，而关联于同一点的有四条边。这四条边就是如上面分析时提到的那样，其中射入该顶点的两条边的低 3 位相同是 $b_1 b_2 b_3$，另外射出该顶点的两条边的高 3 位也等于 $b_1 b_2 b_3$，并以这 3 位来标识该顶点。现在的问题是，若可以构造出这样的有向图，它有 8 个顶点和 16条边，并且像以上所分析的那样让每一顶点关联四条边，那么根据定理 6.4.2 的推论，的确存在欧拉回路，它通过每一边恰好一次。

图 6.4.5 给出了这样的一个有向图。其中一条欧拉回路是 1101,1010,0101,1011,0111,1111,1110,1100,1000,0000,0001,0010,0100,1001,0011,0110。于是，我们将以上序列的最高位依次排列出来，即 1101011110000100。相应地，鼓轮上的排列设计即如图 6.4.4(c) 所示。

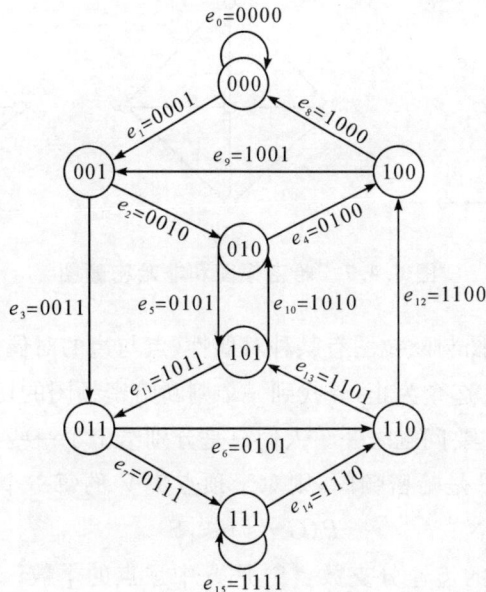

**图 6.4.5　一种鼓轮设计**

## 6.4.2 哈密顿图

哈密顿图的概念源于 1859 年爱尔兰数学家威廉·哈密顿(William R. Hamilton)提出的一个"周游世界"的游戏。这个游戏把一个正十二面体的二十个顶点看成地球上的二十个城市,棱线看成连接城市的道路。游戏要求参与者沿着棱线走,寻找一条经过所有顶点一次且仅一次的回路,如图 6.4.6(a)所示。也就是在图 6.4.6(b)中找一条包含所有顶点的初级回路。图中的粗线所构成的回路就是这个问题的答案。

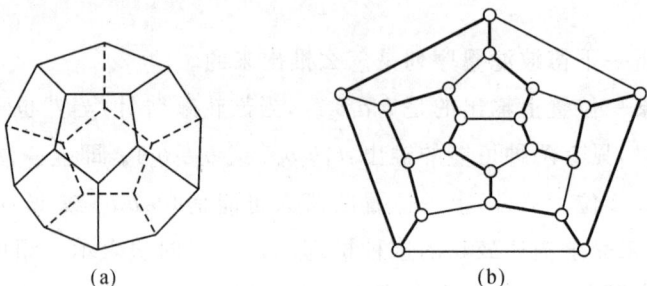

图 6.4.6 "周游世界"游戏

【定义 6.4.2】 若图 $G$ 中有一条经过所有顶点一次且仅一次的通路,则称此通路为**哈密顿通路**,称 $G$ 为**哈密顿半图**;若图 $G$ 中有一条经过所有顶点一次且仅一次的回路,则称该回路为哈密顿回路,称 $G$ 为**哈密顿图**。

【例 6.4.4】 如图 6.4.7 所示,图(a)、(b)中存在哈密顿通路。图(a)中不存在哈密顿回路,所以图(a)不是哈密顿图。图(b)中存在哈密顿回路,所以图(b)是哈密顿图。至于图(c),既无哈密顿通路,也无哈密顿回路,更不是哈密顿图。

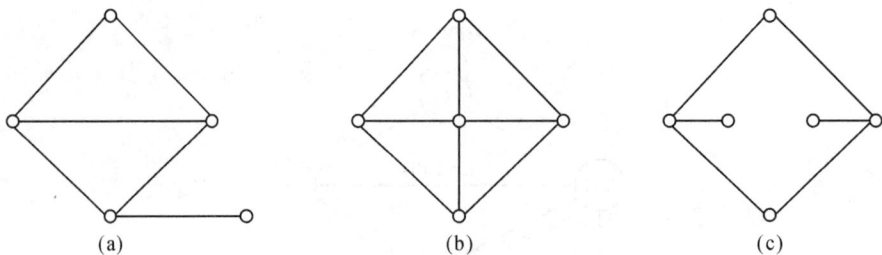

图 6.4.7 哈密顿图和非哈密顿图

从表面上看,哈密顿图与欧拉图有某种对偶性(点与边的对偶性),但实际上,前者的存在性问题比后者难得多。迄今为止,寻找到一个判断哈密顿图的切实可用的充分必要条件仍是图论中尚未解决的主要问题之一。人们只是分别给出了一些必要条件和充分条件。

【定理 6.4.3】 若 $G$ 是哈密顿图,则对于顶点集 $V$ 的每一个非空子集 $S$,均满足

$$P(G-S) \leqslant |S|$$

其中,$P(G-S)$ 是 $G-S$ 的连通分支数,$|S|$ 是 $S$ 中顶点的个数。

**证明** 设 $C$ 是图 $G$ 中的一条哈密顿回路,$S$ 是 $V$ 的任意非空子集,$a_1 \in S, C-\{a_1\}$

是一条基本通路,若再删去 $a_2 \in S$,则当 $a_1a_2$ 邻接时,$P(C-\{a_1,a_2\})=1<2$;而当 $a_1a_2$ 不邻接时,$P(C-\{a_1,a_2\})=2$,即

$$P(C-\{a_1,a_2\}) \leqslant 2 = |\{a_1,a_2\}|$$

如此做下去,归纳可证:

$$P(C-S) \leqslant |S|$$

因为 $C-S$ 是 $G-S$ 的生成子图,所以

$$P(G-S) \leqslant P(C-S) \leqslant |S|$$

需要强调的是,这个定理给出的只是一个无向图是哈密顿图的必要条件。也就是说,所有哈密顿图必满足这个条件,但是满足这个条件的不一定是哈密顿图。然而,作为必要条件,说明不满足这个条件的必定不是哈密顿图。

例如,著名的彼得森(Petersen)图(如图 6.4.8 所示)不是哈密顿图,但对任意的 $S \subset V, S \neq \varnothing$,均满足 $P(C-S) \leqslant |S|$,所以,满足哈密顿图必要条件的不一定是哈密顿图。

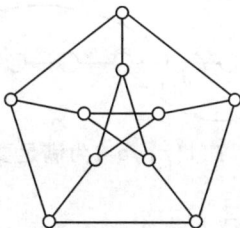

**图 6.4.8　彼得森(Petersen)图**

【**例 6.4.5**】 设图 6.4.9 中图(a)为 $G_1$,取 $V_1=\{v\}$,则 $P(G_1-V_1)=2>|V_1|=1$。$G_1-V_1$ 如图(b)所示,由定理 6.4.3 可知 $G_1$ 不是哈密顿图。设图(c)为 $G_2$,取 $V_2=\{a,b,c,d,e,f,g\}$,则 $P(G_2-V_2)=9>|V_2|=7$。$G_2-V_2$ 如图(d)所示,由定理 6.4.3 可知 $G_2$ 也不是哈密顿图。

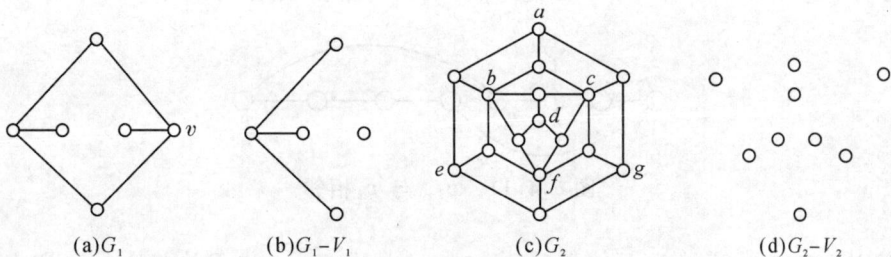

(a)$G_1$　　(b)$G_1-V_1$　　(c)$G_2$　　(d)$G_2-V_2$

**图 6.4.9　非哈密顿图示例**

【**定理 6.4.4**】 设 $G$ 是 $n$ 阶无向简单图,如果 $G$ 中任意一对结点的度数之和都大于等于 $n-1$,则 $G$ 中存在哈密顿通路。

**证明**　首先,证明 $G$ 是连通图。

否则若 $G$ 不是连通图,则 $G$ 至少有两个连通分支。

设 $G_1,G_2$ 分别是阶数为 $n_1,n_2$ 的两个连通分支,设 $v_1 \in V(G_1),v_2 \in V(G_2)$,因为 $G$

是简单图,所以

$$d_G(v_1)+d_G(v_2)=d_{G1}(v_1)+d_{G2}(v_2)\leqslant n_1-1+n_2-1\leqslant n-2<n-1$$

这与已知矛盾,所以 $G$ 必为连通图。

其次,证明 $G$ 中存在哈密顿通路。

设 $\Gamma=v_1v_2\cdots v_l$ 为 $G$ 中一条通路,显然有 $l\leqslant n$。

(1)若 $l=n$,则 $\Gamma$ 为 $G$ 中的哈密顿通路;

(2)若 $l<n$,则说明 $G$ 中还存在着 $\Gamma$ 外的结点。

如果 $v_1$ 或 $v_l$ 邻接于不在 $\Gamma$ 通路上的结点,则可以包含该结点,扩展 $\Gamma$ 为边长 $l+1$ 的通路,一直扩展,若最终长度达到 $n$,则找到哈密顿通路;否则最终路长 $<n$ 时,必有 $v_1$ 和 $v_l$ 只邻接于在 $\Gamma$ 通路上的结点。可以证明,$G$ 中存在经过 $\Gamma$ 上所有结点的回路。

①若 $v_1$ 与 $v_l$ 相邻,即 $(v_1,v_l)\in E(G)$,则 $\Gamma\bigcup(v_1,v_l)$ 为满足要求的回路,如图 6.4.10 所示。

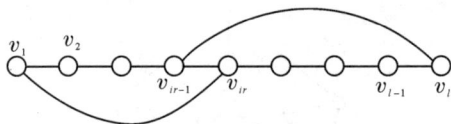

**图 6.4.10  $\Gamma\bigcup(v_1,v_l)$ 为满足要求的回路**

②若 $v_1$ 与 $v_l$ 不相邻,设 $v_1$ 与 $\Gamma$ 上的 $v_{i1},v_{i2},\cdots,v_{ik}$ 相邻,若 $v_l$ 与 $v_{i1-1},v_{i2-1},\cdots,v_{ik-1}$ 之一相邻,例如 $v_{ir-1}$,则回路 $C=v_1v_2\cdots v_{ir-1}v_lv_{l-1}\cdots v_i\cdots v_{ir}v_1$ 过 $\Gamma$ 上的所有结点。

若 $v_l$ 不与 $v_{i1-1},v_{i2-1},\cdots,v_{ik-1}$ 任一个相邻,则 $v_l$ 至多邻接于 $l-1-k$,即

$$d(v_i)\leqslant l-k-1,\quad d(v_j)+d(v_i)\leqslant k+l-k-1<n-1$$

与已知矛盾。

③下面证明存在比 $\Gamma$ 更长的路径。因为 $l<n$,所以 $C$ 外还有结点,由 $G$ 的连通性可知,存在 $v_{l+1}\in V(G)-V(C)$ 与 $C$ 上某结点 $v_t$ 相邻,如图 6.4.11 所示。

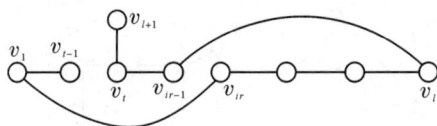

**图 6.4.11  $v_{l+1}$ 与 $v_t$ 相邻**

删除边 $(v_{t-1},v_t)$ 得路径 $\Gamma'=v_{t-1}\cdots v_1v_{ir}\cdots v_lv_{ir-1}\cdots v_tv_{l+1}$ 比 $\Gamma$ 的长度大 $1$(即 $l+1$),结点重新排序 $\Gamma'=v_1v_2\cdots v_lv_{l+1}$,对 $\Gamma'$ 重复 $(a)\sim(c)$,在有限步内一定得到 $G$ 的哈密顿通路。

**【推论 6.4.3】** 设 $G$ 是 $n$ 阶无向简单图($n\geqslant 3$),如果 $G$ 中任意一对结点的度数之和都大于等于 $n$,则 $G$ 中存在哈密顿回路,即 $G$ 是哈密顿图。

由定理 6.4.4 可知,$G$ 中存在哈密顿通路。设 $\Gamma=v_1v_2\cdots v_n$ 为 $G$ 中一条哈密顿通路,若 $v_1$ 与 $v_n$ 相邻,设边 $e=(v_1,v_n)$,则 $\Gamma\bigcup\{e\}$ 为 $G$ 中的哈密顿回路。

若 $v_1$ 与 $v_n$ 不相邻,同定理 6.4.4 证明中的(2)类似,可证明存在过 $\Gamma$ 上各结点的圈,即为 $G$ 中的哈密顿回路。

需要强调的是,定理 6.4.4 及推论给出的是充分条件,而不是存在哈密顿通路及回路的必要条件。例如,在长度为 6 的路径(7 个顶点)构成的图中,任意两个结点度数之和均小于 6,可是图中却存在哈密顿通路。又如,在六边形图中,任意两个结点度数之和均为 4(<6),但六边形图是哈密顿图。

> **Tips**:请注意,哈密顿图虽然看起来跟欧拉图非常相似,但是,欧拉图的判定有充分必要条件,而哈密顿图的判定并没有充分必要条件。这是哈密顿图的判定中非常关键的一个问题。

**【例 6.4.6】** 考虑在七天内安排七门课程的考试,使得同一位教师所担任的两门课程考试不排在接连的两天中。试证明,如果没有教师担任多于四门课程,则符合上述要求的考试安排总是可能的。

**证明** 设 $G$ 为具有七个结点的图,每个结点对应于一门课程考试,如果这两个结点对应的课程考试是由不同教师担任的,那么这两个结点之间有一条边。因为每个教师所任课程数不超过 4 门,故每个结点的度数至少是 $7-4=3$,任意两个结点的度数之和至少是 6,故 $G$ 总是包含一条哈密顿通路,它对应于一个七门考试科目的适当安排。

## 6.5 平面图

先从一个简单的例子谈起。一个工厂有 3 个车间和 3 个仓库。为了工作需要,车间与仓库之间将设专用的车道。为提高运输的安全性,应尽量减少车道的交叉点,最好是没有交叉点。这是否可能?

如图 6.5.1(a)所示,$A,B,C$ 是 3 个车间,$M,N,P$ 是 3 座仓库。可以证明,要想建造不相交的道路是不可能的(见图 6.5.1(b))。这些实际问题涉及平面图的研究。近年来,由于大规模集成电路的发展,也促进了平面图的研究。

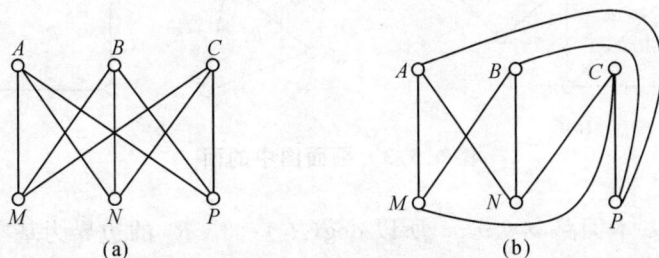

(a)                    (b)

**图 6.5.1 车间中的车道**

$G=\langle V,E\rangle$ 是简单图且 $V=V_1\bigcup V_2$,$V_1\bigcap V_2=\varnothing$。若 $\forall (u,v)\in E$,均有 $u\in V_1,v\in V_2$ 或 $u\in V_2,v\in V_1$,则称 $G$ 为**二部图**。若 $|V_1|=m$,$|V_2|=n$ 且 $\forall u\in V_1,\forall v\in V_2$ 均有

$(u,v) \in E$,则称 $G$ 是**完全二部图**,记为 $K_{m,n}$。

例如,图 6.5.1(a)就是一个二部图,可以记为 $K_{3,3}$,是今后平面图分析中一种非常重要的图。

在图的理论研究和实际中,图的平面化问题具有非常重要的意义。本节将讨论平面图理论中的一些基本概念及判别法。无特殊声明,本节所说图 $G$ 均指无向图。

### 6.5.1  平面图的定义

**【定义 6.5.1】**  设无向图 $G = \langle V, E \rangle$,如果能把 $G$ 的所有顶点和边画在平面上,使任意两边除公共顶点外没有其他交叉点,则称 $G$ 为**可嵌入平面图**,或称 $G$ 是**可平面图**,可平面图在平面上的一个嵌入称为**平面图**,如果 $G$ 不是可平面图,则称 $G$ 为**非平面图**。

**【例 6.5.1】**  图 6.5.1(a)所示(即 $K_{3,3}$)的是非平面图,而图 6.5.2(a)、(b)所示的都是平面图的例子($a$ 为 $K_4$)。再如 $K_5$ 也不是平面图。

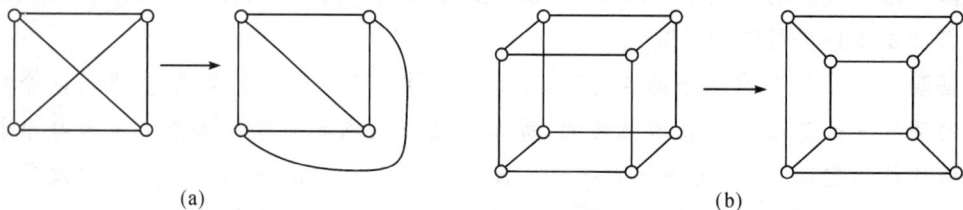

(a)                                    (b)

**图 6.5.2  平面图例**

**【定义 6.5.2】**  设 $G$ 是一个连通的平面图(指 $G$ 的某个平面嵌入),$G$ 的边将 $G$ 所在的平面划分成若干个区域,每个区域称为 $G$ 的一个**面**。其中,面积无限的区域称为**无限面**或**外部面**,常记为 $R_0$;面积有限的区域称为**有限面**或**内部面**。包围每个面的所有边所构成的回路称为该面的**边界**,边界的长度称为该面的**次数**,面 $R$ 的次数记为 $\deg(R)$。

对于非连通的平面图 $G$,可以类似定义它的面边界和次数。设非连通的平面图 $G$ 有 $k(k \geqslant 2)$ 个连通分支,则 $G$ 的无限面 $R_0$ 的边界由 $k$ 个回路围成。

**【例 6.5.2】**  在图 6.5.3 中,图 $G_1$ 所示为连通的平面图,共有 3 个面 $R_0, R_1, R_2$。

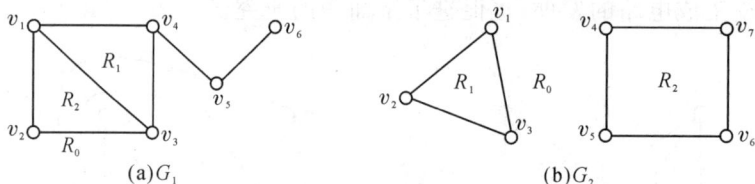

(a)$G_1$                        (b)$G_2$

**图 6.5.3  平面图中的面**

$R_1$ 的边界为基本回路 $v_1 v_3 v_4 v_1$,所以 $\deg(R_1) = 3$。$R_2$ 的边界为基本回路 $v_1 v_2 v_3 v_1$,所以 $\deg(R_2) = 3$。$R_0$ 是外部的无限面。$R_0$ 的边界为复杂回路 $v_1 v_4 v_5 v_6 v_5 v_3 v_2 v_1$,所以$\deg(R_0) = 8$。图 $G_2$ 所示为非连通的平面图,有 2 个连通分支,其中有 3 个面。$\deg(R_1) = 3$,$\deg(R_2) = 4$,$R_0$ 的边界由 2 个基本回路 $v_1 v_2 v_3 v_1$ 和 $v_4 v_5 v_6 v_7 v_4$ 围成,$\deg(R_0) = 7$。

例 6.5.2 显示了无论是连通的平面图还是非连通的平面图,均满足下面这个定理。

【定理 6.5.1】 在一个平面图 $G$ 中,所有面的次数之和都等于边数 $m$ 的 2 倍,即

$$\sum_{i=1}^{r} \deg(R_i) = 2m$$

本定理的证明是简单的。$G$ 中每条边无论作为两个面的公共边界,还是作为一个面的边界,在计算总的次数时都计算过两次,所以定理中的结论是显然的。

同一个平面图可以有不同形状的平面嵌入,但它们都是同构的。另外,还可以将一个平面嵌入中的某个有限面变换成无限面、无限面变换成有限面,得到不同形状的另一个平面嵌入。

【例 6.5.3】 在图 6.5.4 中,图(b)和图(c)都是图(a)的平面嵌入,它们都与图(a)同构,但形状不同。在图(b)中,$\deg(R_0)=3$;在图(c)中,$\deg(R_0)=4$。

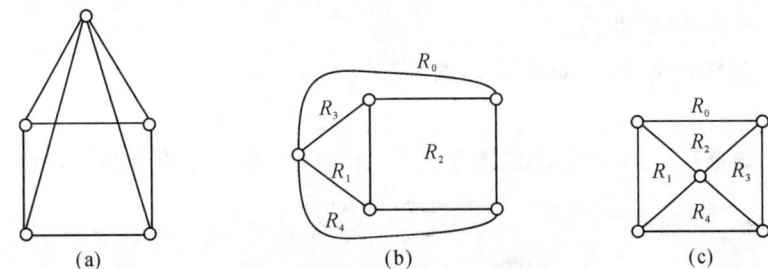

图 6.5.4  例 6.5.3 示例图

## 6.5.2  欧拉公式

下面介绍平面图最重要的一个性质,即欧拉公式。

【定理 6.5.2】 若连通平面图 $G=\langle V,E \rangle$ 中共有 $n$ 个顶点、$m$ 条边和 $r$ 个面,则有

$$n-m+r=2$$

该定理中的公式称为**欧拉公式**,欧拉公式对于空间多面体仍然适用。

**证明**  对边数进行归纳。

当 $m=0$ 时,这个图只有一个顶点、没有边,因此,$n=1,m=0,r=1$,欧拉公式成立。

当 $m=1$ 时,有两种情况:①这条边是自环,此时 $n=1,m=1,r=2$。②这条边不是自环,此时 $n=2,m=1,r=1$。显然,这两种情况,欧拉公式都成立。

设 $m=p-1(p\geqslant 2)$ 时欧拉公式成立,现证明 $m=p$ 时欧拉公式也成立。

我们从 $p$ 条边的图 $G$ 中用以下三种方法之一随意地取下一条边 $e$(见图 6.5.5)。

(a)如果图有次数为 1 的顶点 $v$,则删去顶点 $v$ 及其关联边 $e$。

(b)如果图有自环,则删去一条自环 $e$。

(c)如果图有简单回路,则删去回路上的一条边 $e$。

这三种方法总有一种是可以实现的,于是,删去一条边后,可以得到一个具有 $p-1$ 条边的连通平面图 $G'$,设 $G'$ 有 $r$ 个面、$n$ 个顶点,于是根据归纳假设有

$$n-(p-1)+r=2$$

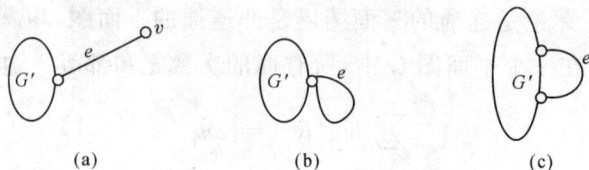

**图 6.5.5　欧拉公式的证明**

现在加回删去的边 $e$，又得原来的图 $G$。根据删去的方法不同，加回 $e$ 后，边数、面数和顶点数的变化情况如下：

情况(a)：此时增加一条边 $e$，又增加一个顶点 $v$，面数不变，在这种情况下，有
$$顶点数-边数+面数=(n+1)-p+r=n-(p-1)+r=2$$

情况(b)：此时增加一条边 $e$，又增加一个面，顶点数不变。在这种情况下，有
$$顶点数-边数+面数=n-p+r+1=n-(p-1)+r=2$$

情况(c)：与情况(b)相同。

可见不论是哪种情况，欧拉公式都成立。

证毕。

**欧拉公式的推广**　对于任意的具有 $p$ 个 $(p\geqslant1)$ 连通分支的平面图，有
$$n-m+r=p+1$$
成立。

利用欧拉公式还可以证明以下定理。

【定理 6.5.3】　设 $G$ 是连通的平面图，且每个面的次数至少为 $l(l\geqslant3)$，则
$$m\leqslant\frac{l}{l-2}(n-2)$$

**证明**　由定理 6.5.2 可知
$$2m=\sum_{i=1}^{r}\deg(R_i)\geqslant l\cdot r$$
再由欧拉公式 $n-m+r=2$，得
$$r=2+m-n\leqslant\frac{2m}{l}$$
于是有
$$m\leqslant\frac{l}{l-2}(n-2)$$

证毕。

【推论 6.5.1】　设 $G$ 是 $(n,m)$ 连通平面简单图 $(n\geqslant3)$，则
$$m\leqslant3n-6$$

**证明**　因为图是简单的，所以，每个面用 3 条或更多条边围成。因此，边数大于或等于 $3r(r$ 是面数，这里的边数包含是重复计算的)，同时，因为一条边在至多两个面的边界中，所以各个面的总边数小于或等于 $2m$。因此，有
$$2m\geqslant3r,\quad 即\quad \frac{3}{2}m\geqslant r$$

根据欧拉公式,我们有

$$n-m+\frac{2}{3}m \geqslant 2$$

所以
$$3n-6 \geqslant m$$

证毕。

【**推论 6.5.2**】　若连通平面简单图 $G$ 不以 $K_3$ 为子图,即 $G$ 的每个面是由 4 条或 4 条以上的边围成的连通平面图,则

$$m \leqslant 2n-4$$

**证明**　该推论的证明类似于推论 6.5.1。因为边数大于或等于 $4r$,各个面的总边数小于或等于 $2m$,因此很容易得出

$$\frac{1}{2}m \geqslant r$$

代入欧拉公式,得

$$n-m+\frac{1}{2}m \geqslant 2$$

$$2n-4 \geqslant m$$

证毕。

【**推论 6.5.3**】　$K_5$ 和 $K_{3,3}$ 是非平面图。

在图 $K_5$ 中,$m=10$,$n=5$,显然不满足推论 6.5.1,故 $K_5$ 是非平面图。而在图 $K_{3,3}$ 中,$m=9$,$n=6$,虽然满足推论 6.5.1,但是它不满足推论 6.5.3,故也不是平面图。

【**定理 6.5.4**】　在平面简单图 $G$ 中至少有一个结点 $v_0$ 满足 $d(v_0) \leqslant 5$。

**证明**　不妨设 $G$ 是连通的,否则就其一个连通分支进行讨论再推广至全图。用反证法证明。

假设一个平面简单图的所有结点度数均大于 5,又由欧拉公式推论 6.5.1 知 $3n-6 \geqslant m$,所以

$$6n-12 \geqslant 2m = \sum_{v \in V} d(v) \geqslant 6n$$

这是不可能的。因此平面简单图中至少有一个顶点 $v_0$,其度数 $d(v_0) \leqslant 5$。

证毕。

### 6.5.3　平面图的判断

接下来我们讨论平面图的判断问题。

找出一个图是平面图的充分必要条件,其研究曾经持续了几十年,直到 1930 年库拉托斯基给出了平面图的一个非常简洁的特征。下面先介绍一些预备知识。

在一个无向图 $G$ 的边上,插入一个新的度数为 2 的顶点,使一条边分成两条边,或者对于关联同一个度数为 2 的顶点的两条边,去掉这个 2 度顶点,使两条边变成一条边,如图 6.5.6(a)、(b)所示,这些都不会改变图原有的平面性,如图 6.5.6(c)、(d)所示。图

6.5.6 所表示的称为"2度顶点内同构"。

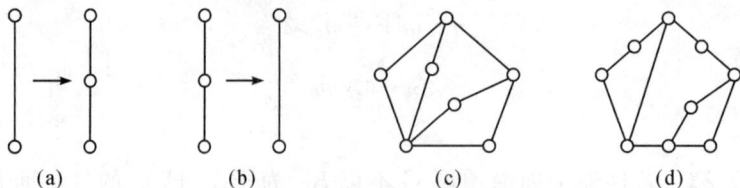

图 6.5.6　图在 2 度顶点内同构

【定义 6.5.3】　如果两个图 $G_1$ 和 $G_2$ 同构，或者通过反复插入或删除度数为 2 的顶点后同构，则称 $G_1$ 和 $G_2$ 是 2 度顶点内同构的。

根据定义，若 $G_1$ 是平面图，而 $G_2$ 与 $G_1$ 在 2 度顶点内同构，则 $G_2$ 也是一个平面图。即一个图变成与它同胚的图不会影响图的平面性。

【定理 6.5.5】(库拉托夫斯基定理)　一个图是平面图的充分必要条件是它不含与 $K_5$ 或 $K_{3,3}$ 在 2 度顶点内同构的子图。

该定理的必要性部分是显然的，但要证明充分性却很繁琐，限于篇幅，此处省略。

我们把 $K_5$ 和 $K_{3,3}$ 称为**库拉托夫斯基图**。

【例 6.5.4】　证明图 6.5.7 中的图(a)和图(d)不是平面图。

**证明**　图(a)是著名的彼得森(Pertersen)图，去掉其中的两条边$(c,d)$和$(g,j)$后得子图(b)，从该子图中可以看到，$c$、$g$、$j$、$d$ 这 4 个顶点是 2 度顶点，根据 2 度顶点内同构的定义，可以把这 4 个点去掉，去掉之后我们重新作一下整理，发现剩下来的 6 个顶点所构成的图刚好是 $K_{3,3}$，即图(c)。显然，图(b)和图(c)是在 2 度顶点内同构的。因此彼得森图不是平面图。图(d)中我们去掉边$(v_1,v_4)$，$(v_2,v_3)$，$(v_3,v_5)$，$(v_4,v_6)$后可以得到图(d)的子图(e)，而图(e)同构于 $K_{3,3}$，即图(f)，所以图(d)也不是平面图。

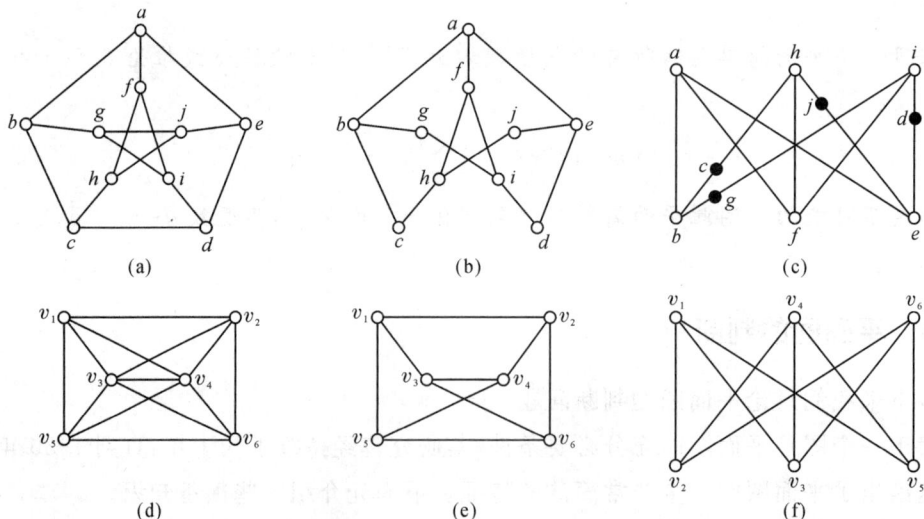

图 6.5.7　平面图的判定

库拉托斯基定理虽然简单漂亮，但从上面 2 个例子来看，该定理的实现并不容易，特别是当顶点数较多的时候，还有许多这方面的研究工作要做。在实际中我们判断一个图是不是平面图,用得更多的是定理 6.5.3 及其几个重要推论。例如,在上面这个例子中,对于图(d),顶点数 $n=6$,而边数 $m=13$,显然不满足 $m \leqslant 3n-6$,故而一下子就可以判断出图(d)不是平面图。当然定理 6.5.3 及其推论并不是判断平面图的充要条件,有时候单凭它们无法判断,比如在图(a)中,顶点数 $n=10$,边数 $m=15$,满足上述所有定理和推论,但是它不是平面图。所以对于平面图的判断,我们可以先考虑定理 6.5.3 及其推论,若在这个条件下无法判断,我们再考虑库拉托夫斯基定理。

## 6.6 对偶图与着色

### 6.6.1 对偶图

平面图有一个很重要的特性,任何平面图都有一个与之对应的平面图,称为它的对偶图。下面我们给出对偶图的详细定义。

【定义 6.6.1】 设平面图 $G=\langle V,E \rangle$ 有 $r$ 个面 $R_1,R_2,\cdots,R_r$,则用下面方法构造的图 $G^*=\langle V^*,E^* \rangle$ 称为 $G$ 的**对偶图**:

(1) $R_i \in G$,在 $R_i$ 内取一顶点 $v_i^* \in V^*$,$i=1,2,\cdots,r$。

(2) $e \in E$。

① 若 $e$ 是 $G$ 中两个不同面 $R_i$ 和 $R_j$ 的公共边,则在 $G^*$ 中画一条与 $e$ 交叉的边 $(v_i^*,v_j^*)$;

② 若 $e$ 是一个面 $R_i$ 内的边(即 $R_i$ 是桥),则在 $G^*$ 中画一条与 $e$ 交叉的环 $(v_i^*,v_i^*)$。

【例 6.6.1】 在图 6.6.1(a)中,我们对 $G$ 作对偶图,$G$ 的边用实线表示,点用空心点表示;$G$ 的对偶图的边用虚线表示,顶点用实心点表示。我们得出 $G$ 的对偶图,可以看到是(b)图;对图(b)作对偶图,如图(c)所示,用空心点表示其对偶图的顶点,用虚线表示其对偶图的边,可以得出图(d)。仔细观察我们发现,图(d)与原来的 $G$ 图是同构的。

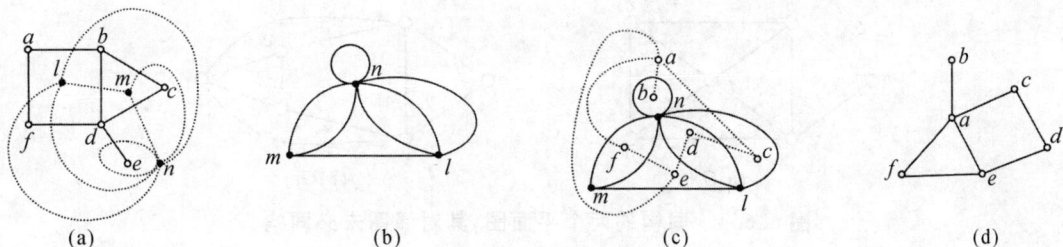

图 6.6.1 对偶图

从这个例子可以看出来,如果一个图 $G$ 的对偶图是 $G'$,那么 $G'$ 的对偶图就是 $G$ 图,所以我们可以说 $G$ 与 $G'$ 是互为对偶的。

【定义 6.6.2】 若平面图 $G$ 与其对偶图 $G^*$ 同构,则称 $G$ 是**自对偶图**。

例如,图 6.6.2 中实线所示的 $K_4$ 完全图就是一个自对偶图。

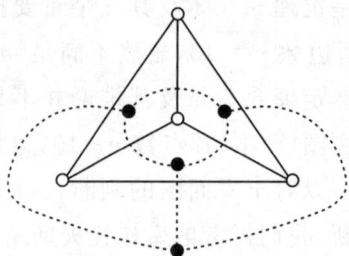

图 6.6.2 自对偶图

**【定理 6.6.1】** 设 $G^*$ 是连通平面图 $G$ 的对偶图，$n^*,m^*,r^*$ 和 $n,m,r$ 分别是 $G^*$ 和 $G$ 的顶点数、边数和面数，则 $n^*=r,m^*=m,r^*=n$，且 $d(v_i^*)=\deg(R_i)$，$i=1,2,\cdots,r$。

**证明**：由定义 6.6.2 对偶图的构造过程可知，$n^*=r,m^*=m$ 和 $d(v_i^*)=\deg(R_i)$ 显然成立，下证 $r^*=n$。因为 $G$ 和 $G^*$ 均是连通的平面图，所以由欧拉公式有

$$n-m+r=2$$
$$n^*-m^*+r^*=2$$

由 $n^*=r,m^*=m$ 可得 $r^*=n$。

证毕。

由于平面图 $G$ 的对偶图 $G^*$ 也是平面图，因此同样可对 $G^*$ 求对偶图，记作 $G^{**}$，如果 $G$ 是连通的，则 $G^{**}$ 与 $G$ 之间有如下关系。

**【定理 6.6.2】** $G$ 是连通平面图，当且仅当 $G^{**}$ 同构于 $G$。

证明略。

由对偶图的构造过程可知，平面图 $G$ 的任何两个对偶图必同构。但是若平面图 $G_1$ 和 $G_2$ 是同构的，其对偶图 $G_1^*$ 和 $G_2^*$ 未必同构。如图 6.6.3 所示，两个平面图 $G_1$ 和 $G_2$ 是同构的，但由于 $G_1$ 中有一个面次数为 5，而 $G_2$ 中没有这样的面，因此 $G_1^*$ 和 $G_2^*$ 不会同构。

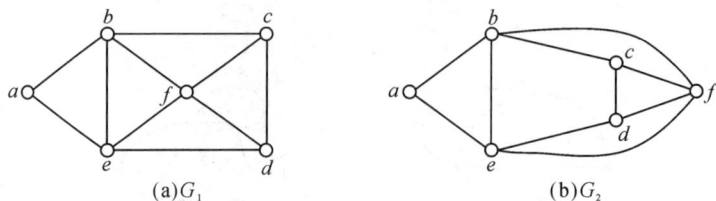

图 6.6.3 同构的两个平面图，其对偶图未必同构

## 6.6.2 点着色

1852 年，英国一位名叫盖思里(Guthrie)的青年提出地图四色问题。在画地图时，如果规定一条边界分开的两个区域涂不同颜色，那么任何地图能够只用四种颜色涂色。这个问题成为数学难题，一百多年来，许多人的证明都失败了。直至 1976 年 6 月美国伊

利诺伊大学两位教授阿佩尔（Appel）和海肯（Haken）利用电子计算机，计算了 1200 小时，证明了四色问题。这件事曾轰动一时。但是用"通常"方法来证明四色问题，至今仍未解决。

地图着色是指对平面图的面着色，利用对偶图，可将其转化为相对简单的顶点着色问题，即对图中相邻的顶点涂不同的颜色。

对于图的着色问题，可以分为三类问题，分别是点着色、面着色和边着色问题。

对平面图 $G$ 的所有**顶点**进行着色，使相邻顶点的颜色不一样所需的最少颜色数称为**点着色问题**。

对平面图 $G$ 的所有**边**进行着色，使相邻边的颜色不一样所需的最少颜色数称为**边着色问题**。

对平面图 $G$ 的所有**面**进行着色，使相邻面的颜色不一样所需的最少颜色数称为**面着色问题**。

值得注意的是，这三类着色问题可以相互转化。例如，对于面着色问题，如果在每个面中取一个点，该面的颜色与这个点的颜色一致，那么面着色问题实际上就转化为点着色问题。同样，对于边着色问题，如果取每个边上的一个点与这个点的颜色一致，那么边着色问题实际上就转化为点着色问题。所以，可以看出，对于面着色和边着色的问题，都可以转化为点着色的问题。因此，我们只需要解决点着色的问题，就能够相应地解决边着色和面着色的问题。

【定义 6.6.3】 设 $G$ 是一个无自环的图，给 $G$ 的每个顶点指定一种颜色，使相邻顶点颜色不同，称为**对 $G$ 的一个正常着色**。图 $G$ 的顶点可用 $k$ 种颜色正常着色，称 $G$ 是 **$k$-可着色的**。

使 $G$ 是 $k$-可着色的数 $k$ 的最小值称为 $G$ 的**色数**，记作 $\chi(G)$。如果 $\chi(G)=k$，则称 $G$ 是 **$k$-色的**。

设 $G$ 无自环且连通，如果有多重边，则可删去多重边，用一条边代替，因此下面考虑的都是连通简单图。有几类图的色数是很容易确定的，即：

【定理 6.6.3】 （1）$G$ 是零图当且仅当 $\chi(G)=1$。

（2）对于完全图 $K_n$，有 $\chi(K_n)=n$。

（3）对于 $n$ 个顶点构成的回路 $C_n$，当 $n$ 为偶数时，$\chi(C_n)=2$；当 $n$ 为奇数时，$\chi(C_n)=3$。

到现在还没有一个简单的方法可以确定任一图 $G$ 是 $n$-色的。但韦尔奇·鲍威尔（Welch Powell）给出了一种对图的着色方法，步骤如下：

（1）将图 $G$ 中的顶点按度数递减次序排列。

（2）用第一种颜色对第一顶点着色，并将与已着色顶点不邻接的顶点也着第一种颜色。

（3）按排列次序用第二种颜色对未着色的顶点重复操作步骤（2）。用第三种颜色继续以上做法，直到所有的顶点均着上色为止。

**【例 6.6.2】** 用韦尔奇·鲍威尔法对图 6.6.4 进行着色。

**解** (1)各结点按度数递减次序排列:$c,a,e,f,b,h,g,d$。

(2)对 $c$ 和与 $c$ 不邻接的 $e,b$ 着第一种颜色。

(3)对 $a$ 和与 $a$ 不邻接的 $g,d$ 着第二种颜色。

(4)对 $f$ 和与 $f$ 不邻接的 $h$ 着第三种颜色。

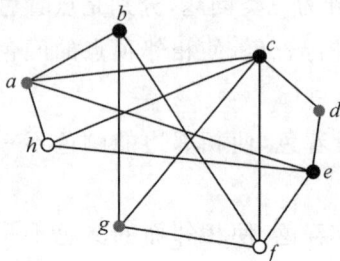

**图 6.6.4  韦尔奇·鲍威尔法**

**【定理 6.6.4】** 如果图 $G$ 的结点的度数最大的为 $\Delta(G)$,则

$$\chi(G) \leqslant 1 + \Delta(G)$$

**证明** 施归纳于 $G$ 的结点度数。

当 $n=2$ 时,$G$ 有一条边,$\Delta(G)=1$,$G$ 是 2-可着色的,所以

$$\chi(G) \leqslant 1 + \Delta(G)$$

假设对于 $n-1$ 个顶点的图,结论成立。现假设 $G$ 有 $n$ 个顶点,顶点的最大度数为 $\Delta(G)$,如果删去任一顶点 $v$ 及其关联的边,得到 $n-1$ 个顶点的图,它的最大度数至多是 $\Delta(G)$,由归纳假设可知,该图是 $1+\Delta(G)$-可着色的,再将 $v$ 及其关联的边加到该图上,使其还原成图 $G$,顶点 $v$ 的度数至多是 $\Delta(G)$,$v$ 的相邻点最多着上 $\Delta(G)$ 种颜色,然后 $v$ 着上第 $1+\Delta(G)$ 种颜色,因此 $G$ 是 $1+\Delta(G)$-可着色的,故

$$\chi(G) \leqslant 1 + \Delta(G)$$

证毕。

定理 6.6.4 所给出的色数的上界是很弱的,布鲁克斯(Brooks)在 1941 年证明了这样的结果,使 $\chi(G)=1+\Delta(G)$ 的图只有两类:或是奇回路,或是完全图。这个证明比较烦杂,此处不再赘述。

**【定理 6.6.5】** 任何平面图是 5-可着色的。

**证明** 可设 $G$ 是简单平面图。施归纳于 $G$ 的顶点数 $n$。当 $n \leqslant 5$ 时,结论显然成立。

假设对所有 $n-1$ 个顶点的平面图是 5-可着色的。现考虑有 $n$ 个顶点的平面图 $G$,由定理 6.6.4 可知,在 $G$ 中存在着顶点 $v_0$,$d(v_0) \leqslant 5$。由归纳假设可知,$G-v_0$ 是 5-可着色的,在给定了 $G-v_0$ 的一种着色后,将 $v_0$ 及其关联的边加到原图中,得到 $G$,分两种情况考虑:

(1)如果 $d(v_0) < 5$,则 $v_0$ 的相邻点已着上的颜色小于等于 4 种,所以 $v_0$ 可以着另一种颜色,是 $G$ 是 5-可着色的。

（2）如果 $d(v_0)=5$，则将 $v_0$ 的邻接点依次记为 $v_1,v_2,\cdots,v_5$，并且对应 $v_i$ 着第 $i$ 色，如图 6.6.5(a)所示。

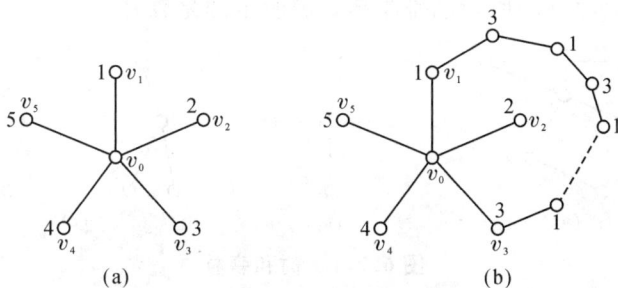

**图 6.6.5** $v_0$ 的 5 个邻接点

设 $H_{13}$ 为 $G-v_0$ 的一个子图，它是由着色 1 和 3 的顶点集导出的子图。如果 $v_1$ 和 $v_3$ 属于 $H_{13}$ 的不同分支，将 $v_1$ 所在分支中着色 1 的顶点与着色 3 的顶点颜色对换，这时 $v_1$ 着色 3，这并不影响 $G-v_0$ 的正常着色。然后将 $v_0$ 着色 1，因此 $G$ 是 5-可着色的。

如果 $v_1$ 和 $v_3$ 属于 $H_{13}$ 的同一分支，则在 $G$ 中存在一条从 $v_1$ 到 $v_3$ 的路，它的所有顶点着色 1 或 3。这条路与路 $v_1v_0v_3$ 一起构成一条回路，如图 6.6.5(b)所示。它或者把 $v_2$ 围在其中，或者同时把 $v_4$ 和 $v_5$ 围在其中。由于 $G$ 是平面图，在上面任一种情况下，都不存在连接 $v_2$ 和 $v_4$ 并且顶点着色 2 或 4 的一条路。

现在设 $H_{24}$ 为 $G-v_0$ 的另一个子图，它是由着色 2 和 4 的顶点集导出的子图，则 $v_2$ 和 $v_4$ 属于 $H_{24}$ 的不同分支。于是在 $v_2$ 所在分支中将着色 2 的顶点和着色 4 的顶点颜色对换，即 $v_2$ 着色 4，这样导出了 $G-v_0$ 的另一种正常着色，然后将 $v_0$ 着色 2，同样可得 $G$ 是 5-可着色的。

定理得证。

虽然我们能给出上述 5 色定理（即定理 6.6.5）的一般证明，但正如前面所说，对于地图的四色猜想至今不能得到有效证明。

## 6.7 树与生成树

树是图论中的一个重要概念。早在 1847 年德国物理学家克希霍夫就用树的理论来研究电网络，而树在计算机科学中应用更为广泛。本节介绍树的基本知识，其中谈到的图都假定是简单图。所谈回路均指简单回路或基本回路。

### 6.7.1 无向树的概念

【定义 6.7.1】 连通而无简单回路的无向图称为**无向树**，简称**树**。树中度数为 1 的顶点称为**树叶**，度数大于 1 的顶点称为**分支点**或**内部顶点**。

【定义 6.7.2】 当一个无向图的每个连通分图均是树时，称该无向图为**森林**，树本身也是森林。平凡图称为**平凡树**。

由于树无环且无重边（否则有回路），所以树必是简单图。

例如，图 6.7.1(a)、(b)所示的都是树，(c)所示的是森林。

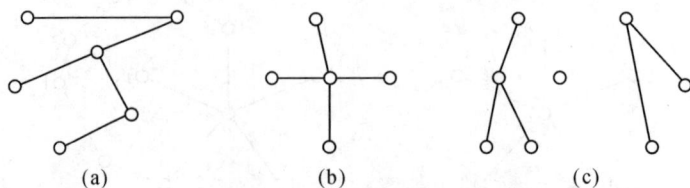

**图 6.7.1 树和森林**

【**定理 6.7.1**】 无向图 $T$ 是树，当且仅当下列 5 种情形之一成立（或者说，这 5 种情形的任一种都可作为树的定义）：

(1)无简单回路且 $m=n-1$（这里 $m$ 是边数，$n$ 是顶点数，下同）；

(2)连通且 $m=n-1$；

(3)无简单回路，但增加任一新边，得到且仅得到一条基本回路；

(4)连通但若删去任一边，图便不连通（$n \geqslant 2$）；

(5)每一对顶点间有唯一的一条基本路径（$n \geqslant 2$）。

**证明** (1)由树的定义可得情形(1)。

施归纳于顶点数 $n$。当 $n=1$ 时，$m=0$，则 $m=n-1$ 成立。

假设当 $n=k$ 时，$m=n-1$ 成立。则当 $n=k+1$ 时，因为树是连通的且无回路，所以至少有一个度数为 1 的顶点 $v$，从树中删去 $v$ 和与它关联的边，则得到 $k$ 个顶点的树 $T'$。根据假设它有 $k-1$ 条边，现将 $v$ 和与它关联的边加到 $T'$ 上还原成树 $T$，则 $T$ 有 $k+1$ 个顶点、$k$ 条边，边数比顶点数少 1，故 $m=n-1$ 成立。

(2)由情形(1)可得情形(2)。

再用反证法。若图 $T$ 不连通，设 $T$ 有 $k$ 个连通分支 $T_1,T_2,\cdots,T_k(k \geqslant 2)$，其顶点数分别为 $n_1,n_2,\cdots,n_k$，则有

$$\sum_{i=1}^{k} n_i = n$$

边数分别为 $m_1,m_2,\cdots,m_k$，则有

$$\sum_{i=1}^{k} m_i = m$$

因此，有

$$m = \sum_{i=1}^{k} m_i = \sum_{i=1}^{k} (n_i - 1) = n - k < n - 1$$

即 $m<n-1$，这与 $m=n-1$ 矛盾，故 $T$ 是连通的 $m=n-1$ 图。

(3)由情形(2)可得情形(3)。

若 $T$ 是连通图并有 $n-1$ 条边，施归纳于顶点数 $n$。

当 $n=2$ 时, $m=n-1=1$, 所以没有回路, 如果增加一条边, 只能得到唯一的一条回路。

假设 $n=k$ 时, 命题成立。则当 $n=k+1$ 时, 因为 $T$ 是连通的并有 $n-1$ 条边, 所以每个顶点都有 $d(v) \geqslant 1$, 并且至少有一个顶点 $v_0$, 满足 $d(v_0)=1$。否则, 如果每个顶点 $v$ 都有 $d(v) \geqslant 2$, 那么必然会有总度数 $2m \geqslant 2n$, 即 $m \geqslant n$, 这与条件 $m=n-1$ 矛盾。因此至少有一个顶点 $v_0$, 满足 $d(v_0)=1$。

删去 $v_0$ 及其关联的边, 得到图 $T'$, 由假设知 $T'$ 无回路, 现将 $v_0$ 及其关联的边再加到 $T'$ 上, 则还原成 $T$, 所以 $T$ 没有回路。

如果在连通图 $T$ 中增加一条新边 $(v_i, v_j)$, 则 $(v_i, v_j)$ 与 $T$ 中从 $v_i$ 到 $v_j$ 的一条基本路径构成一条基本回路, 且该回路必定是唯一的, 否则当删去新边 $(v_i, v_j)$ 时, $T$ 中必有回路, 产生矛盾。

(4) 由情形 (3) 可得情形 (4)。

若图 $T$ 不连通, 则存在两个顶点 $v_i$ 和 $v_j$, 在 $v_i, v_j$ 之间没有路径, 如果增加边 $(v_i, v_j)$ 不产生回路, 这与情形 (3) 矛盾, 因此 $T$ 连通。因为 $T$ 中无回路, 所以删去任意一条边, 图必不连通。故图中每一条边均是桥。

(5) 由情形 (4) 可得情形 (5)。

由图的连通性可知, 任意两个顶点之间都有一条通路, 是基本通路。如果这条基本通路不唯一, 则 $T$ 中必有回路, 删去回路上的任意一条边, 图仍连通, 与情形 (4) 矛盾。故任意两个顶点之间有唯一一条基本回路。

(6) 由情形 (5) 可得树的定义。

每对顶点之间有唯一一条基本通路, 那么 $T$ 必连通, 若有回路, 则回路上任意两个顶点之间有两条基本通路, 与情形 (5) 矛盾。故图连通且无回路, 是树。

> **Tips**: 可以看出, 上述 5 个定义与树的基本定义之间是相互等价的, 通过 "定义 $\Rightarrow$ (1) $\Rightarrow$ (2) $\Rightarrow \cdots \Rightarrow$ (5) $\Rightarrow$ 定义" 这种循环论证, 说明了这些定义的根本就是 "连通, 无简单回路, $m=n-1$" 三个条件中任意取两个条件, 即能构成树的基本定义。

【定理 6.7.2】 任何一棵非平凡树 $T$ 至少有两片树叶。

证明 设 $T$ 是 $(n,m)$ 图, $n \geqslant 2$, 有 $k$ 片树叶, 其余结点度数均大于或等于 2, 则

$$\sum_{i=1}^{n} d(v_i) \geqslant 2(n-k)+k=2n-k$$

而

$$\sum_{i=1}^{n} d(v_i) = 2m = 2(n-k) = 2n-2$$

所以 $\qquad\qquad 2n-2 \geqslant 2n-k, \quad 即 \quad k \geqslant 2$

【例 6.7.1】 设 $T$ 是一棵树, 有两个结点度数为 2, 一个结点度数为 3, 三个结点度数为 4, 问: $T$ 有几片树叶?

**解** 设树 $T$ 有 $x$ 片树叶,则 $T$ 的结点数为

$$n = 2 + 1 + 3 + x$$

$T$ 的边数为

$$m = n - 1 = 5 + x$$

又由握手定理得

$$2m = \sum_{i=1}^{n} d(v_i)$$

得

$$2 \times (5 + x) = 2 \times 2 + 3 \times 1 + 4 \times 3 + x$$

所以 $x = 9$,即树 $T$ 有 9 片树叶。

## 6.7.2 生成树与最小生成树

有一些图,本身不是树,但它的某些子图却是树,其中很重要的一类是生成树。

**【定义 6.7.3】** 若无向图 $G$ 的一个生成子图 $T$ 是树,则称 $T$ 是 $G$ 的一棵**生成树**。生成树 $T_G$ 中的边称为**树枝**。图中其他边称为 $T_G$ 的**弦**。所有这些弦的集合称为 $T_G$ 的**补**。

例如,在图 6.7.2 中,图(b)~图(l)均是图(a)的生成树。可以看到,一般情况下,图的生成树不唯一。

由图 6.7.2 可见,图(a)与其他图的区别是:图(a)中有回路,而它的生成树无回路,因此要在一个连通图 $G$ 中找到一棵生成树,只要不断地从 $G$ 的回路上删去一条边,最后所得无回路的子图就是 $G$ 的一棵生成树。例如,图(a)删掉边 1 和 4 后就得到了生成树(b),图(a)删掉边 1 和 5 后就得到了生成树(c)等等,因为树的边数是根据顶点数确定的,故所有图(a)的生成树只要删掉 2 条边来确定,图(b)~图(l)已经把图(a)的所有生成树都给出来了。

实际上,在图 6.7.2(a)的所有生成树中,图(b)、(c)、(f)、(i)、(j)、(k)、(l)均是同构的,而图(d)、(e)、(g)、(h)也均是同构的(请读者自己思考为什么)。所以图(a)的所有不同构的生成树只有 2 个,即图(b)和图(d)。我们考虑图(a),共有 5 个结点,其度数序列为 $(2,2,2,3,3)$,所以其生成树必只有 4 条边,生成树的结点总度数定为 8。由于 5 个结点的度数均必须大于等于 1,而每个结点的度数又必须小于等于图(a)中该结点的原有度数,所以最后形成的生成树度数序列只能是 $(1,1,2,2,2)$ 和 $(1,1,1,2,3)$ 两种。

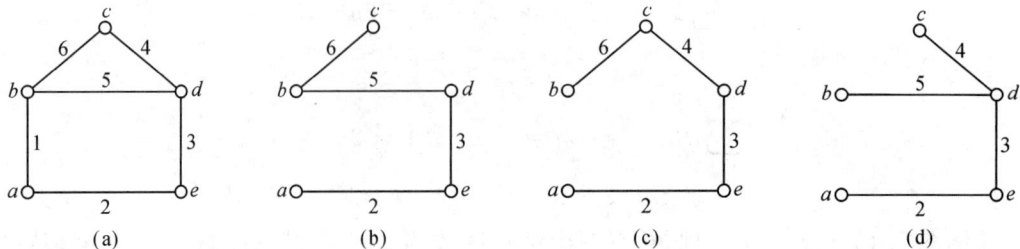

|  |  |  |  |
|:---:|:---:|:---:|:---:|
| (a) | (b) | (c) | (d) |

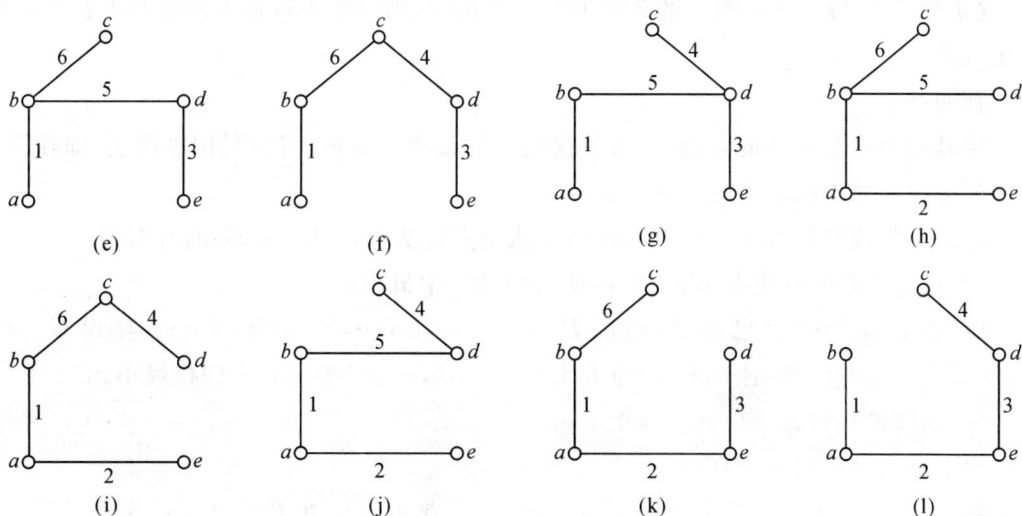

图 6.7.2　生成树

下面我们来介绍一个无向图有生成树的充要条件。

【定理 6.7.3】　无向图 $G$ 有生成树的充分必要条件是 $G$ 为连通图。

**证明**　先采用反证法来证明必要性。

若 $G$ 不连通,则它的任何生成子图也不连通,因此不可能有生成树,与 $G$ 有生成树矛盾,故 $G$ 是连通图。

再证充分性。

设 $G$ 连通,则 $G$ 必有连通的生成子图,令 $T$ 是 $G$ 的含有边数最少的生成子图,于是 $T$ 中必无回路(否则删去回路上的一条边不影响连通性,与 $T$ 含边数最少矛盾),故 $T$ 是一棵树,即生成树。

证毕。

带权图的生成树是实际应用较多的树。

一个很实际的问题是:假设你是一位设计师,欲架设连接 $n$ 个村镇的电话线,每个村镇设一个交换站。已知由 $i$ 村到 $j$ 村的线路 $e=(v_i,v_j)$ 造价为 $\omega(e)=w_{ij}$,要保证任意两个村镇之间均可通话,请设计一个方案,使总造价最低。这个问题的数学模型为:在已知的带权图上求权最小的生成树。

【定义 6.7.4】　设无向连通带权图 $G=\langle V,E,\omega\rangle$,$G$ 中带权最小的生成树称为 $G$ 的**最小生成树**(或**最优树**)。

我们回过来看图 6.7.2(a)的所有生成树,如果我们把标记在边上的数字看作是该边的权。那么图(a)肯定有一个最小生成树。计算图(b)~图(l)各树的权,可得这些图的权分别为:16,15,14,15,14,13,14,13,12,12,10。可以看到,图(a)的最小生成树是图(l),其权为 10。

为了方便地寻找任意一个加权连通图的最小生成树,我们先给出下面这个定理。

【**定理 6.7.4**】 连通图 $G$ 的各边的权均不相同,则回路中权最大的边必不在 $G$ 的最小生成树中。

证明略。

定理的结论是显然的,由此寻找带权图 $G$ 的最小生成树,可以采用破圈法,即在图 $G$ 中不断去掉回路中权最大的边。

求最小生成树的另一个更有效率的算法是克鲁斯卡尔(Kruskal)的避圈法:

(1)选 $e_1 \in E(G)$,使得 $\omega(e_1)$ 在 $G$ 所有边的权中最小;

(2)若 $e_1, e_2, \cdots, e_i$ 已选好,则从 $E(G) - \{e_1, e_2, \cdots, e_i\}$ 中选取 $e_{i+1}$,使得 $G[\{e_1, e_2, \cdots, e_i\}]$ 中没有回路,且 $\omega(e_{i+1})$ 为 $E(G) - \{e_1, e_2, \cdots, e_i\}$ 中所有边的权最小;

(3)继续进行直到选得 $e_{n-1}$ 为止。

以上算法是正确的,理由如下:

**解** (1)由上述所得边集 $A = \{e_1, e_2, \cdots, e_{n-1}\}$ 导出的子图 $T$ 是图 $G$ 的生成树。

因为根据算法而得到的子图 $T$ 是在 $n$ 个顶点上有 $n-1$ 条边且无简单回路的图。根据定理 6.7.1(1),它是树。另外,$T$ 包含了图 $G$ 的全部顶点,所以 $T$ 是 $G$ 的生成树。

(2)$T$ 是 $G$ 的最小生成树。用反证法。假设最小生成树是 $T'$ 而不是 $T$,则存在一条边 $e_i \in T'$,但 $e_i \notin T$,将 $e_i$ 加到 $T$ 上得到一条基本回路 $C$,由上述算法知,$e_i$ 是 $C$ 中的权最大的边,否则不会排除出 $T$,但根据定理 6.7.4,$C$ 中的权最大的边 $e_i$ 不应在最小生成树 $T'$ 中,这与 $e_i \in T'$ 矛盾。所以 $T$ 是最小生成树。

下面这个例子详细阐述了克鲁斯卡尔的避圈法在具体问题中是如何应用的。

【**例 6.7.2**】 求图 6.7.3(a)中有权图的最小生成树。

**解** 因为图中 $n=8$,所以按算法要执行 $n-1=7$ 次,其过程见图(b)~图(h)。

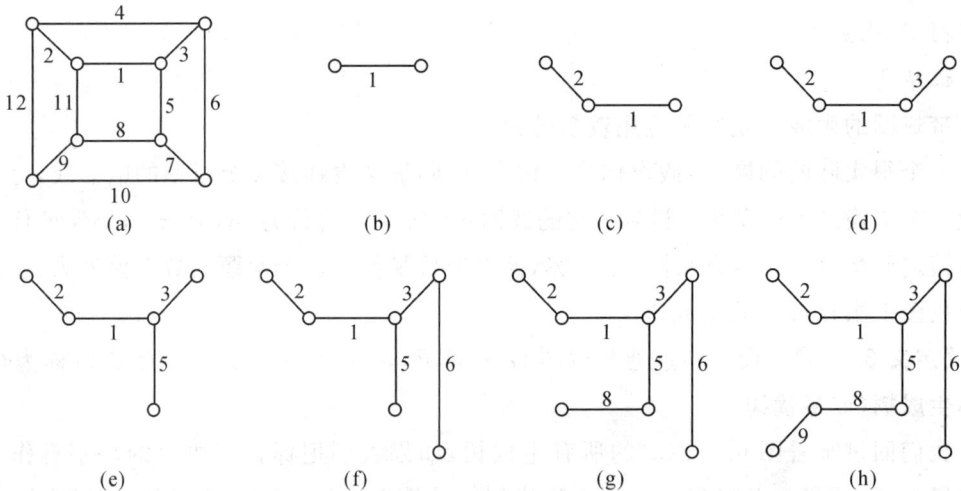

**图 6.7.3 例 6.7.2 图**

我们看到,在图(a)中,总共有 12 条边,根据算法,把权最小的边取出来,这样我们就得到图(b),第二步,在图(a)中剩下的 11 条边中,取权最小的边 2,这样就得到图(c)。同样道理,可以继续得到图(d),有了 3 条边以后,接下来取第 4 条时,我们发现如果取权最小的边 4,则会在子图中形成回路,所以不能取边 4,只能取边 5,这样我们得到的是图(e)。如此继续,直到我们取满 7 条边时,子图已经变成了图(h)的模样,显然这是一个图(a)的生成树,也正是我们所要求的最小生成树。

## 6.8 有向树及其应用

### 6.8.1 有向树的概念

【定义 6.8.1】 一个有向图 $G$,如果略去有向边的方向所得无向图为一棵树,则称 $G$ 为有向树。

在有向树中,最重要的是根树。

【定义 6.8.2】 一棵非平凡的有向树,如果有一个顶点的入度为 0,其余顶点的入度均为 1,则称此有向树为**根树**。入度为 0 且出度大于 0 的顶点称为**树根**;入度为 1,出度为 0 的顶点称为**树叶**;入度为 1,出度大于 0 的顶点称为内点。内点和树根(即出度大于 0 的顶点)统称为**分支点**。

例如,在图 6.8.1 中,图(a)、(b)、(c)均是有向树,但只有图(c)是根树。在图(c)中,$v_0$ 是树根,$v_3,v_5,v_6,v_7,v_8$ 是树叶,而 $v_1,v_2,v_4$ 则是内点。

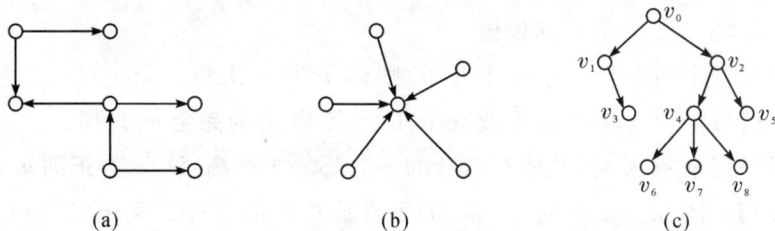

图 6.8.1 有向树

在根树中,从树根 $v_0$ 到每个顶点 $v_i$ 有唯一一条基本路径,该通路的长度称为点 $v_i$ 的层数,记作 $l(v_i)$;其中最大的层数称为**树高**,记作 $h(T)$。

例如在图(c)中,$v_0$ 的层数为 0;$v_1,v_2$ 的层数为 1;$v_3,v_4,v_5$ 的层数为 2;$v_6,v_7,v_8$ 的层数为 3。该树的树高为 3。习惯上将根树画成树根在上,各边箭头均朝下的形状(见图 6.8.1(c)),并为方便起见,略去各边上的箭头(见图 6.8.2),可以看出,根树上的各个顶点有了层次关系。

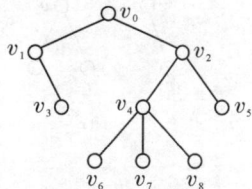

图 6.8.2 根树

一棵根树常常被形象地比作一棵家族树:

(1)如果顶点 $u$ 邻接到顶点 $v$,则称 $u$ 为 $v$ 的**父亲**,$v$ 为 $u$ 的**儿子**;

(2)共有同一个父亲的顶点称为**兄弟**;

(3)如果顶点 $u$ 可达顶点 $v$,且 $u \neq v$,则称 $u$ 是 $v$ 的**祖先**,$v$ 是 $u$ 的**后代**。

显然在根树 $T$ 中,所有的内点、树叶均是树根的后代。

**【定义 6.8.3】** 设 $T$ 为一棵根树,$a$ 为 $T$ 中一个顶点,且 $a$ 不是树根,则称 $a$ 及其后代导出的子图 $T'$ 为 $T$ 的以 **$a$ 为根的子树**,简称**根子树**。

例如,在图 6.8.1(c)中,$v_3$ 是 $v_1$ 的儿子,$v_1$ 是 $v_3$ 的父亲;$v_4$ 与 $v_5$ 是兄弟,$T' = G[\{v_2, v_4, v_5, v_6, v_7, v_8\}]$ 是以 $v_2$ 为根的 $T$ 的根子树。

在现实的家族关系中,兄弟之间是有大小顺序的,为此我们又引入有序树的概念。

**【定义 6.8.4】** 在根树 $T$ 中,如果每一层的顶点都按一定的次序排列,则称 $T$ 为**有序树**。在画有序树时,常假定每一层的顶点是按从左到右排序的。

例如,图 6.8.3 中的(a)和(b)表示的是不同的有序树。而如果不考虑同层顶点的次序,则图 6.8.3(a)和(b)表示的是同一棵根树。

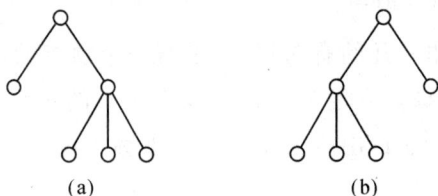

图 6.8.3 有序树

根据每个分支点的儿子数以及是否有序可将根树分成若干类。

**【定义 6.8.5】** 设 $T$ 是一棵根树。

(1)若 $T$ 的每个顶点至多有 $m$ 个儿子,则称 $T$ 为 **$m$ 叉树**。

(2)若 $T$ 的每个顶点都有 $m$ 个或 $0$ 个儿子,则称 $T$ 为**完全 $m$ 叉树**。

(3)若 $T$ 是完全 $m$ 叉树,且所有树叶的层数都等于树高,称 $T$ 为**正则 $m$ 叉树**。

**【例 6.8.1】** 图 6.8.4 中的(a)和(b)可看成相等的有序二叉树,图(c)是完全二叉树,图(d)是正则二叉树。

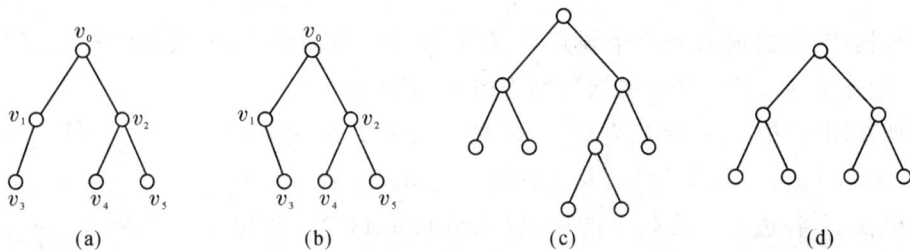

图 6.8.4 各种类型的二叉树

在所有的 $m$ 叉树中,二叉树居重要地位,其中完全二叉有序树的应用最为广泛。在完全二叉有序树中,以分支点的两个儿子分别作为树根的两棵子树,通常称为该分支点的左子树和右子树。

### 6.8.2 最优树

【定义 6.8.6】 设根树 $T$ 有 $t$ 片树叶 $v_1, v_2, \cdots, v_t$，它们分别带权 $w_1, w_2, \cdots, w_t$，则称 $T$ 为(叶)带权树，称

$$W(T) = \sum_{i=1}^{t} \omega_i l_i$$

为 $T$ 的权，其中 $l_i$ 是 $v_i$ 的层数。

在接下去的讨论中，我们都只讨论二叉树。

【例 6.8.2】 求图 6.8.5 中 4 片树叶分别带权 5, 6, 7, 12 的二叉树的权。

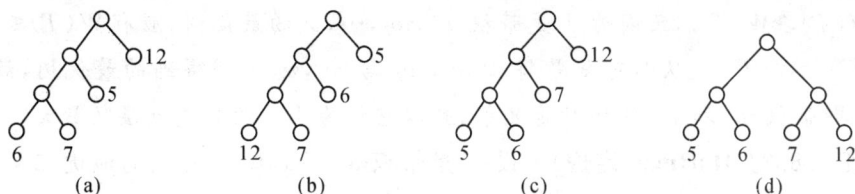

图 6.8.5 带权二叉树的多种情况

**解** 在图 6.8.5 中，图(a)、(b)、(c)、(d)对应的二叉树的权分别为

$$W(T_1) = 12 \times 1 + 5 \times 2 + 6 \times 3 + 7 \times 3 = 61$$
$$W(T_2) = 5 \times 1 + 6 \times 2 + 12 \times 3 + 7 \times 3 = 74$$
$$W(T_3) = 12 \times 1 + 7 \times 2 + 5 \times 3 + 6 \times 3 = 59$$
$$W(T_4) = 5 \times 2 + 6 \times 2 + 12 \times 2 + 7 \times 2 = 60$$

从中可以看到，对于叶带权的二叉树，由于树叶的层数不同，叶权也大小各异，因此树权是不同的，但其中必存在一棵权最小的二叉树。

【定义 6.8.7】 在所有叶带权 $w_1, w_2, \cdots, w_t$ 的二叉树中，权最小的二叉树称为**最优二叉树**，简称**最优树**(又称 **Huffman 树**)。

如何寻求最优二叉树？1952 年，德国数学家哈夫曼(David A. Huffman)给出了求最优二叉树的算法，即 Huffman 算法。令

$$S = \{w_1, w_2, \cdots, w_t\}, \quad w_1 \leqslant w_2 \leqslant \cdots \leqslant w_t$$

其中 $w_i$ 是树叶 $v_i$ 所带的权，$i = 1, 2, \cdots, t$，则有：

(1)在 $S$ 中选取两个最小的权 $w_i, w_j$，使它们对应的顶点 $v_i, v_j$ 做兄弟，得一分支点 $v_r$，令其带权 $w_r = w_i + w_j$；

(2)从 $S$ 中去掉 $w_i, w_j$，再加入 $w_r$；

(3)若 $S$ 中只有一个元素，则停止，否则转到步骤(1)。

一般来说，带权 $w_1, w_2, \cdots, w_t$ 的最优二叉树并不唯一。为了证明 Huffman 算法的正确性，先证下面的引理。

【定理 6.8.1】 设 $T$ 是一棵带权 $w_1 \leqslant w_2 \leqslant \cdots \leqslant w_t$ 的最优二叉树，则带最小权 $w_1$，

$w_2$ 的树叶 $v_1$ 和 $v_2$ 是兄弟,且以它们为儿子的分支点层数最大。

**证明** 设 $v$ 是 $T$ 中离根最近的分支点,它的两个儿子 $v_a$ 和 $v_b$ 都是树叶,分别带权 $w_a$ 和 $w_b$,而不是 $w_1$ 和 $w_2$。并且从根到 $v_a$ 和 $v_b$ 的通路长度分别是 $l_a$ 和 $l_b$,$l_a = l_b$。故有

$$l_a \geq l_1, \quad l_b \geq l_2$$

现将 $w_a$ 和 $w_b$ 分别与 $w_1$ 和 $w_2$ 交换,得一棵新的二叉树,记为 $T'$,则

$$W(T) = w_1 \times l_1 + w_2 \times l_2 + \cdots + w_a \times l_a + w_b \times l_b + \cdots$$
$$W(T') = w_a \times l_1 + w_b \times l_2 + \cdots + w_1 \times l_a + w_2 \times l_b + \cdots$$

于是

$$W(T) - W(T') = (w_1 - w_a) \times (l_1 - l_a) + (w_2 - w_b) \times (l_2 - l_b) \geq 0$$

即 $W(T) \geq W(T')$,又因为 $T$ 是带权 $w_1, w_2, \cdots, w_t$ 的最优树,应有 $W(T) \leq W(T')$,因此 $W(T) = W(T')$。从而可知是将权 $w_1, w_2$ 与 $w_a, w_b$ 对调得到的最优树,故而 $l_a = l_1, l_b = l_2$,即带权 $w_1$ 和 $w_2$ 的树叶是兄弟,且以它们为儿子的分支点层数最大。

**【定理 6.8.2】(Huffman 定理)** 设 $T$ 是带权 $w_1 \leq w_2 \leq \cdots \leq w_t$ 的最优二叉树,如果将 $T$ 中带权为 $w_1$ 和 $w_2$ 的树叶去掉,并以它们的父亲作树叶,且带权 $w_1 + w_2$,记所得新树为 $T'$,则 $T'$ 是带权为 $w_1 + w_2, w_3, \cdots, w_t$ 的最优树。

**证明** 由于带权为 $w_1$ 和 $w_2$ 的树叶的层高如果为 $l_1$,则其父亲的层高为 $l_1 - 1$,所以

$$W(T') = (w_1 + w_2) \times (l_1 - 1) + \cdots$$
$$W(T) = w_1 \times l_1 + w_2 \times l_1 + \cdots$$

两式中的"$\cdots$"部分相同。

所以

$$W(T) = W(T') + w_1 + w_2$$

若 $T'$ 不是最优树,则必有另一棵带权 $w_1 + w_2, w_3 \cdots, w_t$ 的最优树 $T''$。令 $T''$ 中带权 $w_1 + w_2$ 的树叶生出两个儿子,分别带权 $w_1$ 和 $w_2$,得到新树 $\hat{T}$,则显然有

$$W(\hat{T}) = W(T'') + w_1 + w_2$$

因为 $T''$ 是带权 $w_1 + w_2, w_3 \cdots, w_t$ 的最优树,故 $W(T'') \leq W(T')$。如果 $W(T'') < W(T')$,则必有 $W(\hat{T}) < W(T)$,与 $T$ 是带权 $w_1, w_2, w_3 \cdots, w_t$ 的最优树矛盾,所以只有 $W(T'') = W(T')$,即 $T'$ 是带权为 $w_1 + w_2, w_3, \cdots, w_t$ 的最优树成立。

由 Huffman 定理易知 Huffman 算法的正确性。下面我们以一个实例来详细说明 Huffman 算法。

**【例 6.8.3】** 构造一棵带权 $1, 3, 3, 4, 6, 9, 10$ 的最优二叉树,并求其权 $W(T)$。

**解** 构造过程如图 6.8.6 所示。

第一步,找出叶权最小的两个对应顶点,构成一个分支,把这两个顶点权的和作为它们父亲的权,如图(b)所示。

第二步,此时的权序列为 3,4,4,6,9,10,仍按照算法,找出这个序列中权最小的两个顶点,构成一个分支,把这两个顶点权的和作为它们父亲的权。第二步结束以后,我们可以看到,新的权序列为:4,6,7,9,10,如图(c)所示。

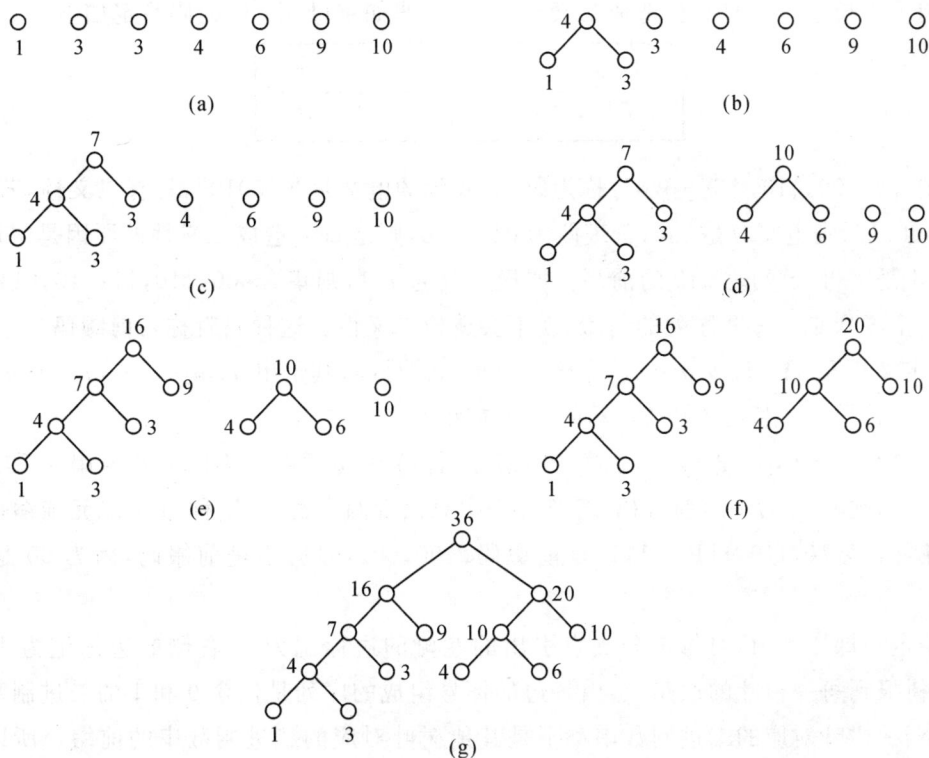

图 6.8.6　构造最优二叉树的过程

重复上述步骤,直到最后只剩 1 个顶点,这个顶点就作为最优树的根,如图(g)所示。可得

$$W(T) = (1+3) \times 4 + (3+4+6) \times 3 + (9+10) \times 2 = 93$$

## 6.8.3　前缀码

利用 Huffman 算法可以产生最佳前缀码,接下来我们讨论树在前缀码这个实际问题中的应用。

通信中常用二进制码表示字母,4 位二进制码可以表示 $2^4 = 16$ 个不同字母,因而表示 26 个英文字母必须用 5 位二进制码(5 位二进制码可以表示 $2^5 = 32$ 个不同字母,显然已足够用来表示 26 个英文字母)。这里我们所说的码是每个字母的码长均相同,比如均为 5 位,所以我们叫它等字长码。在实际使用中,有的英文字母的使用频率很高,例如 e 为 13.1%,t 为 10.5%,还有 a,i,r,s 等,而有的英文字母的使用频率很低,例如 j,z,q 的使用频率只有 0.1%。那么是否可以用短码对高频字母进行编码,用长码对低频字母进行编码,从而使电文的总长有所降低呢?答案是肯定的。

用不等长的二进制数序列表示 26 个英文字母时,其长度为 1 的二进制数序列最多有 2 个,长度为 2 的二进制数序列最多有 $2^2$ 个,依次类推。由于 $2+2^2+2^3+2^4=30>26$,所以,用长度不超过 4 的二进制数序列就可表达 26 个不同的英文字母。

但不等长字符串有时会造成二义性。例如,假如字母 abcde 的码给定如下:

| a | b | c | d | e |
|---|---|---|---|---|
| 00 | 110 | 010 | 10 | 01 |

把集合 $\{00,110,010,10,01\}$ 称为码,如收到的电文是"010010",就有二义性,若理能为 01,00,10,则电文应是 ead;若理能为 010,010,则是 cc。造成二义性的原因是字母"e"的码 01 是字母"c"的码 010 的前缀。如把 c 改为 111,则集合 $\{00,110,111,10,01\}$ 没有任何一个序列是另一个序列的前缀,就不会造成二义性。这种码就称为**前缀码**。

【定义 6.8.8】 设 $a_1a_2\cdots a_n$ 是长度为 $n$ 的符号串,其子串 $a_1,a_1a_2,\cdots,a_1a_2\cdots a_{n-1}$ 分别称为该符号串的长度为 $1,2,\cdots,n-1$ 的**前缀**。

设 $A=\{\beta_1,\beta_2,\cdots,\beta_n\}$ 为一个符号串集合,若 $A$ 中任意两个不同的符号串 $\beta_i$ 和 $\beta_j$ 互不为前缀,则称 $A$ 为一组**前缀码**,若符号串中只出现两个符号,则称 $A$ 为**二元前缀码**。

例如,$\{0,10,110,1110,1111\}$ 是前缀码,$\{00,001,011\}$ 不是前缀码,因为 00 是 001 的前缀。

给定一棵二叉树,对每个分支点引出的左侧的边标记为 0,右侧的边标记为 1。这样,由树根到每一树叶的通路上,由各边的标号组成的序列是仅含 0 和 1 的二进制数串。显然,任一树叶对应的二进制数串都不是其他树叶对应的二进制数串的前缀。所以,任一二叉树的树叶集合对应一个前缀码。我们还可证明,任何一个前缀码对应一棵二叉树。下面以例说明。

如图 6.8.7 所示,图(a)所对应的前缀码为 $\{01,10,11,000,001\}$,图(b)所对应的前缀码为 $\{1,01,000,001\}$。

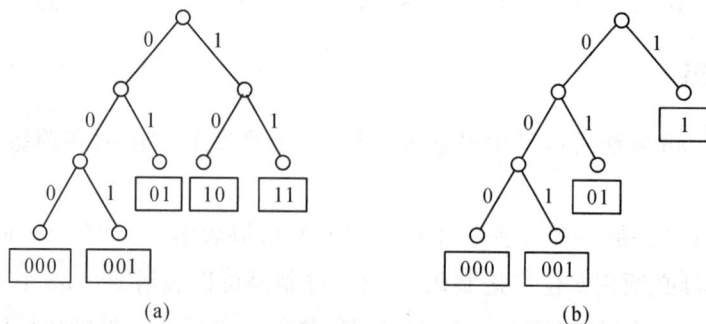

图 6.8.7 二叉树对应前缀码

【例 6.8.4】 给出与前缀码 $\{00,10,11,010,011\}$ 对应的二叉树。

**解** 因为该前缀码的最长序列为 3,我们作一个高度为 3 的二叉树,如图 6.8.8(a)所示。将二叉树中对应前缀码中序列的顶点用方框标记,删去标记顶点的所有后代和边,即得到所求的二叉树,如图 6.8.8(b)所示。

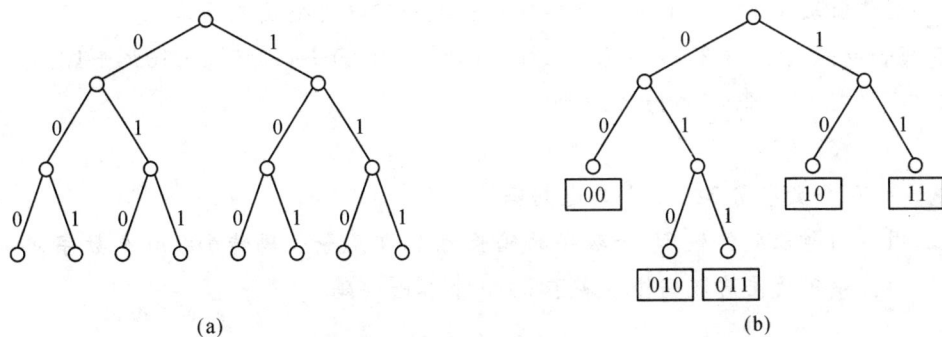

图 6.8.8 前缀码对应的二叉树

对 26 个英文字母,设各字母使用的频率分别为 $p_1,p_2,\cdots,p_{26}$,可以求出带权 $p_1$, $p_2,\cdots,p_{26}$ 的最优树,从而解决最佳编码问题。

【例 6.8.5】 假设在通信中,十进制数字出现的频率是:

$$0:20\%, \quad 1:15\%, \quad 2:10\%, \quad 3:10\%, \quad 4:10\%$$
$$5:5\%, \quad 6:10\%, \quad 7:5\%, \quad 8:10\%, \quad 9:5\%$$

(1)求传输它们的最佳前缀码。

(2)用最佳前缀码传输 10000 个按上述频率出现的数字,需要多少个二进制码?

(3)它比用等长的二进制码传输 10000 个数字节省多少个二进制码?

**解** (1)令 $i$ 对应叶权 $w_i$,$w_i=100i$,则

$$w_0=20, \quad w_1=15, \quad w_2=10, \quad w_3=10, \quad w_4=10,$$
$$w_5=5, \quad w_6=10, \quad w_7=5, \quad w_8=10, \quad w_9=5$$

构造一棵带权 5,5,5,10,10,10,10,10,15,20 的最优二叉树,见图 6.8.9,数字与前缀码的对应关系见图右侧。

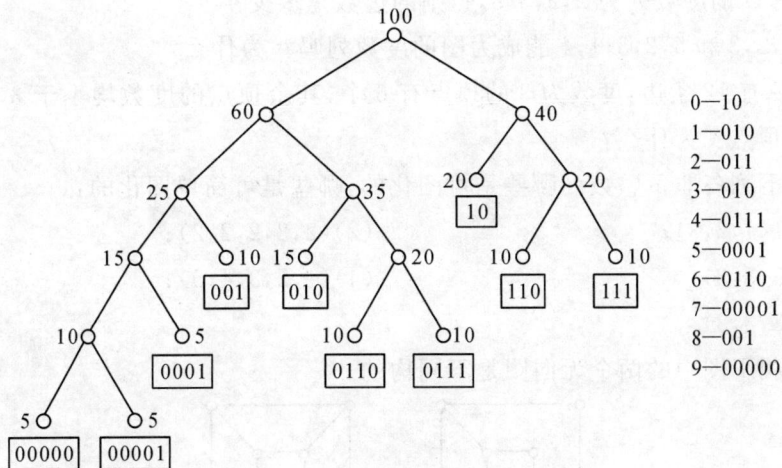

图 6.8.9 十进制数字对应的前缀码

即最佳前缀码为：{10,010,111,110,001,0111,0001,0110,00000,00001}。

（2）最佳前缀码10000个数字所对应的总码长可以用公式来计算：

总码长＝2×20％＋3×（10％＋15％＋10％＋10％）＋4×（5％＋10％＋10％）＋

        5×（5％＋5％））×10000

    ＝32500

即传输10000个数字需32500个二进制码。

（3）因为用等长码传输10个数字的码长为4，即用等长码传10000个数字需40000个二进制码，故用最佳前缀码传节省了7500个二进制码。

# 习　题

**1.** 设 $G=\langle V,E\rangle$ 是一个无向图，已知 $V=\{v_1,v_2,\cdots,v_8\}$，$E=\{\langle v_1,v_2\rangle,\langle v_2,v_3\rangle,\langle v_3,v_1\rangle,\langle v_1,v_5\rangle,\langle v_5,v_4\rangle,\langle v_3,v_4\rangle,\langle v_7,v_8\rangle\}$。

（1）画出 $G$ 的图。

（2）指出与 $v_3$ 邻接的顶点，以及与 $v_3$ 关联的边。

（3）指出与 $e_1$ 邻接的边，以及与 $e_1$ 关联的顶点。

（4）该图是否有孤立顶点和孤立边？

（5）求出各顶点的度数，并判断是不是完全图。

（6）$G=\langle V,E\rangle$ 的 $|V|$，$|E|$ 各是多少？

**2.** 设图 $G$ 是具有 3 个顶点的完全图，试问：

（1）$G$ 有多少个子图？

（2）$G$ 有多少个生成子图？

（3）如果没有任何两个子图是同构的，则 $G$ 的子图个数是多少？将它们构造出来。

**3.** （1）图 $G$ 的度数列为 2,2,3,3,4,则的边数是多少？

（2）3,3,2,3 和 5,2,3,1,4 能成为图的度数列吗？为什么？

（3）图 $G$ 有 12 条边，度数为 3 的顶点有 6 个，其余顶点的度数均小于 3，问：图 $G$ 中至多有几个顶点？为什么？

**4.** 判断下列各非负整数列哪些是可图化的，哪些是可简单图化的：

（1）(1,1,1,2,3)；　　　　　　　　（2）(2,2,2,2,2)；

（3）(3,3,3,3)；　　　　　　　　　（4）(1,2,3,4,5)；

（5）(1,3,3,3)。

**5.** 试证明下图中的两个无向图是不同构的。

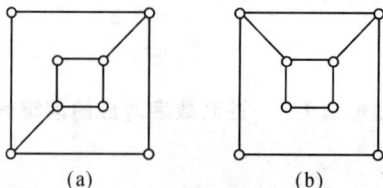

(a)　　　　　　(b)

**6.** 设 $G=\langle V,E\rangle$, $|V|=m$, $|E|=n$, 证明:

$$\delta(G)\leqslant 2m/n\leqslant\Delta(G)$$

**7.** 给定图 $G=\langle V,E\rangle$, 如右图所示, 试回答下列问题:

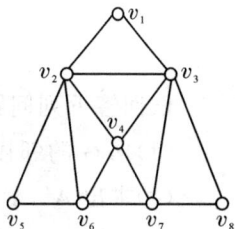

(1) 在 $G$ 中找出一条长度为 7 的通路;

(2) 在 $G$ 中找出一条长度为 4 的简单通路;

(3) 在 $G$ 中找出一条长度为 5 的基本通路;

(4) 在 $G$ 中找出一条长度为 8 的复杂通路;

(5) 在 $G$ 中找出一条长度为 7 的回路;

(6) 在 $G$ 中找出一条长度为 4 的简单回路;

(7) 在 $G$ 中找出一条长度为 5 的基本回路;

(8) 在 $G$ 中找出一条长度为 7 的复杂回路。

**8.** (1) 若无向图 $G$ 中只有两个奇数度顶点, 证明: 这两个顶点一定是连通的。

(2) 若有向图 $G$ 中只有两个奇数度顶点, 它们一个可达另一个顶点或互相可达吗?

**9.** 若无向图 $G$ 是不连通的, 证明: $G$ 的补图 $\overline{G}$ 是连通的。

**10.** 一个 $n$ 阶连通图 $G$ 最少有多少个割点? 最多有多少个割点?

**11.** 求下列各图的所有割点、割边与割集。

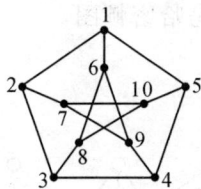

(a) $G_1$

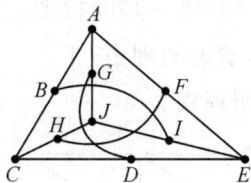

(b) $G_2$

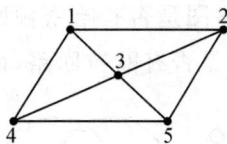

(c) $G_3$

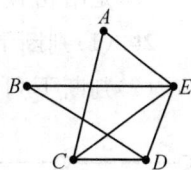

(d) $G_4$

**12.** 给出 3 个 4 阶有向简单图 $D_1$, $D_2$, $D_3$, 使得 $D_1$ 为强连通图; $D_2$ 为单向连通图但不是强连通图; $D_3$ 是弱连通图, 但不是单向连通图, 当然更不是强连通图。

**13.** 证明: 一个有向图 $D$ 是单向连通图, 当且仅当它有一条经过每一个顶点的路。

**14.** 有向图 $G=(V,E)$, $V=\{v_1,v_2,\cdots,v_5\}$, $E=\{\langle v_1,v_2\rangle,\langle v_2,v_3\rangle,\langle v_4,v_5\rangle,\langle v_5,v_1\rangle\}$, 求图 $G$ 的邻接矩阵 $A$、关联矩阵 $M$ 和可达矩阵 $P$。

**15.** 设有向图 $G=\langle V,E\rangle$, 其中 $V=\{a,b,c,d,e\}$, $E=\{\langle a,b\rangle,\langle b,d\rangle,\langle c,a\rangle,\langle d,e\rangle,\langle e,b\rangle\}$。

(1) 画出 $D$ 的图形;          (2) 写出 $D$ 的邻接矩阵和可达矩阵。

**16.** 已知无向图的可达矩阵 $P=\begin{bmatrix}1&0&1&0\\0&1&0&1\\1&0&1&0\\0&1&0&1\end{bmatrix}$, 判断该图的连通性和连通分支数。

**17.** 有向图 $G$ 如下所示：

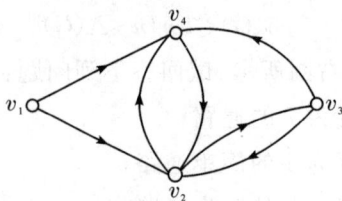

试回答下列问题：

(1) 求 $G$ 的邻接矩阵 $A$；

(2) 求出 $A^2$, $A^3$ 和 $A^4$, 求出 $v_1$ 到 $v_4$ 长度为 1, 2, 3 和 4 的路的数量；

(3) 求出 $A^T A$ 和 $AA^T$, 说明 $A^T A$ 和 $AA^T$ 中的第 $(2,2)$ 元素和第 $(2,3)$ 元素的意义；

(4) 求出可达矩阵 $P$；

(5) 求出强分图。

**18.** 画一个无向欧拉图，使它具有：

(1) 偶数个顶点，偶数条边；　　　　　　(2) 奇数个顶点，奇数条边；

(3) 偶数个顶点，奇数条边；　　　　　　(4) 奇数个顶点，偶数条边。

**19.** 画一个无向图，使它：

(1) 既是欧拉图，又是哈密顿图；　　　　(2) 是欧拉图，但不是哈密顿图；

(3) 是哈密顿图，但不是欧拉图；　　　　(4) 既不是欧拉图，也不是哈密顿图。

**20.** (1) 判断下列各图是否有哈密顿回路，请说明理由。

(2) 判断下列各图是否有欧拉回路，请说明理由。

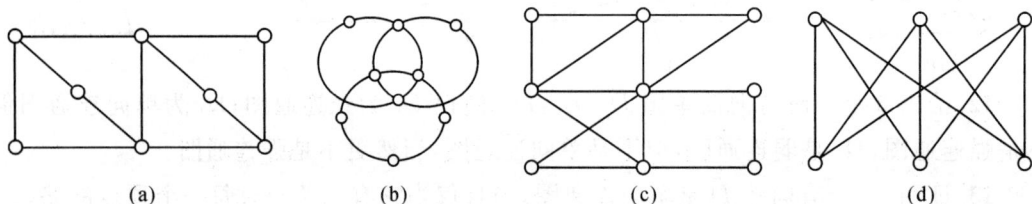

　　(a)　　　　　　　(b)　　　　　　　(c)　　　　　　　(d)

**21.** 已知在 $a, b, c, d, e, f, g$ 共 7 个人中，$a$ 会讲英语；$b$ 会讲英语和汉语；$c$ 会讲英语、意大利语和俄语；$d$ 会讲汉语和日语；$e$ 会讲意大利语和德语；$f$ 会讲俄语、日语和法语；$g$ 会讲德语和法语。能否将他们的座位安排在圆桌旁，使得每个人都能与他身边的人交谈？

**22.** 某次会议有 20 人参加，其中每个人都至少有 10 位朋友，这 20 人围一圆桌入席，要想使与每个人相邻的两位都是朋友是否可能？根据什么？

**23.** 设 $G$ 是无向连通图，证明：若 $G$ 中有割点或割边，则 $G$ 不是哈密顿图。

**24.** 设 $G$ 是面数 $r$ 小于 12 的简单平面图，$G$ 中每个顶点的度数至少为 3。证明：$G$ 中存在至多由 4 条边围成的面。

**25.** 设 $G$ 是边数 $m$ 小于 30 的简单平面图，试证明：$G$ 中存在顶点 $v$，使得 $d(v) \leqslant 4$。

**26.** 在由 6 个顶点、12 条边构成的连通平面图 $G$ 中，每个面由几条边围成？为什么？

**27.** 证明：

(1)对于 $K_5$ 的任意边 $e$,$K_5 - e$ 是平面图;

(2)对于 $K_{3,3}$ 的任意边 $e$,$K_{3,3} - e$ 是平面图。

**28.** 证明:若 $G$ 是每个面至少由 $m(m \geqslant 3)$ 条边围成的连通平面图,则

$$e \leqslant \frac{m}{m-2}(v-2)$$

这里 $e$,$v$ 分别是图 $G$ 的边数和结点数。

**29.** 画出下列各图的对偶图。

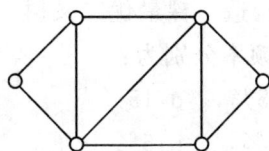

(a)

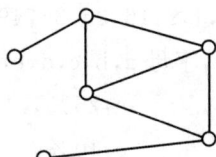

(b)

**30.** 画出下列各图的对偶图。

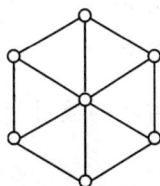

(a)

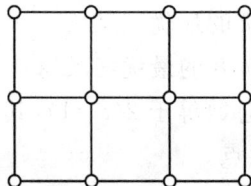

(b)

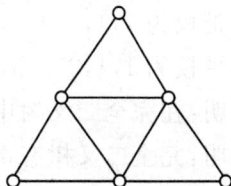

(c)

**31.** 给出完全图 $K_4$ 和 $K_5$ 的边着色数。

**32.** 给出 Petersen 图的点着色数和边着色数。

**33.** 将无向完全图 $K_6$ 的边随意地涂上红色或绿色,证明:无论如何涂,总存在红色的 $K_3$ 或绿色的 $K_3$。

**34.** 证明:对于 $n$ 个顶点的完全图 $K_n$,有 $\chi(K_n) = n$。

**35.** 在具有 $n$ 个顶点的完全图 $K_n$ 中,需要删去多少条边才能得到树?

**36.** 设 $G$ 是图,无回路,但若外加任意一条边于 $G$ 后,就形成一回路。试证明:$G$ 必为树。

**37.** 证明:当且仅当连通图的每条边均为割边时,该连通图才是一棵树。

**38.** 无向树 $T$ 中有 7 片树叶,3 个 3 度顶点,其余都是 4 度顶点,问:$T$ 中有多少个 4 度顶点?

**39.** 若一棵树有 $n_2$ 个结点度数是 2,$n_3$ 个结点度数是 3,$\cdots$,$n_k$ 个结点度数为 $k$,问:它有几个度数为 1 的顶点?

**40.** 求下列两个带权图的最小生成树,计算它们的权。

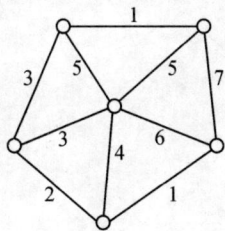

(a)

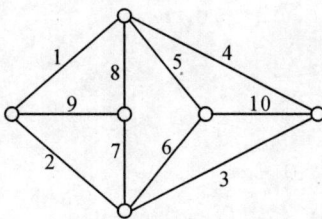

(b)

**41.** 试画出 4 个顶点和 5 个顶点的所有非同构的无向树。

**42.** 在下面给出的 3 个符号串集合中,哪些是前缀码,哪些不是前缀码?若是前缀码,则构造二叉树,其树叶代表二进制编码。若不是前缀码,则说明理由。

(1){0,10,110,1111};                    (2){1,01,001,000};

(3){1,11,101,001,0011}。

**43.** 画出所有不同构的高为 2 的二叉树,其中有多少棵正则二叉树?有多少棵满二叉树?

**44.** 给定权 1,4,9,16,25,36,49,64,81,100,构造一棵最优二叉树。

**45.** 在通信中,字母 a,b,c,d,e,f,g,h 出现的频率分别为:

$$a:25\%, \quad b:20\%, \quad c:15\%, \quad d:15\%$$
$$e:10\%, \quad f:5\%, \quad g:5\%, \quad h:5\%$$

通过画出相应的最优二叉树,求传输它们的最佳前缀码,并计算传输 10000 个按上述比例出现的字母需要多少个二进制数码。

(1)求带权为 1,1,2,3,3,4,5,6,7 的最优三叉树。

(2)求带权为 1,1,2,3,3,4,5,6,7,8 的最优三叉树。

**46.** 证明:在完全二叉树中,边的总数等于 $2(t-1)$,其中 $t$ 是树叶的数目。

**47.** 证明:完全二叉树有奇数个顶点。

# 参考文献

[1]傅彦,顾小丰,王庆先,等. 离散数学及其应用[M]. 3 版. 北京:高等教育出版社,2019.

[2]耿素云,屈婉玲,张立昂. 离散数学[M]. 6 版. 北京:清华大学出版社,2021.

[3]刘任任,王婷,曹春红. 离散数学[M]. 3 版. 北京:中国铁道出版社,2023.

[4]罗森. 离散数学及其应用[M]. 8 版. 北京:机械工业出版社,2020.

[5]屈婉玲,耿素云,张立昂. 离散数学[M]. 2 版. 北京:高等教育出版社,2015.

[6]王庆先,顾小丰,王丽杰. 离散数学:微课版[M]. 北京:人民邮电出版社,2021.

[7]周丽,方景龙. 应用离散数学[M]. 北京:人民邮电出版社,2021.

[8]左孝凌,李为鉴,刘永才. 离散数学[M]. 上海:上海科学技术文献出版社,2020.